新知
文库

105

XINZHI

The Hive:
The Story of the
Honeybee and Us

Copyright © 2004 by Bee Wilson

# 蜂 房

## 蜜蜂与人类的故事

［英］比·威尔逊 著　暴永宁 译

生活·讀書·新知 三联书店

Simplified Chinese Copyright © 2019 by SDX Joint Publishing Company.
All Rights Reserved.

本作品中文简体版权由生活·读书·新知三联书店所有。
未经许可，不得翻印。

**图书在版编目（CIP）数据**

蜂房：蜜蜂与人类的故事／（英）比·威尔逊（Bee Wilson）著；
暴永宁译．—北京：生活·读书·新知三联书店，2019.9
 （新知文库）
 ISBN 978－7－108－06542－1

Ⅰ.①蜂…　Ⅱ.①比…　②暴…　Ⅲ.①蜜蜂－普及读物
Ⅳ.① Q969.557.7-49

中国版本图书馆 CIP 数据核字（2019）第 057744 号

| | | |
|---|---|---|
| 特约编辑 | 孙琳洁　张艳华 | |
| 责任编辑 | 徐国强 | |
| 装帧设计 | 陆智昌　康　健 | |
| 责任校对 | 张国荣 | |
| 责任印制 | 徐　方 | |
| 出版发行 | 生活·讀書·新知 三联书店 | |
| | （北京市东城区美术馆东街 22 号 100010） | |
| 网　　址 | www.sdxjpc.com | |
| 图　　字 | 01-2018-7536 | |
| 经　　销 | 新华书店 | |
| 印　　刷 | 三河市天润建兴印务有限公司 | |
| 版　　次 | 2019 年 9 月北京第 1 版 | |
| | 2019 年 9 月北京第 1 次印刷 | |
| 开　　本 | 635 毫米 × 965 毫米　1/16　印张 23 | |
| 字　　数 | 275 千字　图 52 幅 | |
| 印　　数 | 00,001-10,000 册 | |
| 定　　价 | 49.00 元 | |

（印装查询：01064002715；邮购查询：01084010542）

新知文库

# 出版说明

在今天三联书店的前身——生活书店、读书出版社和新知书店的出版史上，介绍新知识和新观念的图书曾占有很大比重。熟悉三联的读者也都会记得，20世纪80年代后期，我们曾以"新知文库"的名义，出版过一批译介西方现代人文社会科学知识的图书。今年是生活·读书·新知三联书店恢复独立建制20周年，我们再次推出"新知文库"，正是为了接续这一传统。

近半个世纪以来，无论在自然科学方面，还是在人文社会科学方面，知识都在以前所未有的速度更新。涉及自然环境、社会文化等领域的新发现、新探索和新成果层出不穷，并以同样前所未有的深度和广度影响人类的社会和生活。了解这种知识成果的内容，思考其与我们生活的关系，固然是明了社会变迁趋势的必需，但更为重要的，乃是通过知识演进的背景和过程，领悟和体会隐藏其中的理性精神和科学规律。

"新知文库"拟选编一些介绍人文社会科学和自然科学新知识及其如何被发现和传播的图书，陆续出版。希望读者能在愉悦的阅读中获取新知，开阔视野，启迪思维，激发好奇心和想象力。

生活·讀書·新知三联书店<br>2006年3月

有趣、认真、诙谐、机敏……令人不肯释卷……任意读一段都会觉得饶有兴味。

普吕·利思（Prue Leith），《新政治家》杂志

比·威尔逊在她的这本令人乐读的书中，追索了人类对蜂群形成，并用以为当时的政治体制固本的种种历史观念。

《经济学人》周报

比·威尔逊以流畅的笔触和动人的铺排，介绍了大量令人称奇的信息，使读者在领略时有如享用最上等的蜂蜜。

《星期日电讯报》

趣味隽永。

《星期日泰晤士报》

一部献给蜜蜂的美妙礼赞。

《女人与居家》月刊

对一种人们司空见惯的自然存在进行了出色的考量。

《星期日快报》

此书读来令人手不释卷，兴味十足。它并非动物学研究，而更带观念史色彩……引人入胜的史实也如群蜂涌来。

《BBC园艺世界杂志》

作者以含蓄的热情，表达出对大自然的好奇心理，并表述出对蜂蜜的喜爱——特别是在美食领域。

《每日电讯报》

笔调轻松、文字优美……清新与活泼跃然纸上。

《随记周报》

海量的信息，出色的文笔。

《泰晤士报》

吸引力大，可读性强。作者以巧妙的铺排远谈老普林尼，近讲植株授粉，对蜂蜜之喜爱更是流溢全书。

《苏格兰人报》

信息丰富犹如蜂拥而至，封套设计优美至极。

英国《星期日电讯报》年度优秀图书评介

献给劳拉·梅森、安西娅·莫里森

# 目 录

开场白　　1
认识一下蜂巢大家庭的全体成员　　9
第一章　蜂儿们都在做些什么　　19
　　勤劳忘我　　22
　　劳动分工　　28
　　雄　蜂　　35
　　美国的两种"工蜂"　　39
　　摩门教与共济会　　46
　　蜂　蜡　　51
　　蜂群的住所　　59
　　人类社会对蜜蜂的考量　　66
第二章　蜜蜂与性　　71
　　如蜜亦如刺的爱情　　72
　　繁衍的秘密　　80
　　蜂化于牛　　85

　　　　贞　洁　96

　　　　阿爸蜂　103

　　　　君父蜂　107

　　　　蜜蜂娘子军　110

　　　　有关蜜蜂的博物学研究　115

第三章　蜜蜂与政治　127

　　　　君主政体　133

　　　　共和政体和商业社会　148

　　　　独裁政体　156

　　　　警察政体　163

第四章　与蜂蜜有关的饮食　169

　　　　仙食神馔：蜂蜜的来龙去脉　170

　　　　蜂蜜是什么，又含有什么　175

　　　　蜂蜜的巅峰时期　179

　　　　姜糖饼和其他加蜂蜜的糕点　185

　　　　蜜　酒　189

　　　　蜂蜜好景不再　194

　　　　多种多样的蜂蜜　202

　　　　介绍几种有蜂蜜的吃食　211

第五章　与蜜蜂有关的生与死　231

　　　　蜜　棺　233

　　　　蜂蜜与丧仪　236

　　　　蜂蜜与幼婴的诞育　239

　　　　来自蜂巢的药物　246

　　　　毒蜂蜜　258

　　　　蜇　刺　　261
　　　　蜂群与战争　　266
　　　　蜜蜂之死　　273
　　　　几张用到蜂蜜的治病偏方　　279
第六章　养蜂人　　285
　　　　养蜂人地位的变化　　289
　　　　养蜂人中的科学家　　298
　　　　养蜂人中的艺人　　308
　　　　养蜂人中的贤哲　　320
注　释　　333
参考书目　　341
致　谢　　347

蜜蜂的诸多优秀品性,在人类的格言里得到了合宜的表达——

宝贵  
勤劳  
忠诚  
迅捷  } 如蜜蜂  
灵敏  
反应  
勇敢  
老练  
贞洁  
洁净  

查尔斯·巴特勒(Charles Butler),《女性王国》(*The Feminine Monarchy*,1609)

# 开场白

> 你真有如——有如一尊小小的神灵!
> 阿那克里翁①《琴歌集》,第34首:《咏蜜蜂》(*To the Bee*)(公元前5世纪)

让我们设想一下如此一个世界的情景吧:每当太阳落下一直到黎明,无论在哪里,到处都见不到一线光明;一年到头,人们都尝不到比果子更甜上些许的滋味;无论喝这个饮那个,横竖也品味不到陶然之感。再设想一下在漫漫的冬夜里,大家挤在一起挨过漆黑寒冷的时光,没有甜味提起兴致,也没有酒水解除忧伤;身体受伤的时候,伤口很可能因得不到处理而受感染;喉咙肿痛的时候,也未必有可缓解的药浆可以服用。凡此种种,虽然这还不至于让人活不下去,但这种处境的存在,毕竟缺少一些帮助我们缓解生活苦感的甘美成分。

以上的描述恐怕正符合如若不存在蜜蜂,当年我们的老祖宗可能陷入的境遇吧。正是因为存在着这种学名叫 Apis mellifera(源自意大利语,意为"携蜜者")的属于昆虫纲、膜翅目的神妙小飞虫,才使人们(自然是指能与之共处同一环境的部分幸运者)有蜂蜡用以提供人造光亮,有蜜酒可使之醺醺然、飘飘然,更能靠这种金黄

---

① Anacreon(约公元前6世纪—前5世纪),古希腊著名的抒情诗人,所创作的诗歌均为吟唱体。——译注

色的黏稠流质供给生存所需的能量和药物,并在尚未出现食糖的年代提供堪称美妙的享受。如果没有蜜蜂给我们带来蜂蜜和蜂蜡,人类文明自然地也不会得不到维系,但恐怕也就只会是维系而已。一些恰好在某些地带求生存的人类,有的能够用植物油点亮油灯,有的能够熬炼动物脂肪制造蜡烛驱走黑暗,有的能从椰枣——自然界中只有它的甜度高于蜂蜜——中体验出甜蜜;后来又有人用谷物和葡萄等水果酿得酒水,又琢磨出用种种草茎和树叶涂敷在伤口处应对疼痛的办法,只不过有时有效,有时仍不免一死。只是在这凡此种种的环境中,总还少了些什么。什么呢?一种诗意。自从亘古以来,蜜蜂向人类所赐予的,不单是奢侈物质的享受,而且是富于想象力的食粮。如此对蜂蜜的高度评价,以至于我们的老祖宗认定,尽管有凶猛的蜇刺,蜜蜂仍是"最神奇、最美妙的生灵"。[1]

瞧一下蜂巢里那齐齐整整排开、泛着亮光的六角形小室,人们

画在14世纪《勒特雷尔经诗》[①]上的一只蜂巢。它提供的是蜜蜂的完全正面的经典形象

---

① 《勒特雷尔经诗》是中世纪英格兰的一位名叫杰弗里·勒特雷尔(Geoffrey Luttrell,1276—1345)的贵族出资缮写在羊皮纸上的一部与基督教诗文有关的抄本。——译注

就会觉得此处的确值得好好看上一看、努力学习一番。这里面不只有美味，还生息着一个小小的社会，其中有一大批建筑师，还有一位君王。这一以无休止的工作造出美妙成果的蜂群，莫非上苍给予人类的喻示？我们的祖先极其虔诚地相信，蜜蜂是唯一在社会性上堪比我们人类的生物。一位古代权威人士有过这样的评论："蜜蜂要比所有其他动物更聪明，也更灵巧。"这还没有说完，后来他又补充说道："简直与人类不相上下。"[2]

还有人更推崇它，觉得蜜蜂说不定在某些方面还强过人类。古罗马时期的大学者大普林尼①便认为，蜜蜂在多个方面要比人更优异。在他看来，蜜蜂是"唯一被创造出来为人类造福的昆虫"。观点固然失于偏颇，但也可以理解。这位大学问家对蜜蜂的礼赞，在历史上无数次地被重复。当他在公元77年开始编写《博物志》这一堪称百科全书的大作时，此观念已经为人们耳熟能详了。书中有这样一句关于蜜蜂的话："在所有的昆虫中，光荣的位子是留给蜜蜂的。"理由何在？请看如下叙述——

  蜜蜂采集蜜浆②。这是一种极甜、极精妙的液体，对健康极为有益。它们辛勤劳作、工于建筑，制出蜂蜡，造成蜂房，可以派上千种用场。蜂群中存在着统治的管理；蜜蜂们在共同的领导下各司其职。尤为令人惊讶的是，无论野蜂还是家蜂，

---

① Pliny the Elder（拉丁文全名：Gaius Plinius Secundus，23—79），也称老普林尼，以区别于他的外甥兼养子、罗马帝国元老和作家小普林尼（Gaius Plinius Caecilius Secundus，61—113）。大普林尼是古罗马作家、博物学者和军人，以《博物志》一书留名后世。他一生学富五车，竟然至于因观察维苏威火山的爆发被火山喷出的毒气毒死。——译注
② 包括大普林尼在内，人们长期以来一直认为，蜂蜜本来存在于植物的花中，蜜蜂只是采集花中的蜜来储入蜂巢，后来才知道其中的过程更为繁复，见后文。——译注

都有远远高于其他动物的行止。造物之神妙，便是使这一小小的可怕生灵成为无与伦比的存在。有谁能凭借筋骨之强、肌肉之力，与蜜蜂在效率与勤劳上一比高低短长？额首问苍天，将人与蜂相比，敢说哪个更可理喻？应当说，蜜蜂比人更懂得求取共同利益。[3]

要知道，最早的蜜蜂社会要比最早的人类社会不知超前多少年、多少代，这自然地难免会令作为人类成员的我们感到多少有些不自在吧。

研究蜜蜂，也是从某些方面研究我们自身。我一直很喜欢蜜蜂——至少是喜欢想到它们。想到的原因是蜂蜜。我消耗的蜂蜜不算少，简直吃不够。而且几乎每天都要吃，其中吃得最多的是麦卢卡蜂蜜[①]。我通常并不饮早茶，而是代之以喝些化在热水里的蜂蜜。我也会将蜂蜜浇在酸奶上，涂在面包片上，或者拌到粥里，放入的量都很不少。我有时会在下午感到疲劳时，往口中放入一大块酥脆的蜂房咀嚼一气，以恢复一下精力。在过去的六年间，我有幸作为一名厨馔作家，为多种英国出版机构写些文章。我在钻研种种食材的资料中发现，许多食物吃久了会让人倒胃口。就以鱿鱼卷或者焖肥肠为例，偶尔吃一顿，的确会觉得很开胃，但若顿顿都吃，不出一个星期，就会让你连看一眼都不情愿。蜂蜜则不同——至少对我就是如此。我越吃这种东西，就越会觉得它是最棒的天然食材。其品种之多直追蔬菜，味道佳妙不输橄榄油，提神醒脑一如巧克

---

[①] 麦卢卡蜂蜜得自麦卢卡树——一种原产大洋洲的开花灌木，属桃金娘科——的花蜜。此种蜂蜜外观较一般蜂蜜颜色更浓，多数带红褐色，有特殊的芳香，甜度也比一般蜂蜜高。它原是大洋洲原住民使用的传统医科原料，有镇痛解热、消毒、治感冒等功效。本书后文还有两处具体介绍此种蜂蜜的文字。——译注

这一超级蜜蜂的形象取自原产澳大利亚的名牌产品喀皮拉诺桉树蜜的商标。由此可见，人们对蜜蜂的喜爱，是从上古时代一直延续至今的

力，风味独特堪比大蒜，有益健康不亚于水果，营养全面不啻于面包。爱上蜂蜜，自然不免会对提供这种好东西的昆虫发生兴趣。不过，我本人对蜜蜂的好感可是超出了口腹之欲的。说来话长，本人虽爱好馔食写作，但我一直投身于学术界，专门从事人类观念史的研究。在阅读古往今来的种种政治理论著述时，我不无惊讶地注意到，蜜蜂作为一种群体，经常被用于人类社会模型的考虑对象。柏拉图、亚里士多德、维吉尔①、小塞内加②、伊拉斯谟③、莎士比亚、马克思、列夫·托尔斯泰等许多名家，都在自己的著述中提到过这

---

① Virgil（拉丁文全名：Publius Vergilius Maro，公元前70—前19），古罗马诗人。有三部著名的著述传世，即《埃涅阿斯纪》（有中译本）、《牧歌》（有中译本）和本书中提到的《农事诗》。——译注

② 历史上有两个著名的塞内加，一为作家与演说家，全名 Marcus Annaeus Seneca（公元前54—公元39），后人称老塞内加（Seneca the Elder）；本书中提到的小塞内加是他的儿子，哲学家与剧作家，全名 Lucius Annaeus Seneca。他曾任暴君尼禄的老师，后被指斥参与谋杀尼禄而被逼自杀。——译注

③ Erasmus（1466—1536），中世纪尼德兰（今荷兰和比利时）著名的人文主义思想家和神学家、北方文艺复兴的代表人物，对宗教改革领袖马丁·路德有巨大的影响，后者对他以钦佩并渴望结交始，但终以交恶止。——译注

开场白

西班牙巴伦西亚地区一幅作于中石器时代的岩画,画着两个去野蜂窝行窃的人

种昆虫。古人如是,今人亦然。这既令我发生兴趣,也使我觉得奇怪,因此属意于进一步发掘一二。本书就是我发掘的结果。

从人类出现在地球上的时候起,便与蜜蜂有了关联。远在人类还没有发现如何烘烤面包和圈养牛羊挤奶之前,也还在他们想到将动物驯养为家畜和悟出可以种植谷物之前,我们的这些只靠着渔猎和采摘果腹的祖先,便已经"得知野蜂的窝里有一种东西,甜甜的可以吃,是对单调伙食的一种很受欢迎的调剂"。[4]早在一万年前的旧石器时代,人们便已经在中空的树干里和岩石的罅隙处猎取蜂蜜了,也许还会更早哩。这是根据在西班牙的巴伦西亚(Valencia)地区的一个洞穴里的岩壁上发现的若干古老绘画做出的结论。画面上有两个裸身人在长长的梯子上攀爬,手中拿着篮筐,盗采蜂巢里的

蜂房:蜜蜂与人的故事

好东西。看来这是一种危险的行当。梯子很可能是用草编成的，长长的，在空中摇荡着，还有一群怒气冲冲的蜜蜂在上面那个盗蜜者的周围盘旋。这显然表明，蜂蜜实在是极好的东西，值得为之冒生命危险。

这本书准备介绍的是，人类与蜜蜂间奇特而美妙的关系，人们努力要控制蜜蜂、了解蜜蜂、仿效蜜蜂。蜜蜂与人本是极不相同的，但人却总是从蜂巢里的情况和活动中看出自己的希望和担心。蜜蜂和蜂蜜是大自然的奇迹，但蜂蜜又是以几近机械的方式按部就班地高效生成的。这使人们一直拿不准该如何看待蜜蜂：它们是天赐的能工巧匠，还是同我们一样不起眼的打工仔？蜂巢是自然世界与营造世界合二而一的处所，并正因如此而神秘莫名。蜜蜂这些不知疲劳的小小生物，究竟是在为谁奔忙——神明、人类，还是它们自己？本书打算探讨一二。

恐怕读者诸君最先要问本书作者的是两个更直接的问题。第一个是：作者你本人是不是养蜂人呢？我的回答"非也"，虽说我曾多次去过养蜂场，也挨过几多蜇刺。生来胆小，住处是城中的一个只有一个小花园的宅院，家里有两个很小的孩子，都可祭出来作为"非也"的借口。不过主要的原因自然是胆小——如果真的迷上了蜜蜂，花园再袖珍，孩子再年幼，也都不会挡在养蜂之路上。我是本地养蜂人协会的成员，会在夏日里前去蜂声嗡嗡的养蜂场，又在流连过后带着蜂蜜和熏烟的气味回家。我也曾参加过全英蜂蜜展销会①举办的讲座，同众多养蜂人有过交流。我也置备了自用的养蜂面网、长靴和防护手套。不过我是将更多的时间用在了阅读有关蜜

---

① 全英蜂蜜展销会是英国一年一度的展销会，始于1923年。主要展品是各种蜂蜜，同时也有其他蜂产品参展。除展销活动外，还开展蜂产品评选、现场操作示范及举办讲座。——译注

蜂的书刊上。有时候，我会在空闲时遐想一番，设想在遥远的将来退了休，也像小说中的大侦探夏洛克·福尔摩斯那样，辟出一个小花园，栽上些百里香，再邮购来一只蜂王，正经八百地养起蜂、摇起蜜来。①我可没资格也像养蜂人之间相互评价的那样，自诩为"指甲缝里夹蜂蜡、靴子上面粘蜂胶"的角色。说实在的，直到如今，我有时仍然会在提起蜂箱中有卵和幼虫的巢板查看时，既害怕一不留意将这些小生命弄死，又担心将成年蜜蜂惹火，心中很是惶惶然呢。害怕归害怕，我始终认为蜜蜂很美，蜜蜂的行为也很美。我的这本书并非什么养蜂手册，也不是昆虫学的研究专著。这是一部观念史，讲述的是人类观念的历史，谈及养蜂人的地方要多于蜜蜂。说不定，正是由于我并没有丰富的养蜂经验，反而能"草色遥看"，对养蜂这一高尚工作，说出些处于"近却无"位置的职业养蜂人意识不到的东西来呢。当然，此话或许会带些自我标榜的意味也未可知。第二个读者或许想问的是，这样一本写蜜的书，怎么居然会出自一个名字中带"蜜"（bee）的人呢？问得不错。我的本名是比阿特丽丝（Beatrice），为着叫起来方便又亲切，五个字就缩成了一个"比"(Bee)，正与蜜蜂的英文谐音，于是也就成了"蜜蜜"。据我揣想，这可能是我父母与此书中所涉及的主题有些渊源之故。还好，他们并没有管我叫"蚕蚕"。

---

① 在福尔摩斯侦探故事中提到，这位大侦探退休后，在英格兰东南沿海的丘陵地以养蜂休闲。本书第六章中还会提到这一情节。——译注

# 认识一下蜂巢大家庭的全体成员

第一次打开蜂巢的神秘大门,那种令人畏惧的感觉让我终生难忘,就好像不带任何敬畏开启他人棺椁一般,充满未知与阴森。

——莫里斯·梅特林克①,《蜜蜂的生活》(The life of the Bee,1901)

在蜜蜂的大本营里,如果情况正常,在夏季的鼎盛时期应当包括如下成员——

蜂王——只有一位,且是个女王,是货真价实的雌性蜜蜂。她会产卵,蜂巢里的其他蜜蜂都是她的后代。② 蜂王的形体比其他蜜蜂长得多——因为她吃的是蜂王浆,而非蜂蜜中掺着花粉的普通食物。蜂王浆是一种"微黄色的黏稠乳液",是从工蜂头上的一种腺体里分泌出来的。1 蜂王是在一处叫作王台的构体内生长发育的。王台的形状有些像顶针,比蜂巢内的其他所有处所都宽敞得多。蜂

---

① Maurice Maeterlinck(1862—1949),比利时剧作家、诗人和散文家,1911年诺贝尔文学奖得主。其作品主题主要是关于死亡及生命的意义。代表作为《青鸟》(1908,有多个中译本)。他的其他不少作品也有大陆与港台中译本。本书中所提到的散文著述《蜜蜂的生活》也有不止一个中译本,有关引文的译文均采用2014年上海科学普及出版社赵冬梅编译的版本。——译注
② 例外的情况也是存在的。大约有百分之一的工蜂也生有发育完全的卵巢,可以产下未经受精的卵来,如能孵化,便都会是雄蜂。不过由若出现这种情况,其他工蜂通常会将这些卵破坏掉,以维系整个蜂巢内仍是只有一个母亲的母系社会。这一现象是弗朗西斯·拉特尼科斯教授指出的。——作者原注

王会释放出功能不同的多种信息素——也有人称为"蜂王物质",大约有30种,起着使蜂群安定、勤快和按不同信息从事不同工作的作用。蜂王不分泌蜂蜡,也不酿制蜂蜜,还要靠工蜂喂食,自身的清洁也要靠工蜂维持。她也长着一根蜂刺,但只用来对付别的蜂王。

蜂王会产下两种不同的卵。一种卵以单性生殖方式形成,也就是说并不需要交合,孵化出来的是雄蜂;另一种是与雄蜂交配后形成的,是将来成为工蜂的料,不过其中也有不多的几粒工蜂卵会被置于蜂王浆的营养环境中,以培育出几个蜂王来。蜂王一生中最重要的事件,就是所谓的"交配飞行"。此种行为的发生时间会持续一天或者两天,在此期间,蜂王会飞到巢外,先后与几只雄蜂交尾,最多时可达15只,有时是与其他蜂群中的公子,但多数来自本阵营内部。雄蜂会在交尾后死去,蜂王则在这样的飞行中,在自己体内存储下足够的精液,供她在今后五六年之久的一生中调用。此时期一结束,蜂王便会挺着胀大的腹节回巢,开始向营造好但开着口子的巢室内产卵——成千上万地产。在产卵过程中,会有一小群工蜂簇拥着,挤成一个椭球,以舔吮蜂王胸节的方式领受信息,并不时供奉蜂王浆。从此以后,除了带领部属们寻找新的住处外,

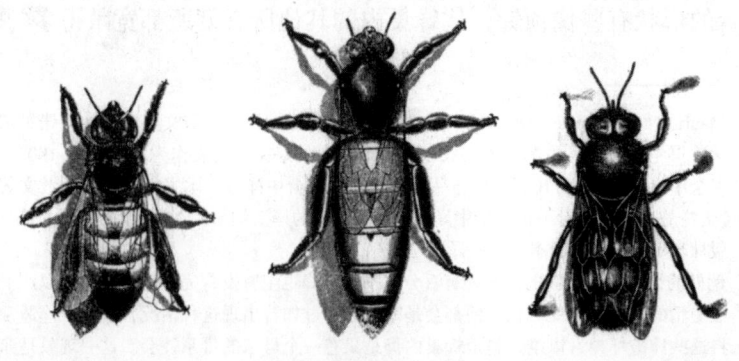

工蜂(左)、蜂王(中)、雄蜂(右)

蜂房:蜜蜂与人的故事

蜂王再也不会离开自己的巢穴。

一只蜂巢中的全部蜜蜂成员都是这个蜂王生下来的：

在这个营盘里，始终存在着有待孵化的蜂卵，共有6000枚左右，不过仅以这种形态存在3天。

蜂卵孵化后成为幼虫。它们待在敞着口的巢室内，靠工蜂喂以滋养的蜂蜜、花粉和一种专门的幼儿特餐（后文会有介绍），这一阶段会持续大约5天，因此一个蜜蜂之家里总会有大约9000只幼虫。一旦过了这个阶段——

幼虫便会用自己吐出的丝做成茧子包住自身，然后变为蜂蛹，在被蜂蜡封起的巢室里暖暖和和地静静地待着。它们的总数会保持在2万只上下。

在这个大家庭里还有一批雄蜂，数量在300只到1000只之间。它们先是过上几个月不劳而食的闲适日子，然后不可避免地被冷酷处死。它们只负责干一样事，就是与蜂王交媾，如此而已。在这些雄性队伍中，会有那么十几只在很短的时间内完成这一使命。其他时候，所有的雄蜂——包括始终未能尽职的——都只是无所事事地享用蜂蜜，就连它们排泄的废物，也要由工蜂前来清理。它们的身上并不长刺。体形比蜂王且粗且短。它们的眼睛很大，便于在飞行交配过程中盯准蜂王。等到夏季这一交配时节过去，雄蜂便不再有用，命运也因之急转直下。进入秋天后，工蜂便不再喂它们食物。倘若它们不肯忍饥挨饿而擅自求食，便会被工蜂驱逐出境，有时连翅膀也会被咬掉。

余下的便是工蜂了。它们的总数在4万至5万之间，虽然身为雌性，却没有生育能力，负担的是除却繁殖外的全部职责，而且要一直工作到死。在只有6周的寿数内，它们大体上要按年龄段承担不同类型的工作。

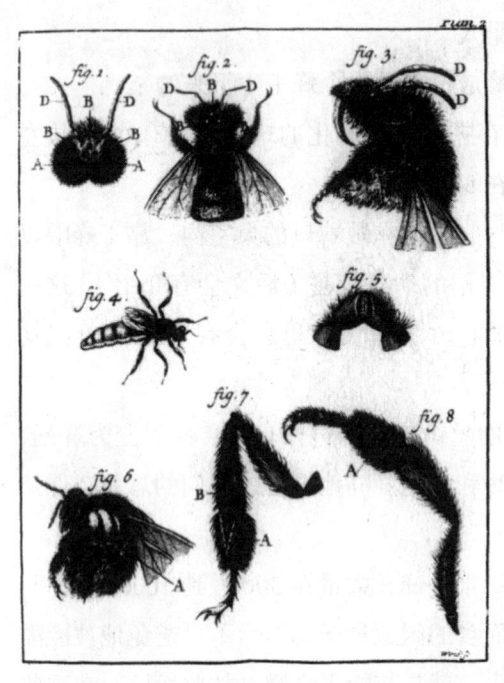

蜜蜂的身体结构。摘自吉勒·奥古斯丁·巴赞（Gilles Bazin）所著的《蜜蜂生活史》(*The Natural History of Bee*，1744 )

蜂蛹一开始动弹，便会用口器咬破茧子，再咬穿巢室的封盖爬出来。从此时起，这些有着柔软躯体的年轻成虫便是工蜂了。新的工蜂除了腺体还没有发育到能够分泌蜂蜡和酿造蜂蜜所需要的酶的程度外，其他的全部功能都已完备。刚刚成为工蜂时，它们干的是在蜂巢室内巡视以保持蜂房的卫生工作。它们还吃进一些花粉，花粉中的蛋白质会促进位于下颚内的腺体，使它们得以开始分泌一种专供刚孵化出来的幼儿消化的特餐。满6天龄的工蜂便当上了保育员，不但要饲喂幼虫食物，也要伺候蜂王，用蜂蜡挡盖需要保温的巢室，还要伺候比自己年幼的工蜂，饲喂它们，清理它们的排泄物。7天过后，工蜂便能从腹节分泌出蜂蜡来。它们会通过咀嚼使之柔软，然后六足并用，用这种软蜡造起很规整的尖底六棱柱小室来。这些小室就是巢室。很多巢室共同形成片状的巢脾，若干巢脾共同形成蜂房。蜂房的整体结构相当复杂，须由成百上千只工蜂协力建构。满了12天后，它们便会当上存储食物的搬运工，将花粉团紧，放入不久前自己刚参加过营造的巢室。

再往后，工蜂们无休止的劳作便会进入酿造蜂蜜的一环。蜜蜂过冬靠的就是酿得的蜜。年长的工蜂会用口器从花朵里吸出花蜜，装进体内自备的小囊袋，然后飞回自己的大本营。回家后，它们会将这些花蜜转交给年幼些的工蜂——转交过程看上去很像是相互亲吻，后者再将花蜜吐入一间间巢室。吐入时会有来自腺体的酶类物质一起混入，起着使花蜜变稠厚的作用。不过此时花蜜还没有成为蜂蜜。要等到更多的工蜂不停地扇动翅膀，使多余的水分消散，余下的才是经过熟化的甘甜浓汁——蜂蜜。这样的蜂蜜是可以一直存放到冬天的，于是便又由工蜂用蜂蜡将盛满蜂蜜的巢室逐个封严。

工蜂还有别的事情要做。它们要努力保持大本营的卫生，这对于保护蜂群的健康至关重要。蜂窝里总有一些不受待见的任务要完成，如收拾蜂房、清理废弃物，处理未成功孵化的卵和夭折的幼虫等。巢内不要的东西，统统都要由工蜂从巢内清理出去。工蜂们在觉得身上不干净时，会使劲地蹬弹自己的腿，周围的同伴察觉后，便会前来帮忙清理，并且特别注意拾掇蜜蜂自己不容易清理到的胸节与腹节之间的部位。它们还会充当警卫，守护门户，以防范敌人的进犯——马蜂也好，来自别的蜂群的蜜蜂也好，只要打算进来，都属寇仇之列。

下面要叙述的内容，就是我们看到的蜜蜂在巢外时所做的事情了。工蜂的最后一段生命，则是采集粮秣和其他物资。为数不多的一批会去寻找树脂。这是树上分泌出的一种带有光泽的褐色团块，经过它们的进一步加工，会成为一种叫作蜂胶的黏性物质，被蜜蜂用来修复蜂巢上出现的裂缝和洞眼。不过工蜂最主要的采集目标是花粉和花蜜。它们是整个蜂群的基本食材。一只工蜂足足忙碌一整天后,所带回家的花粉和花蜜——花粉是沾在后腿上的,花蜜是吸入体内的,很可能是从一万朵花中搜集来的呢。工蜂在采集花蜜时,同时也会给无数的植物授粉。返回大本营的工蜂会以飞舞的方式,知会本阵营的同伙们最好的花蜜源在什么地方。如果就在近处,它便会舞出一个圆圈,同伙们也会根据它身上沾到的花香,马上得知该去找什么植物。如果花蜜源比较远,它就会以特殊的边飞边扭摆躯体、飞行面同太阳形成特定角度的方式告诉大家该沿何种方向前去。此时,其他工蜂会围着它飞舞一阵,随后便自行前去,结果会十分精准地找到目标,真是相当的了不起。

一只工蜂在毕其一生的劳作后,采得的花蜜大致可以酿成一茶匙①的蜂蜜,也就是6毫升左右。

入冬以后,大本营里的情况看上去会大为不同。此时留下的除了那只蜂王,还有减少到大约5000只的工蜂,雄蜂则一只不剩。它们靠存储的蜂蜜过活,直到春暖花开时。生活在纯粹自然界的蜜蜂,会在活着的或死去的树木的空腔里或者在岩石高处的罅隙营造蜂房,由此形成一个野蜂群。在蜂巢中会不时发生一部分蜜蜂意欲离开原巢,找寻某个新地点安家的行为。这种行为叫作分群。此时,参与分群的蜜蜂会形成一个密集的飞行小团,因此有了"一窝蜂"的说法。

人造蜂巢内的情况与天然蜂巢有所不同。

人手造出来供蜜蜂居住和生产与存放蜂蜜的地方叫蜂巢或者蜂箱。每一处有这种东西的地方,都至少需要有一名养蜂人。养蜂人

---

① 茶匙是英语国家常用的容积单位,不同国家在具体规定上有所差异。英国的1茶匙相当于5.9毫升。——译注

的作用是尽量对蜂群的行为有所掌控，并努力增加蜂蜜的产量。蜂巢和蜂箱的历史远远短于天然蜂巢。据推断，早在两千万年前，蜜蜂便以群居合作的方式形成了自己的社会，而人造的蜜蜂居所，大约只存在了一万年。一开始时，养蜂人要设法将某团分群的野蜂引入一个合适的居所——这一方式如今仍有一些人在沿用。早期的蜂巢模仿天然蜂巢的式样，取材于中空的木头段。通过与蜂群的不断互动，蜂巢便有了不少变动。蜂箱就是这种变动的结果之一。

如今的养蜂人，多数都会以邮购方式买来蜜蜂，而且订购的会是一整套——蜂王、雄蜂和工蜂。出售一方会按照养蜂人要求的比例送货上门，送出的多为别的养蜂人驯养成的蜂种，标准是未受病害、性情温和、工作勤奋。这样做会比引入难以预料的天然野蜂有保证些。由于蜂群的品性在很大程度上取决于蜂王，加之年轻的蜂王会产更多的卵，故养蜂人通常会在现有蜂王寿终正寝之前，提前一段时间以新的蜂王代替之，而且往往会相当提前。购得新蜂王并使其进驻后，原有的"女王"便被废黜并处死。用以出售的蜂王是成批饲养的。供蜂王们入住的一只只王台被做在专门制成的长条构体上，有如排起来的一串顶针。准备育成蜂王的卵便被放入这些王台内。蛹化后的蜂王会被放入叫作蜂匣的木制小盒里，大小像只火柴盒，吃的是一种蜂王甜食——细糖霜混以经过消毒处理的蜂蜜，野蜂的蜂巢里是找不到这种食物的。

如今的养蜂人干着许多本应由蜜蜂自己做的事情。他们支援着充当警卫的蜜蜂，保卫蜂巢不受马蜂、蟾蜍、蚂蚁等动物的进犯，使蜂巢保持在超级洁净的状态，以使病害的传播减少到最低限度。如果有的蜂巢内发生了传染病，养蜂人便会将整窝蜜蜂彻底除灭。通过提供现成的蜂房，蜂群的工作便得以更有效地集中于采集和酿制上。再通过将孵化用的和存储蜂蜜用的巢室分置于蜂巢的不同位

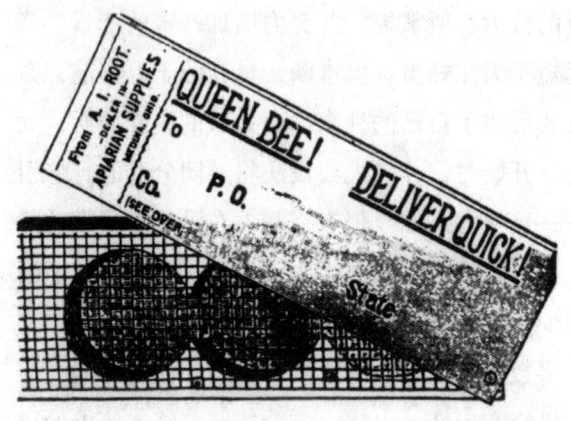

一只邮购的蜂王。本图摘自美国人阿莫斯·艾夫斯·鲁特（A.I.Root）的经典著述《蜂文化大全》(*The ABC and XYZ of Bee Culture*)

图上方的一行大字为"蜂王"（左）和"迅速递送！"（右）

置，摇起蜜来也会更方便些。当收到邮寄的蜂群后，养蜂人便会将它们放进木材制成、内部分成一道道框架的箱体里——养蜂人管这些框架叫作"巢板"。框架上或者已经有了现成的巢脾，或者放进了供蜜蜂进一步造成巢脾的蜡制巢础，这样一来，工蜂们便免去了自己分泌所有蜂蜡的辛劳。箱体的底部，在低于框架最下方的位置上有一块木板，板上开着一个小洞，供蜜蜂们进进出出。在高于框架最上方的地方则开了一个通风孔，以有助于保持箱内空气的清新。在这些巢板中，下面的巢室供育儿之用，蜂王就在里面产卵。位于它上面的部分则用于储蜜；两部分之间装有一道隔离网，网眼的大小可容工蜂通过，但体形大些的蜂王便钻不过去，无法在网上部分产卵，因此得名为"隔王网"。这样的设置，可以使上面的部分只可用来存储蜂蜜。如果采蜜活动非常成功，工蜂们携来的花蜜格外丰足，就可以再添加一些只供储蜜用的巢板。为经济目的奔忙的养蜂人会不停地带着蜂箱四处流动，追踪着最好的花蜜源，也为不同的作物授粉。

养蜂人每年都会从蜂箱里收取蜂蜜，一般一年进行两次，花蜜源丰足时还可多取一两次。在将蜂箱的顶盖打开后，他们先用烟熏一下蜂群，为的是让蜜蜂们安分些，具体做法是用风箱将闷燃的树叶、秸草或者木柴冒出的烟对着蜂群喷压几下。烟气的作用很可能是掩盖住充当警卫的蜜蜂发现情况后发出的报警气味。在此之后，养蜂人便会抽出储蜜巢板，查看盛在巢室中的蜂蜜是否已经熟透。经过确认后，他们先用刷子将停附在巢板上的蜜蜂轻轻扫走，然后用一种器械刮走巢室的封盖，再用另一种机器夹住巢板使之高速旋转，以将巢室内的蜂蜜甩出，淌入一只网筛，挡住混在蜜中的死蜂、泡沫和固体碎渣，得到的便都是稠厚的蜂蜜，将它们装瓶后，便可由养蜂人处置了，或出售，或自食，与酿制它们的蜜蜂从此无缘。

没了蜜的巢板随后将会被放回蜂巢，好让蜂儿再用来为人类提供更多的蜜。冬天来临，酿蜜期结束后，供工蜂果腹的，将会是来自养蜂人提供的其他来源的糖浆。

# 第一章
# 蜂儿们都在做些什么

> 好好看看这支大军吧，它是何等的稳健、勤劳、高效！
>
> 约翰·基斯①，《务实的养蜂人》(The Practical Bee-Master, 1780)

2003年夏，IBM公司在英国报纸上推出了一则重头广告，将蜜蜂立为成功经商的出色榜样。广告上有一张照片，亮相的是该公司一位名叫蔡铭（音译）的企业战略专家。他坐在一把绿色的木椅上，姿势放松而又不失庄重，脸上则是一副高深莫测的表情。照片上方的标题是"蜜蜂起舞，企业跟进"。[1]这则广告是在告诉人们，在蜜蜂的身上，蕴含着办企业的要诀。蜜蜂之间是有沟通的，沟通方式是通过一种"摆尾舞"②。作为业主，要想成功，雇员中就应当有会起舞的蜜蜂，为的是让同人们知道，最好的花蜜和花粉位于何处——

当一只蜜蜂腿上满满地沾着花粉接近其所属的蜂巢后，便会对着同窝的蜂群表演起一幕空中摆尾舞来。昆虫学家认为，

---

① John Keys，18世纪的一名英格兰养蜂人，生卒年代不详。——译注
② 第六章中有对蜜蜂摆尾舞的进一步介绍。——译注

蜜蜂是以自己身体的动作，在空中画出一幅地图来，花粉源的方向和远近都标在这幅图上。

可这与 IBM 公司又有什么关系呢？这则广告无疑在这样告诉人们——

启动迅速、反应自如、沟通全局的运作能力，相信是多数公司一心希望具备的。这样的公司才可能在机会一旦出现时有效地把握与利用。经营企业，就应当有这种闻风而动的能力。

标题下是洋洋洒洒的一大篇文字，说的都是如何面对客户的需求做出迅速反应，形成一个"闻风而动"的销售环境。接着便给出了重头结论——

蜜蜂懂得。让你的公司扭摆起来。扭摆指示着财富之所在。

"让你的公司扭摆起来。"这句话可以说是宣传现代经营理念的上乘之作，表现出了广告语言应当具备的所有特点：语言风趣受听，因含有些不易懂之处而吊起胃口的专门用语，让读者听着顺耳的说辞，以及俏皮的风格。"让你的公司扭摆起来"，堪与禁烟办公环境、星巴克咖啡店推介的产品菜单[1]和电子短信交流并列，共同充当时尚的典型代表。

---

[1] 创始于美国的星巴克咖啡连锁店。英语国家的经营方式有一个著名的特点，就是使用别人不常使用的词语推介本店的产品。比如，其他店家将咖啡的量称为小杯、中杯、大杯和特大杯，星巴克则是用矮杯、高杯、超杯和巨杯代之。有人甚至称这种做法为"星巴克文化"的表现。——译注

图1-1 一幅礼赞勤劳的图画
图中文字为"一切莫不来自劳作"

不过这句话中还另有更深刻的寓意在内。长期以来，人们一直相信自己可以从对忙碌蜜蜂的观察中有所解悟。远在注意到蜜蜂的摆尾舞意有所指之前，[2]人们便认识到，蜜蜂代表着勤劳，而且在程度上远胜其他任何生物。还在久远的过去，蜜蜂便在人们的心目中树立起了聪明、独特、能合作、擅建筑、讲虔敬的品性，而尤其突出的是勤劳。只是在一点上，真实的蜜蜂和IBM公司广告中的蜜蜂是不同的，那就是真实的蜜蜂固然勤劳，却很少会成为销售的好榜样。恰恰相反，蜜蜂们努力工作，将生产出的蜂蜜大部分都存在蜂巢内，自己只消耗些微。此种表现倒像是在嘲讽人类的贪多务得哩。在西方的传统神话故事中，蜜蜂可是对金钱无动于衷的，颇不同于IBM公司告诉人们的那种为求销售而扭摆作舞的同类哩。对真实的蜜蜂而言，工作本身便是目的，绝非为某个团体或个体谋利的手段。

图1-2 这幅17世纪的版画,赞扬了不为自己,酿蜜不辍的蜜蜂。画面上伏案写作的人隐喻着美好语言与美好蜂蜜的关联。画面上身穿黑衣的教士正在享用一块含蜜的蜂房

图上方的文字是拉丁文,左上为"蜜蜂不为自身奔忙",右上为"成果是蜜的流淌";图下方的英文"见到勤劳的蜂儿来访,草草木木都奉上蜜浆"

## 勤劳忘我

在当年的许多老式蜂巢上,都能看到"Non nobis"这两个拉丁单词,意思是"(劳而)无私"——我们工作,但并非出自本身的贪欲。蜂巢便是这一理念的美好象征。在西方的艺术作品中,蜂巢总被描绘成母线为弧形的草编圆锥体,有些像是一顶式样最简单的毛线帽。而蜂巢上的这句话,也在一定程度上反映出蜜蜂所从事劳作的美好。此话还往往带着一种言外之意,那就是字句的美好,也表现着蜂蜜的美好。这种早期的蜂巢正是遥远的黄金时代的最初表征,体现出形式简单而步调舒缓的劳作;不过进入复兴时期之后,蜂巢便几乎一成不变地代表着忘我的勤劳。

对蜜蜂勤劳的这一看法是如何形成的,原因并不难想见。人们

会有这样的体验：在炎热的夏日里，大家都慵懒起来，就连动弹一下都不情愿。此时，只有嗡嗡作响的蜜蜂还没有休歇，它们不停地在花丛里钻进钻出，像是不要命的快递小哥——其实应当说像是不要命的快递小妹。而人们此时的小睡受到它们发奋工作时所发出的声响的打扰，更使这一对比分外鲜明：蜜蜂是辛劳的一群，我们是倦怠的一伙。

> 营造小室技艺高，
> 平整蜡壁更叫棒。
> 建成蜂房宜存蜜，
> 佳妙美食得储藏。

这是艾萨克·沃茨[①]所写的一首圣诗中的几句。此诗题为《戒淘勿懒歌》。它开头的四句更广为人知——

> 小小蜂儿何其忙，
> 每朵花儿都不放。
> 终日采蜜不停歇，
> 一天更比一天强。

这些带有激励性的字句，今天的人们实在是太熟悉了，以至于一提起蜜蜂，想到的绝对会是它们的忙碌。

然而，为什么只有蜜蜂会成为古人心目中勤劳形象的唯一虫豸

---

[①] Isaac Watts（1674—1748），英格兰的公理会牧师，又是多产的圣诗作者，一生创作了大约750首圣诗，被称为"英文圣诗之父"。他的许多圣诗至今仍在英语国家广泛传唱，并已被翻译成多种语言。这首诗是他为孩子们写的。——译注

呢？蜘蛛的结网能力时常会引来赞许，小小白蚁共筑巨无霸蚁丘的本领往往也令人慨叹。就连《圣经》中也有这样的话："懒惰人哪，你去察看蚂蚁的动作，就可得智慧。蚂蚁没有元帅，没有官长，没有君王，尚且在夏天预备食物，在收割时聚敛粮食。"①、3 只不过与蜜蜂比起来，对蚂蚁的赞誉便显得微不足道了。蚂蚁们固然也很勤快，只是忙来忙去，却忙出了什么成果不曾？鼓捣出了个蚁穴，如此而已。与蚂蚁不同，蜜蜂辛劳的结果，是造出了足以能同人类的文明成果相比肩的奇迹——一是蜂房这一几何学上堪称完美的建筑，二是装盛其内的蜂蜜这一食中翘楚。勤劳的蜜蜂与能干的蚂蚁不同，是直接给人类带来幸福的生物，无怪乎能得到人们的青眼，取得了独占鳌头的优势地位呢。我们赞颂蜜蜂的忘我劳动，其实并不是发自纯粹客观的利他性评价，事实上倒不妨认为这大大地涉及自己的利益。我们给蜜蜂以"忘我"的地位后，再享用来自它们的蜂蜜时，它们似乎便不该计较啦，不是吗？

1657年，一位名叫塞缪尔·珀切斯②的养蜂能手告诉人们说，蜜蜂"追求但不贪婪，工作不知满足，吃苦不会躲避，前进不肯停步"。4 这样的考语，相信只要是见识过健康的蜂群中那种热闹非凡的景象的人，都是不会有异议的。在蜜蜂的日历里是没有假日的，考勤条例中也不存在表现出色便可提前下班的奖励规定。（不过研究人员也开玩笑地指出，蜂群也有个"午休时间"，指蜜蜂们会在正午时分的一小段时间内停止采蜜，不过这很可能是因为此时花朵中的花蜜分泌量会有所降低之故。5）作为一只工蜂，来到这个世界上，就是为了工作，而且要一直工作到死；没有休息，得不到休整，甚

---

① 《旧约全书·箴言》，6：6—9。本书中有多处《圣经》引言，相应的中文译文均摘自联合圣经公会1890年《圣经和合本》的2010年再版本。——译注
② Samuel Purchas（1577—1626），英格兰神职人员，有数本养蜂著述传世。——译注

至也没有培训期。一代接一代的工蜂不是通过教育学会如何工作的。它们知道如何劳动，主要是通过自身体内腺体的发育，以及种种激素传递的信息。文艺复兴时期的另一位蜜蜂迷约翰·莱维特[①]也在1634年对蜜蜂大加褒奖，说它们每年"从4月中旬一直奔忙到11月初，没有一日的休歇，只有两个敌人能让它们停下来；而这两个敌人都是会致命的，一个是降雪，一个是下霜"。[6]事实上，他所言并非完全准确。蜂群的确是从4月一直忙到11月的，但这样一直忙着的并不是同一群蜜蜂，因为每只工蜂只有几个星期的寿数。不过就是在这段短短的生存期里，它也会在蜂巢之外的世界飞行许多次。

人类的行事是有目的的。他们在赞美蜜蜂勤劳的同时，便怀上了与之一争高低的念头——男人们说不定还有更称意的预期，那就是让自己的妻子走上这条仿效之路。古希腊历史学家和狩猎爱好者色诺芬[②]就被一些人称为"雅典的蜜蜂"，原因就是他谈锋很健——当时的人们认为蜜蜂有三种能力：预言、诗情与雄辩。据色诺芬说，希腊的家庭主妇们应当从蜂王那里学会谦虚和勤快。他认为，蜂巢中的这个打理一切的昆虫，足以使初为人妇的新娘们领悟到自己的责任——

> 她在巢里足不出户，却不会让群蜂无所事事。该去外面干活的，她就派将出去；出去后带回来些什么，她都心中有数，一一收讫，并将其存放好，一直到有朝一日需要之时。一旦需

---

① John Levett，英格兰作家，生卒年不详，后文提到他的有关于蜜蜂生活习性和养蜂方法的著述《让蜜蜂听命》，是英国最早的专论养蜂的作品之一，由本段前面提到的那名养蜂能手塞缪尔·珀切斯以诗的体裁作序。——译注

② Xenophon（约公元前440—前355），古希腊哲学家与历史学家、古希腊三哲之一苏格拉底（Socrates）的弟子。本书中提到的他的三种著述——《长征记》（正文）、《希腊史》（参考书目）和《经济论》（参考书目）——都有中译本。——译注

第一章 蜂儿们都在做些什么

要之时来到，她会公平地逐一分配。她还以同样的精力，主管着巢内蜂房的营造，而且要造得又快又好。她还当心着小蜂崽的出生并让它们得到照拂。等到巢中的年轻成员在应得的照拂下成长到可以工作时，她又会放它们离巢出去，为自己找到另外的居所，由新的领袖指挥这批新人踏上新的征程。[7]

这一番介绍基本上都是想当然的结果，与蜂王的实际情况无甚相近之处。事实上，在蜜蜂的生活中，蜂王并不如色诺芬所说的那样，会负责监督花蜜的采集，她也不理会蜂房的营造。产卵固然是她的事情，但产后并不管孵化和照拂。在她的一生中，除了偶尔会飞离蜂巢去交配——这可不适于提供给家庭的女主人们仿效，基本上便待在巢里，除了产下万千只卵外，别的什么都不做。不过，虽说色诺芬所提到的蜜蜂的具体生活状态几乎都是错的，但对蜂群的总体评价还是得到了接受的。这样的评价，早早就给人们不断以蜜蜂的行为教化自己开了绿灯。蜂巢和蜂箱看来恰恰适合用于敦促人类去工作——自然界中的其他例子统统不够权威：以牛马为例难免有役使之嫌，而若说像蜜蜂般地工作，便带上了富有成效的含义，又有乐在其中的自豪感。

色诺芬之后又过了两千多年，诗人威廉·柯珀[①]也以蜜蜂为由头，唱起了对工作的赞歌，只是此时他针对的不再是以蜂巢中的活动为榜样的家庭主妇，而是广大的劳力者。柯珀在他的一首题为《蜜蜂与凤梨》的短诗中，劝诫人们不要无意义地追求超出自己经济能力的娇贵之物。（凤梨这种水果在当时是一种奢侈品，其凹凸

---

① William Cowper（1731—1800），英格兰诗人和圣诗作者，当代最受欢迎的诗人之一，通过描绘日常生活和英国乡村场景，改变了18世纪自然诗的方向。在许多方面，他是浪漫主义诗歌的先行者之一。——译注

有致的外形很受王公贵族的青睐，而穷人却连看上一眼都未必能做到。）他指出不要去追求高不可及的凤梨，应当满足于自己能够得到的，而且要通过工作得到；工作态度还不应当像牛马那样，而要像蜜蜂那样。柯珀以一个园丁（花匠）的角度，面对着一只蜂巢抒发着感想——

> 可怜蜂儿忙不停，
> 哲学感念因汝生。
> 上苍未予莫强求，
> 方为公平与聪明。
> 头衔特权与荣宠，
> 大富大贵加权柄。
> 此等非为常人设，
> 一饮一啄冥中定。
> 须知满足由心生，
> 不靠逐乐与追名。
> 倘为贪欲受折磨，
> 不如怡然淡泊中。[8]

蜜蜂尤其会向人们喻示的一点是，良好的社会秩序来自全体成员心平气和的和谐合作。将蜜蜂立为榜样，会给最枯燥的人间劳作带来美好的感觉。1851年伦敦世博会期间，以"全世界的大车间"形象参展的英国馆，便被《伦敦新闻画报》[①]宣传为"勤劳的工业

---

[①]《伦敦新闻画报》，世界上第一份印有插图的新闻性杂志，每周出版一期，首期于1842年推出，2003年停刊。——译注

蜜蜂的大聚会"①——

> 这座既是工业之宫也是勤劳殿堂的所在，代表着……超过20万之众的平凡劳工。他们勤勤恳恳地从事着种种日常劳作，而统领人则安居朝堂之内，令众多臣民为她奔走，提供无出其右的安适与方便。[9]

用蜜蜂来形容这些"平凡劳工"，固然是有表扬的意味在内，却也抹杀了它们作为个体存在的不同特质。在维多利亚女王统治的时代，蜂巢被设想为高度保守的社会，借用比顿夫人②的话，就是一处给每个人以位置，并令其规规矩矩地待在此位置上的所在。蜂巢不单单代表着工业，代表着勤劳，也特别表征着分工，体现出的是不同的人被给予不同的工作，谁也不去眼馋他人的职司。

## 劳动分工

在文艺复兴时期之前，人们为蜜蜂写下的所有文字，应当说都源自古罗马诗人维吉尔。他在《农事诗》③中，对蜜蜂和养蜂都做了理想化的加工。维吉尔注意到，在散发着花香的春日里，不同的蜜蜂会以不同的方式度过：有些"在原野上奔忙"，其他的会宅在"户内"鼓捣蜂房。[10] 到了中世纪时，维吉尔的这一描述又被重新拾起，而且分工内容还得到了从事蜜蜂写作作家们的进一步细化。

---
① 在英文中，industry（工业）一词也有勤劳的含义。——译注
② Isabella Mary Beeton（1836—1865），英国作家与杂志编辑，因撰写《比顿太太谈家务打理》(1861) 一书知名。——译注
③ 《农事诗》，一部诗体著作，共4卷。第4卷主要讲养蜂。——译注

究其个中原因，很可能是蜂巢成员的分工正与欧洲此时的封建体制结构相合——一些人劳动，一些人作战，一些人祈祷；而所有的人都是有罪的，都应无条件地接受上帝的安排。此外，与以往的文学前辈们相比，中世纪以动物为写作主题的作家们，更多地在不经意间表现出了更出色的想象力。在他们的笔下，动物往往会带上道德寓意，是上帝造出来促成人们解悟的工具，而隐含着的信息在整个世界上是无处不在的；每一件事物都作为上帝创世的一个部分，彼此密切契合在一起。在这个供解悟的体系里，真实的动物和想象出的动物会动辄混在一起。在那个时代的动物寓言中，飞马和奔马会并肩驰骋，美人鱼会与海胆一起嬉水，麒麟也会与鹧鸪相伴着飞天。凡事皆有寓意。这便令圣奥古斯丁①大走极端，认定动物是否真正存在其实并不重要，重要的是它们都意味着什么。[11] 如今看来，这样的观念实在是太另类了些，人类中心论的味道未免太浓了些。不过，今天的人们仍然不假思索地接受了许多中世纪的动物形象——狡猾的狐狸、恩爱的鸳鸯、倔强的骡子、勤劳的蜜蜂……此外，即便我们不去理会IBM那则"摆尾舞"广告在宣传什么，蜜蜂组织工作、分工合作的本领，也还是让人们心生驰想的。只是随着人们的工作条件起了变化，我们对蜂巢中的情况的认识，自然也有了改变。

在英国的昆虫学家中，谢菲尔德大学的弗朗西斯·拉特尼科斯（Francis Ratnieks）教授是研究蜜蜂的领军人物。他将蜂巢中蜜蜂的分工，比作现代化超市里的高效运作。[12] 他认为，超市里的顾客正如同在花丛中寻觅的蜜蜂，收银员则好比收纳蜂，伸出口器准备接

---

① Saint Augustine（354—430），中世纪基督教神学家，曾任罗马帝国非洲行省主教职，以《上帝之城》和《忏悔录》为传世之作（均有中译本）。——译注

收采集归来上交的花蜜。在有效运行的蜂巢里，采集者和收纳者之间需要形成良好的平衡关系，一如效益良好的超市应当实现顾客与收银员的有效比例。超市未必总能做到这一点，结果不是无所事事的收银员在柜台后面枯站，就是——这种情况更经常——不耐烦的顾客排成长龙干等。令人惊异的是，这两种情况都几乎不会出现在蜂巢里。据拉特尼科斯看，蜜蜂在分工上之所以胜过超市，是因为后者实行的是集中化管理，而前者执行的是分散方式。即由每个采集者自行决定由谁接收自己的花蜜。如若采集者得不到某个收纳者的接待，它就会干脆去找另外一只蜜蜂帮忙，而不会像超市中的顾客那样，很不耐烦却无可奈何，只好生着闷气等在长龙中。一旦接收花蜜的蜜蜂数量不敷所需，就会有一些工蜂自动改行加入，根本无须等待什么类似于超市经理的角色调动人手。这种方式便形成了比人类"更简单"的分工方式，拉特尼科斯由此也下结论说："这一方式可行。"

拉特尼科斯这样赞美蜜蜂的劳动分工，带有明显的中世纪式的热情。不过，他从蜂巢那里归纳出的信息，却绝对不带中世纪的色彩。拉特尼科斯的"超市模型"，涉及的全然是扩大个体的选择权。中世纪的文人们在赞誉蜂群这一"行动群体"方面，同拉特尼科斯是一致的，只是依据却十分不同。在那个时代，存在于蜂群中的劳动分工，表现出一个不存在个体贪欲、每个个体都满足于自己现状的社会的特性。这正是12世纪的一个佚名文人在蜂巢中看到的劳动结构——

> 可以看到，蜜蜂是争先恐后地执行各自的任务的。还能看到，在这些蜜蜂中，有些忙着寻觅食物，有些警惕地守卫着家园，还有些观察风云留心天气，另外一些从花中造得蜂蜡，余

下的用嘴接收来自花朵的蜜汁。只是无论是谁，都不会影响别个的工作，也没有谁靠抢劫别个过活。在这里确实不用担心巧取豪夺！[13]

蜂群的表现中很不寻常的一点，是个体的服从。它们各自履行被安排的工作，表现得既懂得竞赛，又不会因嫉妒而恶性竞争。13世纪的另外一位动物作家巴塞洛缪斯·安格利科斯[①]修士，曾编纂了一部博物性质的百科全书。书中认为，蜜蜂以温顺与热爱蜂群的精神工作，表现着对"蜂之王"的效忠，充当国王所需要的兵丁、厨师和卫士——但是没有提到工匠——

> 在整个蜂群里，没有一个懒惰的成员。有的是战士，打起仗来奋不顾身，在阵地上毫不怯懦地与其他蜂群鏖战；有的管备办饮食，又有些查看风云……只有国王自己不参与任何事务。在他（！）周围有一批装备着螫针的蜂儿，似乎都是些出色的武士，毫不懈怠地保卫着陛下。除了分群的时候，国王很少会出巡。[14]

不消说，这番论说只是将人们当时的价值观施之于蜜蜂的结果。最根本的一点，便是将存在于人类社会中的不同群体对应于蜂群中的不同部分。其实，在真实的蜂群中，工蜂所执行的不同工作，大体是按照年龄段安排的，而且决定的内在原因并非能力而是腺体的发育程度。从亚里士多德生活的古希腊时代起，人们

---

[①] Bartholomeus Anglicus（约1203—1272），一名生活在巴黎的修士，其他身世不详。他编纂的19卷集《万物之理》，是一部有着百科全书性质的著述，在整个中世纪时期产生了重大的影响。其中的第12、第13和第18三卷都是讲述动物的。——译注

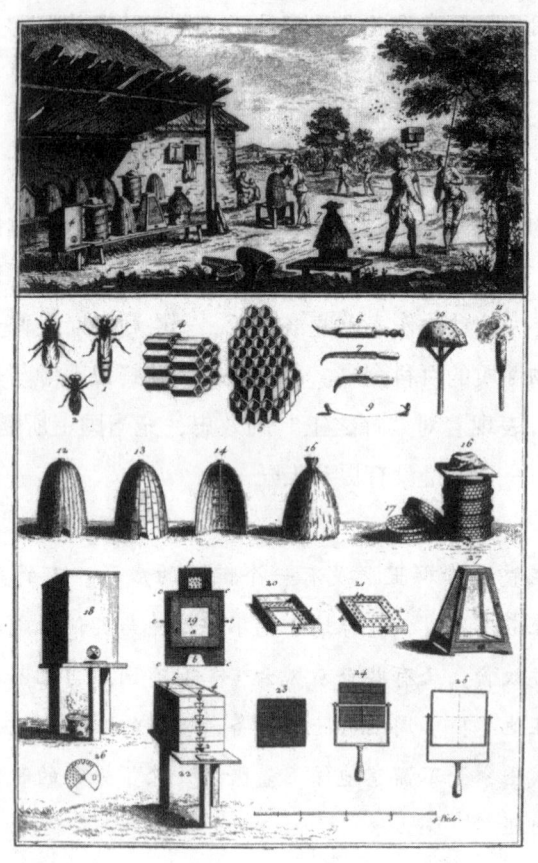

图 1-3 几种养蜂人所用的工具。摘自《百科全书,或科学、艺术和工艺详解词典》(1751—1772)[①]

---

[①] 《百科全书,或科学、艺术和工艺详解词典》(法语为 *Encyclopédie, ou dictionnaire raisonné des sciences, des arts et des métiers*)通常简称为《百科全书》,是 18 世纪中叶法国一部分启蒙思想家编撰的一套法语百科全书,共 17 卷正编,11 卷图编。此后其他人多有补编。此套书籍的主编为狄德罗(Denis Diderot),副主编为达朗贝尔(Jean le Rond d'Alembert)。参加编纂的主要人员有孟德斯鸠(Charles de Secondat, Baron de Montesquieu)、伏尔泰、卢梭、布丰(Georges Louis Leclere de Buffon)等不少法国启蒙运动时期的著名人物。他们也因编纂此书被称为百科全书派。这套书是一部革新性的百科全书,又是历史上第一部致力于科学与艺术的综合性百科全书,更是启蒙时代思想的代表之作,正如主编狄德罗所述,《百科全书》的目的是"改变人们的思维方式"。——译注

便相信单只蜜蜂的寿命可长至 5 年到 6 年。而实际上，生活在最忙碌的夏季时光里的工蜂，可能只会生存 5 周至 6 周。但就是在这段短暂的时日里，它们也会干多种不同的活计。一只蠕动着金黄色软软的小身躯钻出蛹壳的工蜂，身上还湿漉漉的，便会干起为处于幼虫阶段的蜂儿保温和清整巢室的工作。满 3 天后，它们便会改行去饲喂较大些的幼虫，6 天后又改换成喂养更年幼的，还要去伺候蜂王。一周后它们体内的蜡腺发育成熟，开始分泌蜂蜡了，便又调换为营造蜂房和采集蜂胶修补巢脾裂缝的职司，一直干到龄满 2 周。再往后，它们便或者守卫门户，或者将花蜜催熟为蜂蜜，或者将花粉储存起来，或者保持巢内的卫生。活过 3 周后，它们的造蜜腺体已具备功能，从此便开始承担最后的一大批不同的任务：飞出居所寻找花蜜、飞舞报信、采集和接收花蜜、存储花蜜于巢室，以及通过扇翅减水将花粉催熟为蜂蜜。就这样，它们会一直劳作到告别生命的那一天。

应当说，蜂群中劳动分工的真实情况，其实很少有可供人类借鉴之处。如果人们当真要仿效蜜蜂的话，那么刚呱呱坠地的婴儿就得去干活，并在种种激素的作用下，不断地调换工作类别，先是被训练着干建筑，然后又改变意向当起厨师来，而且永远没有退休的日子。蜜蜂的劳动模式只有在被人为地设定为各司其职并维持不变时才说得通。这就是说，应当认为在从事不同职司的各个蜜蜂小群体内，每个成员都一直从事着同一种工作不变——至少也不应当每样只干上区区几天，但这种设定是错误的。蜜蜂的模式似乎是在告诉人们，要想活得好，行业不能少。随着中世纪结束、文艺复兴时期开始，人们的工作多样化起来，这样的教谕便也似乎变得有说服力了。莎士比亚便在他的《亨利五世》一剧中，呼应着这样的观念。他在剧中写进了英王亨利五世与坎特伯雷大主教的一番对话。

这位大主教对蜜蜂大大夸赞了一番，说它们教给人类该如何分工劳作。莎士比亚也同中世纪的寓言作家一样，认为蜜蜂宣示着某种社会寓意。而他所处的社会，已经从封建体制转向了商业化体制，人们不再被束缚在领主的封地上，社会上出现了种种流动性职业。大主教向国王解释说，上天给人们"赋予了性质各各不同的机能"，蜜蜂便佐证着这一安排。这种虫豸告诉人们什么是"秩序"。该主教的解释在具体细节上几乎都没能把握准确，然而他对蜂巢内忙碌状况的叙述却相当传神，值得领略一下——

> ……蜜蜂就是这样发挥它们的效能的；
> 这种昆虫，凭着自己天性中的规律，
> 把秩序的法则教给了万民之邦。
> 它们有一个王，有各司其职的官员；
> 有些像地方官，在国内惩戒过失；
> 也有些像闯码头、走外洋去办货的商人；
> 还有些像兵丁，用尾刺做武器，
> 在那夏季的丝绒似的花蕊中间大肆劫掠，
> 然后欢欣鼓舞，把战利品往回搬运——
> 运到大王升座的宝帐中；
> 那日理万机的蜂王，
> 可正在视察那哼着歌儿的泥瓦匠
> 把金黄的屋顶给盖上。
> 一般安分的老百姓又正在把蜂蜜酿造；
> 可怜那脚夫们，肩上扛着重担，
> 硬是要把小门挨进；
> 只听见"哼！"冷冷的一声——

>原来那瞪着眼儿的法官
>
>把那无所事事、哈欠连连的雄蜂
>
>发付给了脸色铁青的刽子手。[①]、15

这番言辞最出色、莎士比亚味道也最浓的几句,是最后说到只吃不干的雄蜂的那几句。说蜜蜂中没有懒虫的巴塞洛缪斯·安格利科斯是错误的。他没能注意到蜂巢中有些"无所事事、哈欠连连的雄蜂"。应当说,蜂巢之所以能成为勤快积极而非"还不错"的代表,说不定也正是因为其中包含有起反衬作用的成员吧!如果没有懒家伙,又如何识别勤快者呢?

## 雄　蜂

古希腊人注意到,蜂巢里有一批特殊成员。这些蜜蜂形体较大,眼睛更大,居住的蜡室也宽敞,这些都明显异于其他成员。这帮成员似乎什么也不干,却要吃掉很多蜂蜜。这就使古希腊人很看不上这些"懒骨头"——换成任何人大概都会抱这种态度吧。比如赫西俄德[②]这位生活年代略晚于荷马(Homer)的希腊诗人,便写过这样的句子:"神和人都不喜欢懒家伙,他们正有如动物中的那些没有螫针的蜜蜂,消耗着蜂群制得的蜂蜜,却兀自只吃不做。"16 这些行动笨拙、什么力都不出的家伙,竟然能够享受蜂蜜,看来实在没有道理。古希腊哲学家柏拉图在其著述《理想国》中,将此等

---

[①] 《莎士比亚全集·亨利五世》(中译本),第1幕,第2场,朱生豪译,人民文学出版社,1978年。——译注

[②] Hesiod,古希腊诗人,他可能生活在公元前8世纪。至于他和荷马谁更早些,史学家说法不一,但一致相信他是第一个用文字进行创作的诗人。——译注

蜜蜂比作贪婪的人和暴君。[17] 喜剧作家阿里斯托芬①也认为此种蜂儿是一无可取的寄生虫。[18]

在那个时代，没有人知道这批蜜蜂是雄性的——它们的正式名称雄蜂也是后来才有的。雄蜂负有繁育的职责，专门给雌性的蜂王提供精液。没有他们，也就根本不会有任何蜜蜂。站在人的角度上看雄蜂，结果便看到了一群二流子；而对与雄蜂有关的所有经历，人们也只对其一点感到满意，就是他们一入冬就会被杀得一个不剩——堪称给人类中好吃懒做的家伙们一个警醒。维吉尔告诉人们，蜂群会将一帮"懒骨头"（雄蜂）逐出蜂窝。[19] 亚里士多德这位几乎无所不知、又无所不精通的顶级人物，也通过观察发现，"一俟蜂蜜短缺起来，蜂群便会将这批懒家伙逐走"。还有其他人认为，"屠杀这批蜜蜂"，是对霸占行为"实施惩处"——劳动者对不劳动者的公正报复。还有的谈农作的著述建议，人类应当替蜂行道，由养蜂人来杀死它们。[20] 基督徒中也流传着一些说法，认为在蜜蜂中，干活的是上帝创造的，不干活的是魔王鼓捣的。[21]

每当有人要以怠惰者、寄生者和游手好闲者为题说事儿时，头脑中最先浮现出的形象往往就是雄蜂。就连本应持中立立场的昆虫学者，也有人说雄蜂"有些蠢笨，有些懒惰"。[22] 雄蜂成了所有无所事事者的极好样板，尤其对于贵族的成员。正如英国教士出身的社会批评家罗伯特·伯顿②在《忧郁的解剖》（1621）一书中所说的，人类社会中的雄蜂，不务任何劳作，逐日将时光消磨在"养鹰打猎"之类的消遣上；"表示他们地位象征的是闲散：没有职业，不

---

① Aristophanes（约公元前446—前385），古希腊喜剧作家，被誉为喜剧之父，据说至少写过40部喜剧，其中11部基本完整地流传至今。——译注

② Robert Burton（1577—1640），英国学者，代表作为本书中提到的涉及心理学与病理学知识的《忧郁的解剖》。此书有精简中译本。——译注

务劳作，因为这两者都有损他们的高贵出身。他们只看不做，无非是些雄蜂"。[23] 蜂群中的雄蜂为工蜂痛恨，人类中的雄蜂也遭劳动者仇视。诗人雪莱[①]便发问过，为什么劳动者须苦苦工作，而其劳作成果却被贵族们享用——

> 凭什么，英格兰的工蜂，要制
> 那么多的武器、锁链和刑具，
> 使不能自卫的寄生雄蜂竟能掠夺
> 用你们的强制劳动创造的财富？[24]

觉得做一只忙碌的工蜂要干的事情实在太多，还是雄蜂的生活值得欣羡的人，自然也不是没有。最出色的例子便是狄更斯（Charles Dickens）写进《荒凉山庄》（1852—1853）[②]中的人物哈罗德·斯金波（Harold Skimpole）。此公是个孩子气很重的人物，总是不断地要这要那，却又天真地感觉不出他人对自己的索求其实相当不满。他是一只不折不扣的雄蜂——"总是不能守约，不能做买卖，不知道任何东西的价值！"与此同时，他又以孩子的心性，快活地当着这只不干活的雄蜂——

> 吃早饭的时候，斯金波先生还跟昨天晚上那样谈笑风生，

---

[①] Percy Bysshe Shelley（1792—1822），英国著名的浪漫派诗人，生活不羁，不肯流俗，故树敌甚多，因溺水早夭。死后才获得应有声名。下一段诗文是《给英格兰人的歌》中的4句，引自《雪莱抒情诗全集》，江枫译，湖南文艺出版社，1996年。——译注
[②] 《荒凉山庄》，狄更斯的名作之一，有多个中译本。本书中引用的两处引文均取自黄邦杰等人的译本（上海译文出版社，1979年）的第6章与第8章。引文中提到的哈罗德·斯金波是小说中的次要人物，无知而懒惰，喜欢坐享其成，特别是毫无顾忌地沾朋友和熟人的光。——译注

第一章　蜂儿们都在做些什么

因为桌上有蜂蜜，他就谈起蜜蜂来了。他说他对蜂蜜没有反感（我想，他是不会有反感的，因为他似乎很喜欢吃蜂蜜），可是他对蜜蜂那种自以为了不起的神气抱有反感。他一点也不明白，为什么忙忙碌碌的蜜蜂应当是他学习的榜样；他认为，蜜蜂是喜欢酿蜜的，不然的话，蜜蜂就不会酿蜜了。要知道，谁也没叫它酿蜜呀。所以蜜蜂大可不必拿自己的癖好来吹嘘。如果世界上每一个糖果商都哇哇乱叫，什么东西挡住他的道儿，就往那上面撞，并且妄自尊大，叫每个人都注意他要去干活，不要打扰他，那么，这个世界就要叫人待不下去了……

斯金波先生一定会说，他认为雄蜂才体现出一种比较愉快的和明智的观念。雄蜂坦率地说："请原谅，我真的不会干活儿！我发现这世界有许多东西值得欣赏，可是能够去欣赏的时间又是那么短，因此我只好不顾一切，去欣赏周围的景色，并请求那些不打算去欣赏的人来养活我。"在斯金波先生看来，这番话似乎就是雄蜂的哲学，而且他还认为这是很好的哲学。他总认为雄蜂是愿意和其他蜜蜂友好亲善的；就他所知，性情随和的雄蜂是愿意这样做的，只要自高自大的其他蜜蜂答应雄蜂这样做，并且不把自己的蜂蜜当成了不起的东西就行！ 25

斯金波的雄蜂意识，被佩勒姆·格伦维尔·沃德豪斯[①]发挥到了极致（特别是在他的20世纪20年代的作品中）。他笔下的一班

---

[①] Pelham Grenville Wodehouse（1881—1975），为英国20世纪的多产且多面手的作家，尤以幽默作品广受推崇。——译注

浮华公子哥儿——名字有的叫沃肥·普罗瑟①，有的叫旁搁·颓斯特顿②。这些人在位于伦敦高档地段梅费尔（Mayfair）的"雄蜂俱乐部"里打发时光，终日里只是饕餮不休、吞云吐雾、酩酊自恣。前来光顾"雄蜂俱乐部"的，都是实打实的寄生虫，他们在这个世界上本都可有可无，只靠着亲戚的财富和仆役的服侍存在于世。写在纸上读一读倒也有趣，但如若这样的大活人真的进入你的生活，便会是难以容忍的了吧。美国人无疑一直是对此类原产于英国的寄生生存方式持嫌恶态度的。被美国人神圣化了的独立战争，目的就是要改变自己的国家，让勤劳的工蜂一律平等，令傲慢的雄蜂无地立锥。

## 美国的两种"工蜂"

美国的蜜蜂也和美国的白种人一样，都不是这块土地上的原住民。但他们虽都是外来户，却同样都在这里很适应地定居下来，没过多久就不比本地土著差了。第一批蜜蜂何时来到这里并不能准确得知，不过从最早的蜂巢是1622年在弗吉尼亚（Virginia）发现的这一点来看，它们无疑应来自德国和英国的移民船只。[26] 早在1640年，马萨诸塞（Massachusetts）的纽伯里镇（Newbury）便有了一处养蜂场。不过在美国西部地区，蜜蜂也同移民一样姗姗来迟。加利福尼亚（California）花蜜丰足；口味柔和的椴树蜜、清甜爽口的蓝莓蜜、香气浓郁的鼠尾草蜜，莫不能在这里大量酿制，然而这只在1853年后才得以实现。在北美原住民心目中，蜜蜂很快便同欧

---

① Oofy Prosser，沃德豪斯作品中的人物。他是大富翁、"雄蜂俱乐部"的成员。——译注
② Pongo Twistleton，是个陪衬人物，他并不富有，但为享受闲适生活，宁愿在"雄蜂俱乐部"中充当供阔佬寻开心的靶子。——译注

洲文明导致的恶劣结果联系到了一起。他们将蜜蜂叫作"白人的苍蝇",认为它们会带来灾难。美国诗人亨利·沃兹沃思·朗费罗[1]便在他创作的长诗《哈依瓦撒之歌》(1858)中,想象着当地土著目睹白人和他们的蜜蜂对自己家园的进犯——

> 他们无论到什么地方,面前
> 总有一群刺人的飞虫,"阿莫",
> 总有一群蜜蜂,制蜜的虫儿,
> 他们的脚无论踏到什么地方,下面
> 就会出现一朵,我们从未见过的花儿,
> 就会开出一朵白人足。

《睡谷的传说》(1820)这一短篇小说的作者华盛顿·欧文[2]也说过,蜜蜂所到之处,土著和野牛便会消失。这句话的意思也同朗费罗所言差不多。

要说白人自己,可是对被与蜜蜂联系在一起十分满意的。特别是1776年美利坚合众国在独立的大潮中成立之后,蜂箱似乎便

---

[1] Henry Wadsworth Longfellow(1807—1882),美国诗人,代表作为长篇叙事诗《伊凡吉琳》(有中译本),另有多首短诗也作为诗集广为流传并译为中文。本书中提到的《哈依瓦撒之歌》(也有译为《海华沙之歌》的)也很有名,是以北美原住民中的传说为题创作的叙事史诗。本书中为作者引用的诗句摘自赵萝蕤的译本,人民文学出版社,1957年。引文的"他们"就是指进入原住民地域的白人,"阿莫"即为蜜蜂,"白人足"是"白人脚印"的又一种称呼,指的是车前草的一种,原产于欧洲和亚洲,被欧洲移民带到美洲,因它们适于在被辗轧得比较坚实的土地上生长,常见于白人所辟的供车辆行驶的道路,故得此名。——译注

[2] Washington Irving(1783—1859),美国有多种写作风格的文人,尤擅长写短篇小说,本书中提到的《睡谷的传说》为其代表作之一,另外《瑞普·凡·温克尔》也很有名。(这两个短篇均被收入此人的多种中译本故事集中。)——译注

成了这个勤劳、克己、重商的新兴国家的完美代表。原来那些既不当兵也不生产的英国雄蜂们不见了。每个正牌的美国人都是一只工蜂。《独立宣言》问世不久,一位名叫约瑟夫·斯特拉特(Joseph Strutt)的艺术家便创作了一幅很有寓意的画作,标题是《献给愿送剑还鞘者》(1778)。画面上,代表着美国的一名女子以跪姿悼念解救她的英雄们。环绕在她身边的是几个传统形象:手握橄榄枝的"和平",高擎钟形帽的"自由"①,抱着一堆水果的"富饶",再就是挟着蜂巢的"勤劳"。

正如阿历克西·德·托克维尔②在其《论美国民主》(1835—1840)中指出的,在美国这个国家里,"不论从哪个方面来说,劳动都是人们生存所必须的、自然的和正常的条件"。[27]美国人比其他民族都更看重勤劳的重要性。通过勤劳,他们使自己变得十分富足。这一点也是托克维尔注意到了的。一方面是拥有巨大的财富,一方面是讲节俭、有道德,这两者如何联系到一起呢?很简单——只需认定一点即可,那就是经商本身便为有德之举。在已经过气的腐朽欧洲,富有简直可以说成表现为雄蜂式的,而在新兴的美国这里,富有是努力工作结出的果实。美国人对工作持有宗教般的信仰,蜂巢则正是这一信仰的完美图符。

在这个新出现的合众国里,各行各业的劳动者都纷纷以蜂巢和蜂箱的形象为自己的代表。最简单朴实的草编蜂巢无疑最能与美国田园的风情相契合,体现出第三任总统托马斯·杰斐逊

---

① 美国费城有一口钟,是美国独立战争最主要的标志,它象征着自由和公正。因此象征自由的拟人形象往往会在头上戴一顶钟形帽子。——译注
② Alexis de Tocqueville(1805—1859),法国外交家与历史学家,本书中提到的《论美国民主》为其代表作(有多个中译本,也有译为《论美国的民主》的)。本书对此著述的引文转引自江西教育出版社的《论美国民主》下卷,第2部,第18章,朱尾声译,2014年。——译注

图1-4　商家采用的几种蜂巢图符，由此可见美国人对勤劳的蜜蜂情有独钟〔已故弗兰克·奥尔斯顿（Frank Alston）先生的收藏品〕

（Thomas Jefferson，1743—1826）传递给国民们的独立自耕农之梦。对于生活在淳朴环境中的农夫，蜜蜂正可以成为其精神代表：他们都不停地忙来忙去，都充分地利用着这片沃土上的种种天然资源。农夫们的家里，肉食并不比谷物少，"厨房里满满都是奶制品和蜂蜜"。[28] 有一种面向农夫的月刊杂志《耕耘者》，就是在宣传自己"改良土壤、充实头脑"的出版宗旨时，以一只蜂巢为图符标志的。蜜蜂的形象也在美国的小城镇和小社区里到处可见。就连大商号也没有放过它们，往往会以蜂巢和蜂箱的招牌表示在运作上精打细算，不同于那些没有此种招牌的商家的大手大脚。在马萨诸塞州的塞勒姆镇（Salem），首饰铺、工棚、木匠作坊和律师事务所，都将蜂巢或者蜂箱的形象放在门面处，以宣传自己提供的是出色的服务。

随着美国工业化程度的不断加深，将蜜蜂爱劳动的禀性神圣化的意愿似乎也在逐步加强。1826年，一位名叫乔治·贝克（George Baker）的市井级剧作家（他写出的剧本着实不少，但都没有什么深度，说教味又很重，因此自然没能流传下来）写过一出戏，名为《蜜蜂的反叛》。这可并非又一部《动物庄园》[①]，虽不甚成功，倒也隐隐地道出了当时的风气。贝克创作的情节是，一群工蜂受了蝴蝶的影响，对工作价值的信念产生动摇。蝴蝶怂恿这些蜜蜂"去玩耍吧，在和风中上下翻飞吧"，从此过上一种"自由自在的乐呵日子"。结果是蜂巢里发生了一场动乱。不过，蜂王很快便向反叛的工蜂们指出，蝴蝶的光鲜生活只是一种"愚人金"——

  他们吹嘘的生活听似美妙，
  但它转瞬即逝有如气泡。
  我们却可以用实在的劳动，
  无论去哪里都能长久过好。

这个剧本的道德寓意，在于指出勤劳才是"快乐与和平之宝"，"热爱劳动是最宝贵的财富"。[29] 有了社会的和谐与成员们的努力工作，富裕便不在话下。

对这个"美国之梦"——靠劳动过上好日子，有的人并不认同。

---

[①] 《动物庄园》，英国著名作家乔治·奥威尔（George Orwell，1903—1950）的政治寓言小说，有多个中文译本，译名不尽相同。此书表面上也是讲动物反叛的，但有深刻的政治寓意，不同于《蜜蜂的反叛》旨在劝人勤勉，故本书作者有"并非《动物庄园》"一说。——译注

这些人认为这真的就是一种梦，一种镜花水月。那些拿最低工资干活的人，劳动带给他们的不是丰足的生活，而是缺少尊严、生活恶劣、丧失健康。当初被设想出来的美利坚合众国的成功工蜂，曾几何时变成了美国的显贵家族，与欧洲的雄蜂们并无二致。帕特里夏·海史密斯①写进《天才雷普利》一书中的那个迪基·格林利夫，不就属于此类吗？！而地地道道的工蜂们，却还是要供有闲阶级们差遣。大概正因为如此，才使得美国诗人哈利·麦克林托克②创作出了气势逼人的《有理由憎恨》（1916）——

> 血红的黎明将在某天降临，
> 届时会把愤怒和报复，
> 带给黄金宫宇里的人。
> ……
> 在工厂，在矿山，都只有工人在流汗，
> 我们只要袖起手来，地球就会停转！
> 去看一眼蜂巢，也许就能记起，
> 干活者还没有发声——不过不会永远。[30]

干活者还没有发声，麦克林托克的代言也只有不多的人在宣讲。与此同时，将企业置于道德高端，并以蜂巢作为其崇高代表的做法在美国仍然方兴未艾。在这个国家的50个州里，有17个州将蜜

---

① Patricia Highsmith（1921—1995），美国女小说家，擅写惊悚小说。本书提到的《天才雷普利》即是其中之一，有中译本，并为一组系列小说的开篇作。内容大意是一个名叫汤姆·雷普利的有野心的年轻人，因贪羡富家子弟迪基·格林利夫的生活而将他谋杀并冒名顶替，从此过上了锦衣玉食的生活，但他却一直担心败露的日子。——译注
② Harry McClintock（1882—1957），美国诗人、歌手与歌词作者，绰号"疯狂麦克"。——译注

蜂立为州虫：①1973年这样做的是阿肯色（Arkansas）和北卡罗来纳（North Carolina）；下一年是新泽西（New Jersey）；1975年是佐治亚（Georgia）、内布拉斯加（Nebraska）和缅因（Maine）；堪萨斯（Kansas）于翌年跟进；路易斯安那（Louisiana）与威斯康星（Wisconsin）再过一年也来入伙；1978年轮到了南达科他（South Dakota）及佛蒙特（Vermont）；在1980年密西西比（Mississippi）也决定这样做；1985年密苏里（Missouri）加盟；1992年，俄克拉荷马（Oklahoma）和田纳西（Tennessee）成了新成员——田纳西还是在阿尔·戈尔②的支持下做到这一点的。再过十年，又添了一个小兄弟西弗吉尼亚（West Virginia）。无论在哪一个州，蜜蜂入选的原因都是勤劳。正是这一品性，使它被正式定为美国最有人气的昆虫。

除了上述16个州，美国还有一个州，不但以蜜蜂为州虫，更有个"蜂巢之州"的别名。不过说起来，此州却被许多人一直视为"最不美国"的部分呢。这个部分就叫犹他州（Utah）。"蜂巢之州"是在1959年得名的，蜜蜂成为州虫是在1983年。不过此地与蜜蜂的渊源早在1848年便已建立。代表着勤劳群体的蜂巢被不同行业用来彰显自己的表现，而且对每一个行业都用得上。它可以灵活地运用于广大的范围内，既适用于全体美国人，也适用于一个特定的群体，这个群体持有威胁着许多美国实际的特有价值观，即反对财富私有、实行一夫多妻、主张政教合一。这个群体就是犹他州的摩门教徒。

---

① 其中有些州选定的不止一种。——译注
② Albert Arnold Gore, Jr.（1948—　　），美国政治家、环保人士、克林顿总统任期内的副总统。他是田纳西人，1992年时任该州参议员。——译注

## 摩门教与共济会

如果你去过盐湖城（Salt Lake City），即便是在近年间，也仍然会在那里见到那栋得名为"蜂巢房"的建筑物。这是一处用土坯盖起的房子，点缀着一些蜜蜂形的镀金装饰物，让人联想到这里有如一只蜂巢。①这便是摩门教领袖杨百翰（Brigham Young，1801—1877）一度同他 27 个妻子中的 13 个一起生活的地方。他的这些妻子们想必会是些没有血色、少展欢颜的女子吧。这样说并不是有意挖苦她们——嫁给一个独断的狂人做妻室，又怎么会快乐呢！看看这些人的照片，便可知本作者所言不虚。今日的盐湖城，用蜂巢这一构型表示某种寓意的做法还随处可见（也许说不时可见更恰当些）。历史悠久的奢华旅馆犹他大饭店已经不再是供旅人下榻之所，20 世纪 90 年代初时已立为一处文化遗址，不过原来的那座很有特色的"蜂巢塔楼"还依然矗立着，几只装饰性的老鹰也得到了保留。在飘扬的州旗上，印着一只模式化的草编蜂巢和本州箴言——勤劳。公路、大学、保洁公司、服装厂……蜂巢和蜂箱的造型不可谓不多，简直多得无法令人细细玩味个中含义了。凡参观盐湖城的摩门大教堂的人也会注意到，在这里的种种象征形象中，除了太阳、月亮、星辰、上帝之眼、紧握的手等，还会出现蜂巢。可见"蜂巢之州"的名称并非当初信手拈来。

摩门教——正式名称是耶稣基督后期圣徒教会——自小约瑟

---

① "蜂巢房"建于 1854 年，由于盐湖城一带终年干旱少雨，故房屋多以土坯为墙体。这栋建筑当初也用了不少此种材料，不过在近年改建时已全部换用现代建材。该建筑的得名除采用蜜蜂形装饰（初建时并没有，后来才加上）外，更因为它的最高处装了一个草编蜂巢形的装饰。此装饰也存留至今。——译注

夫·史密斯[①]创立之始，便对被该教教义认定为能克服逆境、终得蜜于草木的蜜蜂尊崇不已。小约瑟夫·史密斯是佛蒙特州人，本是个问题青少年，自发萌生出创建一支教派的念头。1830年4月6日，25岁的小史密斯成立了这个名称与基督教挂钩、但实际上背离了传统基督教教义的教派。19世纪20年代和30年代的美国，正历经一个宗教振兴的新时期，出现了五花八门的宗教理念。不过与它们相比，小史密斯所宣扬的一系列精神主张都更加大异其趣。从他那不守常规的头脑中，冒出的是一套古怪的训示，形成的文字便是被称为《摩门经》的一本书。《摩门经》对所有曾困扰过人类的重大问题，都给出了极为明确的训示。据小史密斯自称，这些训示都是一位名叫摩罗尼的天使，以埃及文的一种变体写在若干黄金薄片上交给他的。小史密斯将这些字句翻译下来传教给民众，于是便成了先知。在根据变体埃及文译出的英文《摩门经》里，蜜蜂的名为"deseret"，意思是"守德""节俭"和"勤劳"。

摩门教所极力宣称的是，通过不断的训示，在生活中的所有方面给信徒以帮助。正因为如此，它迅速吸引来大批教众。抱着这一目的，摩门教徒在小史密斯的带领下，开始建造本教的圣地，立志在人间辟出一处天堂。他们选中的地方在伊利诺伊州（Illinois），起名为诺伍[②]，但选址未必很得当，不过在摩门教大小头领的专断

---

[①] Joseph Smith Jr. (1805—1844)，摩门教的创始人。他在24岁时写出该教四部标准经文之一的《摩门经》，并在接下来的14年中吸引了大量的追随者，建立了城市及圣殿，创建了一种持续的宗教文化。他于38岁（1844）时因为率领信徒捣毁一间报馆而被拘留在伊利诺伊州的一处监狱，两个星期后，他与他的哥哥被攻陷监狱的暴徒枪杀身亡。杨百翰遂成为新的掌门人。——译注
[②] Nauvoo，至今仍在，但已经从极盛时期仅次于芝加哥的过万人口的城市，缩为刚满千人的小镇。它位于伊利诺伊州中段最西端，西邻艾奥瓦州（Iowa），历史上曾与多个宗教流派有过渊源。此名称来自希伯来语，意为"美丽"。——译注

第一章 蜂儿们都在做些什么

图1-5　被称为"蜂巢之州"的美国犹他州
图中文字为"1850年9月9日，犹他"

统治下，在这个兴旺过一个时期的商业城镇里，又盖庙宇（temple-building），又兴摩门洗礼，很是热火朝天了一阵子，不过成功招致了愤恨。1844年，小史密斯遭到谋杀。摩门教众需要新的掌门人。一个名叫杨百翰的企业干将迅速得到了这个位置。他认为摩门教众需要有一个新的"应许之地"①，免得再遭受他人迫害。这个地方在1847年找到了，它在诺伍以西1600千米之处。杨百翰决定用《摩门经》中代表蜜蜂的deseret来命名这片新土，以示恪守以劳作求福祉的信条。于是，这块地方便成了"蜜蜂州"，并在行政上以Deseret的暂用名称存在了一个时期，②就连当地的新管理机构也叫

---

① "应许之地"，典出《旧约全书·创世记》，是上帝耶和华向犹太人的祖先亚伯拉罕答允赐给他的后裔的生息之地，后经常被用于指代某派信徒向往的好地方。——译注
② "蜜蜂州"地域广大，包括几乎现今的内华达（Nevada）和犹他两个州的全部、加利福尼亚和亚利桑那（Arizona）两个州的相当一部分，以及另外五个州的一小部分。此地名存在了约两年时间，但从未得到美国政府的承认。由于该"州"的行政中心设在如今犹他州的首府盐湖城，因此这个地方有时也被狭义地理解为犹他州。——译注

起 Deseret 来。

蜜蜂给摩门教徒带来了一个念想，就是有了共同的劳作，天底下就没有办不成的事情。刚刚来到这块新土地时，眼前的大片盐碱地看上去根本不能供人们生息。然而，教众们竟然以叹为观止的速度，实现了经济上的自给自足。作为经济开发的一部分，他们将嗡声阵阵的蜂巢也放在大篷车里向西长途跋涉到这里，让蜜蜂给忠诚的移民们酿蜜。蜜蜂和摩门教徒双双兴旺发达起来。到了1850年，尚且处于早期开发阶段的摩门教徒，便在这片新土地上形成了85种职业，有建筑、毛纺、屠宰、面点、制烛等，堪称五花八门。杨百翰坚称赚钱与守德并不相悖——用他的原话说就是"从不信本教者身上拔毛并非罪孽"。蜜蜂在这里忙着采蜜（蜂群是从1851年起在犹他州安家的），摩门教徒则在这里忙着赚钱。

摩门教众就同蜜蜂一样，形成的是自成一家的团体。外界通行的财产处理方式和婚姻规定，在他们这里都无人理会。（实行一夫多妻制的摩门教徒，其实是无视蜂群中存在的一"妻"多夫的事实，而且还反其道而行之。）正是这两点不同，招致了美国联邦政府的反感。犹他州是在不得不放弃"蜜蜂州"的名称，又表示不再宣传摩门教教义并废除一夫多妻制后，才于1895年被允准加入美利坚合众国的。而且它得到的州名"犹他"，也取自当地一支土著部族的名称。

在摩门教徒诸多与众不同的表现中，以蜂巢代表工作很可能是最突出的一项。这其实无可厚非，要说有什么不妥之处，恐怕便是做得有些过头，弄得有些与全体美国人的主流价值观方枘圆凿。不过，摩门教徒倒也不是导致这种不利状况的唯一群体。在19世纪的美国，许多秘密团体都以蜂巢作为成员间彼此亲近的象征；有不少还是政府属意打击的对象，其中的重点是共济会。这个也与蜂巢关系密切的组织，被认定与美国政坛上的多次振荡有关，甚至还在国外引起了麻烦。(在福尔摩斯侦探小说中，这位英国大侦探经手的案子，牵涉美国共济会的就有不少桩。)说起来，小约瑟夫·史密斯写进《摩门经》里的与蜜蜂和蜂巢有关的谕示，其实也与共济会有关，因为他从事体力劳动的父亲，就是在19世纪20年代期间因对前景失去信心成为共济会员的。当时同一原因入会的体力劳动者可不在少数。

在共济会员的心目中，蜂巢是个"有玄妙寓意的象征"，包含着若干真理。这些人通常都会热衷于崇拜某些象征，如"上帝之眼"和五角星形什么的，只不过蜂巢是其中尤为重要的一种，原因是它与共济会的起源联系在一起。这个组织最早形成于建筑业内，成员都是建筑工人①，也就是莎士比亚写进剧本里的"哼着歌儿的泥瓦匠"。据一本写于18世纪的介绍共济会的书中所述，来自建筑业的共济会员，将自己的住处说成是"蜂窝"，参加聚会则是"来场一窝蜂"。他们觉得，"古往今来，东西南北，蜜蜂一直都是建筑工人的大偶像。这是因为，干起营造来，无论是设计还是实干，蜜蜂都是顶呱呱的。它们看来就是为了这一目的而生的"。[31] 蜜蜂工作不是出于自私的目的；这与建筑工人们盖教堂并不是为了自住一样；蜜蜂似乎是严守本团体守则并防范着外来之敌的，这也与共济会员有着相通之处。

即便发展到后来，共济会不再只从建筑界发展成员，蜜蜂仍然是受到尊崇的。在一本现代的介绍该会的教科书中，便仍以蜂巢为

---

① Freemasons，共济会一词的英文原意是石匠，也可广义地理解为建筑工人。当时的大教堂几乎都是用石料建成的。正因为如此，共济会的会徽中有石匠们常用的工具圆规和角尺的形象。——译注

例，指出人们生来便具有"理性、灵性和勤性，因此不应在周围的同类有需要时无动于衷"。还有一位共济会员注意到一个事实，而且颇有些玄妙，就是蜜蜂在家系关系上形成的费波那契数列[①]——一组据信揭示出大自然中所蕴蓄的统一性的数字，在向日葵的花盘和松球的籽粒分布上也都有体现。[32] 在虔诚的共济会会员心目中，蜜蜂正是存在于宇宙间的美妙秩序的明证。其实无须共济会员指出，人们也不难从蜂巢的结构上看出美妙的东西来。

## 蜂　蜡

蜂房便是这样一种美妙的天然存在。它们有如孔雀的尾巴，美妙得难以相信它们并不涉及人工。12世纪的一位名不见经传的蜜蜂崇拜者，这样描绘着大多数人在看到它们时心中涌出的惶惑——

> 有哪一栋用四堵墙围起的房屋，会具备这些相互支撑着、规整地紧挨在一起的巢室所表现出的技艺与美妙？是什么样的建筑师教会蜜蜂，将这些各边完全一样、用蜡筑成的薄薄六边形小室一一排起，盖在它们的家园之内？[33]

---

[①] 费波那契数列，又称费波那契级数，是一组按特定规律形成的数字，以发现此规律者、意大利数学家莱奥纳尔多·费波那契（Leonardo Fibonacci, 1175—1250）的姓氏命名。此组数字以 0 和 1 开始，之后的每一个数都是前面两个数相加的结果，即 0, 1, 1, 2, 3, 5, 8, 13, 21, 34, 55, 89, 144, 233……这相当于一个不会死亡并永远定时繁殖一个有同样能力的生命个体所能形成的总体情况。自然界已经发现不少性质遵从或者近似遵从这一数列的实例。在蜜蜂的家系关系上体现的这一数列，反映在未受精情况下生出的雄蜂的各代祖先的个数上溯而成的结果上。这一数列中不含为零的第一个数。——译注

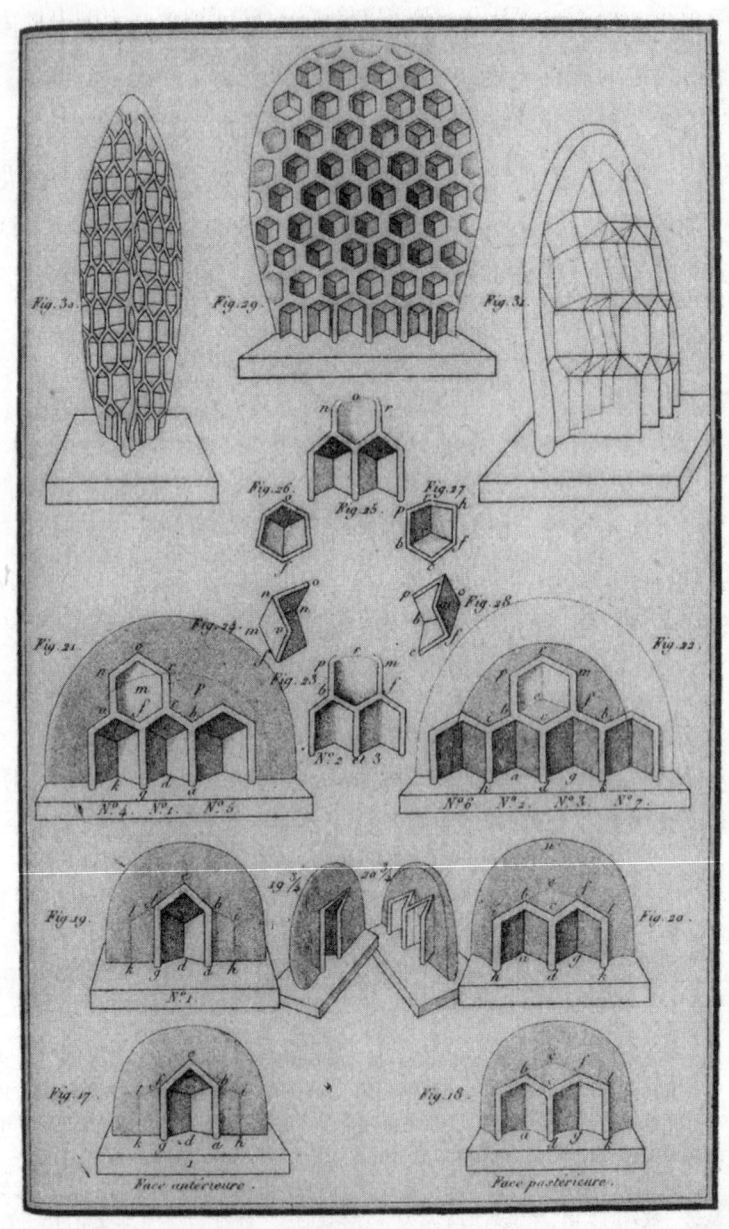

图1-6 蜜蜂筑起的奇妙构体,摘自弗朗索瓦·于贝(Francois Huber)的《对蜜蜂进行的新观察》(1814)

一套名叫《农事全书》的古代农业典籍①提到，蜜蜂"这种动物在建造六边形的小室上，可以说表现出了接近人类的智慧"。[34]其实，又何尝有过什么人类中的建筑师，曾造出过像蜂房这样永恒完美的构体呢？在现代人心中重新唤起对蜜蜂的爱慕之意的著名蜂痴、20世纪初的剧作家莫里斯·梅特林克（Maurice Maeterlinck），便对蜂房大加赞美地说："万千年以来，蜜蜂一直都是按照这令人拍案叫绝的规则生活，而且在这万千年的时间里，这些规则从来没有任何变化。它们为自己建造的蜂房就像一个奇迹，我们没有办法再做任何增减和修改，它们足以让所有的化学家、几何学家、建筑学家和工程师感到汗颜。"[35]要想在给定的空间内，用蜡类物质造出些存储流体蜂蜜的隔断来，以最少量的蜡造出最大的容积，由尖底六棱柱形巢室构成的蜂房是无出其右的，这已经被立为"几何学事实"了。[36]

现代社会主义理论的前驱人物马克思（Karl Marx）是个爱对受到尊崇的无论什么事物都要挑眼的人物。他发表意见说，其实与人类相比，蜜蜂的建筑本领应当说十分有限；人类能够想造什么样的都能够造出来，而蜜蜂能够造的却只有蜂房这一样。因此，人类应当意识到自己的潜力，别再去学什么蜜蜂了。[37]当然，他高抬人的能力自是有其用意的。蜂巢会让多数人觉得蜜蜂了不起，而且还颇感忌妒。17世纪的养蜂能手塞缪尔·珀切斯相信，上帝赐予蜜蜂建筑本领，是为了启迪人类如何营造自己的居所。蜂巢乃是"自然界中的伟大工匠"打造的。蜂巢中的蜂房是天然所成，但它们向人类展示出在自己营造人为建筑时应当追求些什么。人类应当努力仿

---

① 《农事全书》，公元10世纪拜占庭帝国皇帝君士坦丁七世（Constantine Ⅶ Porphyrogennetos，905—959）统治时期编撰的一套书，共20卷，涉及当时农、林、牧、渔的几乎所有方面。其中第15卷中谈到了蜜蜂。——译注

效蜂巢和蛛网，并因之认识到上帝造物的伟大。珀切斯根据自己对蜂巢的观察断定，"这里有寓小于大焉，小的是数量和体积，大的是品质和价值。没有谁能给我们提供更聪明和更出色的指导。有什么工匠是这样的多面手？又有什么艺术家或几何学家，能模仿出它们的成果"？[38]

进入18世纪后，蜜蜂的作家们在比较蜡制的巢脾和砖瓦的房舍时，笔调就平实些了。此时的蜜蜂便不再是高于人类的奇葩，而成了值得敬重的业界同行与对手——

> 在有限的条件下营造居所，建筑师要考虑到三个方面：首先是用最少的建筑材料；其次是在限定的区域内实现最大的使用空间；第三是凡能利用的地方都不要放过。我们可以发现，在这三个方面，蜜蜂以其所建的六边形小室统统做到了：用蜡最少，空间利用最充分，获得的容积最大。[39]

过了一百年，对大自然满怀热爱之情的法国历史学家朱尔·米什莱①在他所撰写的《虫》（1858）一书中，赋予了蜜蜂以建筑师的地位，在叙述蜂巢的营造时用上了飞拱、护墙、立柱、横梁等词语，这些小虫俨然是在法国建筑学会受过培训。

马克思有一点说得很对，就是虽说蜜蜂在营造自己的小小家园上表现得很聪明，但人们在利用方面表现得要更胜出。人们在赞叹蜂巢的内部结构时，总是禁不住会想到怎么能让自己得到些什么。人们从蜜蜂那里得到蜂蜡，接着便将这种东西搞成了只为

---

① Jules Michelet（1798—1874），法国历史学家，他对博物学有浓厚的兴趣。他以文学风格的语言来撰写历史著作，又以历史学家的渊博来写作散文。他的博物学著述有《鸟》《虫》《海》《山》等，均有中译本。——译注

人们自己利用的新东西：抹在唇上保水美颜，塞进耳孔隔音阻虫，还可用于润滑、封缄、上光、防腐、制模，还可以做成反复用的书写板。[40]蜂蜡一向与人的皮肤有着特别、往往还是可怕的关联。这种关联自从人们发现，蜂蜡在与蜂蜜分开后，经过加工和添入颜色，便会呈现出与人的皮肤和组织极为相似的质感，于是很早便被用来制作一种叫作热蜡画①的绘画作品了。与同期的其他画作相比，热蜡画看上去效果要远为鲜活。一幅公元250年时以一名埃及女子为模特儿的热蜡画，如今看上去竟同17个世纪后弗列达·卡洛②的肖像作品一样神情灵动、栩栩如生，就连眉毛和隐隐可见的唇毛都在画面上泛着同样蜡样的微光。蜂蜡也被用于制作塑像。《意大利艺苑名人传》的作者、文艺复兴时期的乔吉奥·瓦萨里③便告诉人们说，洛伦佐·德·美第奇④的蜡像"真是出色，活生生的，不像是用蜡做的，简直是真人"。[41]这样一来，有人便在盼望仇人倒霉时，做个对方的小像，再用针又扎又刺以行诅咒。用蜂蜡做的小像最理想，因为这样的形象顶顶逼真。小像被别有用心者制成后，往往还会附上一束头发和衣服上的一块布——都是取自仇敌的。在此之后，便是将小像放在火上，蜡在熔化时，头发在烧焦时，据信敌方便会感到痛苦不堪。甚至连法律似乎也曾一度相信，这种做法真的能起邪恶的作用。中世纪的英国法庭

---

① 热蜡画的基本创作方式，是在熔化的蜂蜡（或其他性质类似的物质）中加入颜料后，趁热涂抹在画布等面材上，并在其凝固前以类似油画用的作画工具加工。——译注
② Frieda Kahlo（1907—1954），墨西哥女画家，以创作多幅神态各异的自画像享有一定的知名度。——译注
③ Giorgio Vasari（1511—1574），意大利画家、建筑师、作家与历史学家。《意大利艺苑名人传》有中译本。——译注
④ Lorenzo de' Medici（1449—1492），意大利政治家、外交家、艺术家，绵延三个世纪统治佛罗伦萨地区的美第奇家族中最出色的一位，他生活的时代正是意大利文艺复兴的高潮期。——译注

就审理过许多事关蜡制小像的案件。15世纪末时，英国一个名叫玛乔丽·茹德梅奈（Marjorie Jourdemayne）的女子，便以试图谋杀英王理查三世（Richard Ⅲ）的罪名被处以火刑，而"犯罪手段"便是对这个国王的蜡像施之以上述的谋杀式处理。指控该女子的人们似乎不曾注意到，她用火并没有产生什么效果，但对她用火却是绝对有效的呢。

蜡像除了被用来诅咒活人之外，又被杜莎夫人（Madame Tussaud）用到了相反的目的上，就是以蜡像的形式让已故者不朽。杜莎夫人本名玛丽·格劳舒茨（Marie Grosholtz，1761—1850），因在法国大革命期间受命为断头台上的送命者制作头部蜡模而崭露头角。她所做出的受刑死去的法国国王路易十六（Louis ⅩⅥ）和王后玛丽·安特瓦内特（Marie Antoinette）的蜡像，看上去表情安详，难以想到它们是在杜莎夫人叫作"作坊"的监狱牢房里，根据血污的头颅仿造出来的。一直到如今，陈列在英国伦敦杜莎夫人蜡像馆里的展品，基本上仍是用蜂蜡制作的。只有蜂蜡会真实地表现出头部与手部的质感，不过也让这些蜡像带上了皮肤松弛、血色不足的外表，仍然不足以乱真。[42]

用蜂蜡制得的蜡像往往形象不佳，也说不上多么有用。而还是用这种来自蜂巢的同一种材料制成的另外一类物件，可就大不相同了。此类物件就是蜡烛。这种蜡烛至少在3500年前的古埃及新王国时期便有了。过了几百年，古罗马人也将它们造了出来，制法是将麻线用蜂蜡和树脂裹起成为棒状，点燃后便产生光亮。蜂蜡的主要成分是有机物中的酯类、烃类和酸类。对于成分，古人并不知道，但他们知道，蜂蜡会在受热时颜色一面变淡一面缓缓地稳步熔化，好过所有的其他烛材。蜂蜡蜡烛不会像用动物脂肪制成的蜡烛那样，又淌蜡泪又噼啪作响。（19世纪的小说家威廉·梅克皮斯·萨克雷[1]就曾在作品中提到："过道里的牛脂烛又是淌泪、又是冒烟、又有臭味，真是一塌糊涂。"）[43]蜂蜡蜡烛燃着时不会发出肉被烧焦的煳味，而是散发出蜂蜜的芬芳。一开始时，无论是仆人还是修士都可以在自己的住处用蜂蜡制烛，不过到了12世纪后，蜂蜡制烛便成了一种广受敬重的专门职业。干这一行的制烛师傅发明出多种多样的蜡烛，有细而长的香烛，有弯成螺旋形的盘烛，有丧礼上用的粗粗的方形奠烛，有供教堂祭台上点燃的高高的圣烛，可谓形形色色。

从此不难看出，教堂是蜂蜡蜡烛的使用大户。因此，在欧洲，基督教传播到哪里，养蜂便开展到哪里，蜂蜡蜡烛制造业也拓展到哪里。随着教堂里点燃的圣烛越来越多，基督徒对蜜蜂及其工作也就越发推崇。蜜蜂因提供神圣的蜂蜡使之也有了神圣的地位，有神圣地位的蜜蜂提供的蜂蜡自然也更神圣——正可谓风助火势，火壮风威也。早期的基督徒有些会在施洗礼时用到蜂蜜，还会用蜂蜡制成十字架。[44]在基督徒做礼拜的仪式上，蜡烛的火苗便代表着给世界带来光明的耶稣，烛芯象征着他的灵魂，蜂蜡指代着他无瑕的肉身。基督徒将蜂蜡视为世界上的顶顶纯净之物。蜜蜂也是贞洁的（至少存在这样的说法），一如圣母马利亚；童贞女马利亚诞育了耶稣，而无性行为的蜜蜂则造出了蜂蜡。（至于如何造出，人们长期以来一直未能搞清楚，进入18世纪后才最终知悉。）2月2日是一年一度的圣烛节[2]。这一天，信徒们会带着足够一年用的蜡烛去教堂接受赐福。据说名叫西面的虔诚人，在见到耶稣后颂扬他"是照亮

---

[1] William Makepeace Thackeray（1811—1863），英国小说家，善写讽刺作品，《名利场》为他的代表作（有多个中译本）。本书中的引文出自他的《弗吉尼亚人》。——译注
[2] 圣烛节是基督教的纪念日，是圣母马利亚生下耶稣40天后带他去耶路撒冷祈祷的日子。——译注

外邦人的光"①、45，这一赞语也是在这一天说的。

宗教改革②使蜂蜡制烛业受到重创。教堂里一下子不准点燃蜡烛了，作为蜂蜡主要来源的修道院也遭关闭。信奉天主教的女王玛丽一世（Queen Mary Ⅰ）③登基，一度给制烛业点燃了希望。在她的支持下，伦敦的威斯敏斯特教堂在1559年的复活节期间，点燃了一支重达140千克的巨型蜂蜡蜡烛。不过这样的局面只是昙花一现。当政权回归信奉新教的君王后，蜡烛制作便再度陷入低迷。在英格兰和爱尔兰女王伊丽莎白一世（Elizabeth Ⅰ，1558—1603）统治期间，由于蜂蜡蜡烛没有销路，致使蜂蜡大量积压，结果大部分被冒充为其他物品行销，后来又转为出口。46此时蜜蜂不再是全体基督徒心目中的神圣生物，然而只有天主教仍继续这样认为。（天主教教堂内只准点燃蜂蜡蜡烛的规定，直到1900年教宗发布教令后才被取消。）47直到今天，伦敦还存在一个制烛公会（Worshipful Company of Wax Chandlers）。该公会每年至少有一天会在某个大厅里举行聚餐会，届时大厅内会以蜂蜡蜡烛照明。聚餐者还会从一只硕大的双耳银杯里啜饮用蜂蜜酿成的酒，银杯上镌有人们快乐地养蜂的图景。饮食上桌之前，聚餐者还会集体进行感恩祷告，感恩对

---

① 西面，《圣经》里的人物，公义而又虔诚，因此得圣灵感动，进入圣殿，遇见耶稣的母亲马利亚抱着耶稣进来，便用手接过耶稣，称颂上帝说："主啊！如今可以照你的话，释放仆人安然去世。因为我的眼睛已经看见你的救恩。就是你在万民面前所预备的，是照亮外邦人的光，又是你民以色列的荣耀。"（《新约全书·路加福音》，2：25—32。）——译注
② 宗教改革，又称新教改革，系指西方基督教在16世纪至17世纪的教派分裂。由马丁·路德和约翰·加尔文（John Calvin, 1509—1564）等宗教改革人士发起。——译注
③ 历史上有两个玛丽一世女王，这里是指英格兰和爱尔兰的统治者玛丽（1516—1558）。她因下令烧死约300名新教徒而被诟詈为"血腥玛丽"。另一个是苏格兰的女王玛丽·斯图亚特（Mary Stuart, 1542—1587），两人为表亲，生活年代也相近，故很容易被混淆。——译注

象是"上帝的生灵——蜜蜂"。不过,人们真心实意地对蜜蜂感恩的日子已经过去了。我们的照明来自电灯,蜡烛只是用在浪漫的场合,而且所用的蜡烛通常也都是用掺上些香料的石蜡制成的。蜂蜡蜡烛在今天仅仅是又一种少见的物件,燃烧发光时会发出些香气来,如此而已。

## 蜂群的住所

即便在蜂蜡蜡烛的神圣色彩有所消退后,人们还是从其他方面景仰着蜜蜂的工作。有时候,人们会将蜜蜂的家改造一下,让它们沾上更多的人气;有时候,人们又会变动自己的家,让它们带上蜂巢的情调。

在波兰,最早的蜂巢都是直立的木头段。波兰是个多森林的国家,蜂群往往会在中空的树干里筑巢,这就使波兰人也多以这样的木头为搜蜜的目标。当他们从觅蜜进入养蜂阶段后,就将木段挖空供蜜蜂进驻。将这样的木段一排排竖直放好,便辟成了一处养蜂场。这样做其实目的已经达到了。不过,由于波兰的养蜂人很喜欢蜜蜂,有时便会想出些表达这种情感的特别方式。有的养蜂人便会在蜜蜂分群前,为它们准备好一段雕成人形的大段中空木头。这样一来,蜜蜂们便住在了一个"人"的身体里,从胸或脐进入,从后背飞出。欧洲其他一些地方也有人这样做,有时还会将木段雕成童贞圣母马利亚的形象。

让蜂群住在自己喜欢的地方,方法还有许多,而且也无须大费周章。有人会将蜂巢挂在自家房舍的屋檐下,表示这些蜜蜂也是家庭成员。有人会在石头上凿出大洞来,让蜜蜂觉得在这里筑巢既安全又耐久。人们不断地钻研,给蜂巢设计出了种种良好的结构,有的更适合蜜蜂居住，有的更彰显出气派。克里斯托弗·雷恩①很早便设计过一种蜂巢，是八角棱柱形的，用木材打制，分成上、中、下三层，相当漂亮，造成后又放入石砌的围墙里。以当时的标准衡量，这种每一层都在底部造出开口，都能供蜜蜂飞进飞出的设计，可以说是相当实用的。在他之后又过了数年，一位名叫约翰·格迪斯（John Geddes）的养蜂大行家，也设计出一种类似的蜂巢，进一步强调不能让蜜蜂感到"不方便"，而"宽敞便利"才是蜂巢最应当具备的功能。[48]不少养蜂人也纷纷注意使自己畜养的蜂儿住得宽敞些，进进出出也更方便些，只是行动规模不如这两个人宏大就是了。他们会给草编的蜂巢加装上可爱的小小麦秸巢顶，弄得看上去有如一群小茅屋，到了节庆日子还会给蜂巢系上五彩饰带。

农户人家所造的蜂巢，起初都是用柳条或麦秸编的，外观上与尚未完全开化时的人们为自己盖起的简陋住所相近。随着人类生活水平的提高，蜂巢的档次也得到了提升。到了19世纪，人们甚至会忘记对实用的考虑，将蜂巢造得花里胡哨。19世纪20年代的一位名叫托马斯·纳特（Thomas Nutt）的英国人，竟将蜂巢造得有如功能齐全，既能烧菜又能烤面包，还有保温隔断的组合炉灶。他的蜂巢不但分成多个精致的部分，还在里面安了一支温度计，最后又加上了一个小塔楼，还在楼顶放上一颗橡实以壮行色。进入20世纪时，箱式蜂巢已经能够满足人们管理蜂群所需的主要实用性要求，更进一步的便只是将蜂巢不断加高了。于是乎，在20世纪40年代一个名叫皮埃尔·迪加（Pierre Dugat）的法国特拉比斯特派修士的创造下，摩天大楼式的蜂箱出现了。此人觉得，将蜂巢也像人

---

① Christopher Wren（1632—1723），著名的英国建筑师，曾为伦敦建造了52座教堂，包括极享盛名的圣保罗教堂。他还有很深的天文学造诣，并担任过一届英国皇家学会会长。——译注

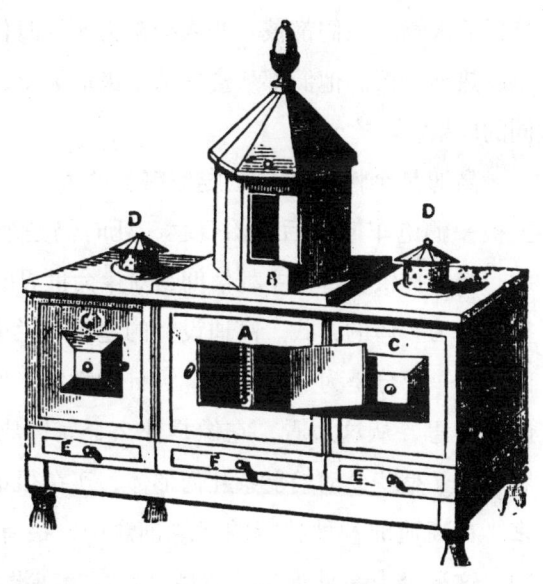

图1-7 维多利亚时代由托马斯·纳特造出的复杂蜂箱，箱内装有温度计，目的是对分群进行预测

们住的楼房一样，一个个上下接在一起，将会是一种改良。他建成的高层蜂巢，有的会安排进七只蜂王，每只都统领着自己的蜂群，大家有上有下地挤在一起。

人们会将自己的建筑理念施之于蜂巢，同时自己在建筑上也会极大地受到蜜蜂所筑成果的影响。历史上出现过相当一批仿效蜜蜂筑巢能力的建筑师，在自己的建筑设计中引入蜂房的格局。此种做法一直延续到现代，遂使人类一再从多个方面体现蜂巢的建筑精神，使自己在空间的利用上沿着不同方向走出了极多的花样。19世纪末的安东尼·高迪[1]，以及20世纪上半叶的科尔比西耶[2] 都是

---

[1] Antoni Gaudí（1852—1926），西班牙别具一格的著名建筑师，新艺术运动的代表性人物之一。他基本上只在西班牙的巴塞罗那城工作，许多设计都成为该市的地标及旅游者的必临之地。——译注

[2] Le Corbusier（1887—1965），瑞士—法国建筑师、画家与城市规划者，现代建筑模式的代表人物之一。世界许多地方都有他设计的建筑物，其中的17处被联合国教科文组织定为文化遗产。——译注

第一章 蜂儿们都在做些什么

这样的人物。他们都被一些人推崇为所处时代的建筑大师,但也都惹起热烈争议。他们都从蜜蜂那里汲取灵感,只是落实到了截然不同的成果上。[49]

高迪是个性情怪异又虔信宗教的人,75岁时在去做晚祷的路上被一辆电车撞倒后不治身亡,死时仍是个单身汉。在他的心目中,蜂巢提供着将天主教信仰与对生命世界的一种近于摩尔人[①]的把爱融为一体的方式。高迪设计的建筑绚烂华丽、象征性强;其中的相当一部分是为加泰隆人[②]设计的教堂。他的有些设计令人觉得匪夷所思,从这边看,它像是什么金属铸成的大爬虫,而从那边看,它又是些会动的复杂几何形体,实在很难看出什么明确的名堂来。在高迪的种种独特的建筑创意中,最有名的便是抛物线形拱门。这种令人一见难忘的造型,是蜜蜂在没有人为的外加影响下,建造完全自然的巢脾时呈现的形状。[③]从19世纪80年代始,抛物线形便成了高迪的身份证。大门也好,楼顶也好,窗户也好,都往往被他设计成这个形状。热爱工作的高迪喜欢蜜蜂是很自然的。他是个素食者,这更使他多了一个喜欢蜜蜂的理由。他平素只吃绿叶蔬菜、全麦面包和酸奶,蜂蜜遂成了他准许自己享受的唯一美食。高迪认为蜜蜂和他一样工作,一样懂得牺牲的痛苦,一样明白牺牲

---

① 摩尔人,欧洲人对生活在欧洲南部和非洲北部的肤色较深的人的统称,多数为原来居住在阿拉伯半岛的穆斯林。中世纪时西班牙的大部分地区曾长期为摩尔人占领,与白人共同形成了独特的文化。高迪深受这一文化影响。——译注
② 加泰隆人,欧洲的一个民族,大部分生活在西班牙东部,即加泰罗尼亚地区,占全国人口的五分之一,为该国人口最多的少数民族。他们民族意识强烈,多年来一直要求独立,不过加泰罗尼亚地区目前仍以自治地区的形式存在。高迪工作与生活的巴塞罗那是此地区最重要的城市,也是多次独立运动的爆发中心,但高迪本人的政治态度是比较温和的。——译注
③ 这是指悬挂而立的巢脾在建成后,其总体下缘的大致形状。抛物线形拱门在高迪之先早已有之,但在高迪这里得到了最极致的突显与发扬。——译注

的必要，因此特别尊敬这种生物。他主张加泰隆民族与其他民族更好地合作，并为宣传这一主张画过宣传画，画面上有一些工蜂。巴塞罗那城的桂尔宫[①]是高迪最有名的设计之一。这栋建筑有一个宏大的穹顶，被他设计成蜂房状，还开了一些有如巢室的六角形小窗让光线进入，整体带上了蜂巢的寓意，使进来的人产生一种蜜蜂进入蜂巢的归属感。

蜜蜂给科尔比西耶带来的则是另外一种大异其趣的视角。高迪实现的有如行云流水的风格，而科尔比西耶形成的是中规中矩；在高迪那里表现为传统运作，在《光辉城市》（1925）和《明日之城市》（1929）两本书[②]的作者科尔比西耶这里是前无古人的现代创意。"住宅是居住的机器"[③],50 这句名言也是此公说的。高迪从蜜蜂那里借鉴来天然蜂房的华美大气，科尔比西耶则是使用了现代养蜂场里箱形蜂巢的形态。他曾将卡尔·封·弗里施[④]这位科学家的

---

[①] 桂尔宫，巴塞罗那的一处豪宅，高迪应工业大亨欧塞比·桂尔（Eusebi Güell）所聘设计建造，1984年被联合国教科文组织列为世界文化遗产。——译注

[②] 《光辉城市》和《明日之城市》均有中国建筑工业出版社的中译本。——译注

[③] 这一著名论断最早出自他的另一名著《走向新建筑》（1923），并被他在自己的其他许多著述中一再反复论述。此书也有中译本，陈志华译，商务印书馆，2016年。——译注

[④] Karl von Frisch（1886—1982），奥地利生物学家，1973年诺贝尔生理学或医学奖得主，第一位破解蜜蜂舞蹈的科学家。他的理论当时受到其他科学家的争议和怀疑，多年后才得到确认。本书摘引了他的四本著述中的内容，目前只有其中一本 *Aus dem Leben der Bienen* 有中译本，译名《蜜蜂的生活》，李灿茂等译，上海科学技术出版社，1983年。此名著自从1927年出版后经多次修订增补，又一再重印。中译本是根据1977年的第9版德文原著翻译的，而作者比·威尔逊在此书中引用的则为1953年第5版的英文译本，弗里施本人也在第9版中告诉读者，他对此版"进行了全面的修订"，这便导致这两个相隔二十四年的两个译本的文字不甚相同。为尽量保留引文与作者本人的阐发文字的一致，有关的引文并未转引这一中译本；又考虑到本书中多次提到的梅特林克的著述也有相同的中文译名，而本书作者所引用的英译本的英译名为 *The Dancing Bees*，直译应为《起舞的蜜蜂》，故仍将本书中所有引用弗里施著述的引文以同一方式在正文和尾注中给出直译的中译名。——译注

图1-8 高迪为桂尔宫所设计的蜂房风格的穹顶

《起舞的蜜蜂》一书读过好几遍，还在书页的空白处写下了大量批注。书中所提到的蜂巢的清洁环境和有效的构造令他激动不已，而这两点正是集体生活特别重要的外部条件。他在自己的建筑理论中提出了温度控制的概念，但同时给它套上了一个从现代养蜂学中借来的术语——"精确呼吸"。他相信，在一个供一大群人共同生活的居住体系内，当能够在总体上以一揽子方式满足全体的自给要求时，如果可以将群体成员安排到"一个个生活小单元"里，结果便会是最理想的。第二次世界大战结束后，他被委派督管法国名城马赛（Marseille）的重建工作。他在这座城市里盖起了若干钢筋水泥

图1-9　勒·科尔比西耶的建筑与19世纪的一种得名为"进步式蜂箱"的对比

的高大住宅楼,每栋楼能住进1600人。这些大楼都是高高矗立的,还都像踩高跷那样只用立柱支撑着。这两点都很像在他的故国瑞士那里的人所造的箱式蜂巢的安排。他希望住在这些有如蜂巢里的马赛人,能够忘掉战争的愁烦,学会如何抱定"有效地和谐生活在一起"的宗旨,共同过上美好的生活。[51]

只不过效率并不是所有人都视之为和谐中的必要成分的。如今的人们在看到科尔比西耶的这些踩高跷的钢筋水泥高楼,害怕的感觉很可能会油然而生。许多人会觉得被某种阴险的存在完全控制着。不喜欢科尔比西耶的这类公寓楼的人,会称此类建筑为"蚁穴"或"蜂窝",透露出的含义是这里的个人生活受到了集体层面的制约。其实,这样想的人,恐怕应当再想一想,这种制约其实可能正是这位建筑大师的初衷哩。[52]

第一章　蜂儿们都在做些什么

## 人类社会对蜜蜂的考量

蜜蜂不单单象征着劳动和为人类做出勤劳的榜样,也帮助人类决定着努力的方向。即使到了今天,人类的生产行为也仍然没有强大到可以不仰仗蜜蜂的程度。凡在蜜蜂很少光顾之处,植物便很难得到授粉,因此不易打籽结实,物种也就无法得到延续。植物稀少了,空气中的氧分也会减少,不利于人和动物的呼吸。哪怕是在当前已经形成农商一体化的地方,就实施授粉而论,蜜蜂也仍然是最有效的中介。农夫们会花钱请养蜂人在自己的田园里设立养蜂场。租赁蜜蜂的业务始于1909年新泽西州的一家苹果园。如今在美国,大货车会载着蜂箱跑遍四面八方。缅因的蓝莓、科德角(Cape Cod)的小红莓、密歇根(Michigan)的黄瓜、佛罗里达(Florida)的甜瓜、加利福尼亚的扁桃,都要靠受雇而来的蜜蜂授粉。蜂群数量会达90万之巨。有人经研究得出结论说,"如果租不到蜜蜂前来,占全世界产量一半以上的加利福尼亚扁桃仁[①]就会在市场上消失。"[53]

蜜蜂一直在明面上处处帮着我们,这自然是毋庸置疑的。其实,它们还对人们工作方式的变化起过重要的催化作用。文明社会中的一些基本构成,如产权、律法和税项等都部分地形成于解决蜜蜂所引起问题的过程中。因此,一方面是人类要为蜜蜂创造有利的生存条件;另一方面,蜜蜂也反过来帮助形成某些调控人类生活方式的规则。

在商业化社会形成之前,在养蜂业兴盛的地方,蜂蜜一向是百

---

[①] 即通常所说的美国大杏仁。本书后文在提及此种食品时,都以这一称法表示。——译注

姓们向官家和教会履行义务的手段。从某种意义上看，蜂蜜就是金钱。举例来说，在古代印度，国王会以贡物的形式征收所产全部蜂蜜的 1/6。当中美古国阿兹特克的皇帝蒙特祖马（Montezuma）①征服了邻近的部族后，便更雪上加霜地向刚刚被强力征服的穷苦百姓索要 700 坛蜂蜜的献纳。类似地，当年欧洲的威尔士（Wales）王国也曾颁布过律令，要求每个村庄都得向国王进呈一瓮蜂蜜酿造的蜜酒。这几个例子似乎都是说些陈年旧事，但类似的行为至今也并未得到完全废止。进入 20 世纪 80 年代后，一支自称"圣战者"的军事力量在统治了阿富汗后，也从当地的养蜂人手里拿走了 1/10 的收获呢。[54] 这种方式或许会被一些人视为原始。但换个角度看，倒也反映出在奠定今日人类社会的组织的基础方法上，蜜蜂和蜂蜜仍然起着作用。

比如说，在制定物权法时，蜜蜂的作用就是举足轻重的。这么说是因为蜜蜂这种小生物有一种不好定性的特质。正如一位法学专家在 20 世纪 30 年代所说的："对于给律师带来值得探讨的问题而论，真是没有几种动物能像蜜蜂这样的。"[55] 换个角度说，就既是责任同时又是资产而言，与蜜蜂相当的其他动物几乎就不存在。

自从所有权的概念形成之后，人们便属意于谋得对蜜蜂这种提供蜂蜜的动物的所有权。一开始时，对这种权利的争议事关野生蜜蜂的蜂窝。如若蜂窝是在树干里，窝中的蜂蜜该归谁所有呢？这个问题就曾令古罗马的律师们头痛过。有的律师认为，树的主人便也是蜜的主人。其他律师则不认可，说树干中的蜂就如同树上的鸟，并不属于任何人，言下之意就是认为，哪个有本事先发现蜂窝，其

---

① 阿兹特克帝国共出过两个蒙特祖马，他们为父子，分别是蒙特祖马一世（1398—1469）和蒙特祖马二世（1466—1520），两人可能都采取同样的纳贡方式。——译注

内的东西便归哪个所有——即所谓的"首见者得之"。但如若这样，同样难以断言的问题又会从另外的方面冒出来。比如说，若在找到蜂窝时，如果窝内的蜜还没成熟到可以收获，是不是就得放弃这一所有权呢？日耳曼和斯拉夫这两个民族的觅蜜人，往往会在发现蜂窝的树上做出个人特有的记号来，为的是知会他人休得染指。乌克兰人也这样做过，而且在那个地方发现了人们在树皮上做出的上百种不同的记号标志。不过这种做法也行不通，至少是不可靠——如果蜂群中发生了分群，离开旧窝寻找新家，又当如何处理呢？

蜜蜂给古罗马人的立法造成的困难，从根本上说，源自对这种动物的归类。当时的律师认为，动物可划归为两大类，一是野生的（比如老虎），另一是驯养的（比如牛和狗）。不过对于蜜蜂，似乎很难归为其中任何一类。大普林尼便指出，蜜蜂应当算为中间类型，"既非野生，也非驯化"。[56] 想法固然不无道理，但在实践中于事无补。对动物分类的目的在于确定物权的归属。古罗马法律规定，被驯化的动物完全属于驯养者独有，野生动物可以被拥有，但只能暂时持有。如果某户人家养的奶牛跑到了别人的地里，所有权并不会因之改变。但如果捉住了什么野兽后养在家里，不管是如何捉到的，一旦跑掉了，所有权便随即丧失——跑掉的野生动物又会重新享有上天赐予的自由。

这样的归类，对想得到蜜蜂物权的人实在没有什么帮助。律师们说，要想得到野生动物的所有权，就得要么将其驯化成功，要么将其圈养起来，而这两种方式都不适用于蜜蜂。无论将蜜蜂引入多好的人造蜂箱并给予多大的关爱，它们都不会变得温顺和驯服；将蜂群永远关起来也是不可能的，除非是宁可将它们一直关到死，但不放它们出来，就不可能采到花蜜。看来，对蜜蜂是应当有自成一家的法律的。不针对它们想出新的法律概念，人们便无法获得对蜜蜂的所有权。

解决这一问题的律师是尤文梯乌斯·策尔苏斯[①]。这位被说成是"公元2世纪的一名脾气特别急的法学家",坚决认定不能将蜜蜂定为完全野生的动物。[57]他的根据是,蜜蜂并不像狼,而像鸽子。它们会时时脱离人的控制,但也会一再返回。鉴于这一具有返回到人类身边的倾向,蜜蜂便不是真正的野生物种。因此在涉及有关蜜蜂的物权时,需要区分开"拥有"和"占有"的概念。这两个概念的含义是不同的,人们可以拥有蜂群,但又不是时时都占有它们的。

只是凭这样的定义,也还会惹出麻烦来。这是因为蜜蜂毕竟又与鸽子不一样,一只蜜蜂在离开蜂巢时,是为了出去觅食,是打算还要回来的。然而,当一群蜜蜂为了分群而共同离开蜂巢时,却是打算另找一个新住处,从此再也不回来。这便引发了一系列新的法律难题:老蜂窝的拥有者,有没有将分群后在他人的地界内安家的蜂群索回的权利呢?如果此人的蜜蜂将彼家的家畜蜇刺了,又该由谁承担责任呢?

于是,策尔苏斯又提出了新的看法,而且效果要比以前那个以鸽子对蜜蜂的类比好些。他认为,即便养蜂人的部分蜜蜂分群到了不属于他的地方,也仍然应当属于原来的拥有者。理由很简单,因为此人因这些蜜蜂的存在得到了收益。从根本上说,古罗马时代的法律是建立在经济与实用这两点上的。在那个时代,养蜂是一种极富收益的行为,因此有关立法的考虑,自然不免会侧重于使蜜蜂有所归属,即使复杂些也在所不计。使蜜蜂得到拥有者是实用的,于是乎也就合法了。养蜂人是既有资格从蜂蜜得益,也应对蜇刺后果

---

① Iuventius Celsus(67—130),古罗马时代的著名法学家。据说法律的定义——"公正善良之术"就是他所下的。——译注

负责的人。他们为蜜蜂忙碌，蜜蜂也为他们忙碌。法律则为着有利于自身的目的，将养蜂人和蜜蜂都纳入了掌控范围。

不过要说蜜蜂身上最奇妙的地方，是在经过八千年的努力驯化后，却依然没有真正为人类工作过。勤劳归勤劳，它们却始终没有循规蹈矩起来。在先进的工业化国家里，大型的蜂蜜生产厂商往往用对待奴隶的方式使用蜜蜂，但蜜蜂们一直没有被改造成奴隶。在工业化养蜂人的队伍中，有的会同时经管着多至一万只蜂箱的蜜蜂大军（小规模的养蜂人最多只能养300箱）。他们往往会在一年时间里奔波于12万千米的路程，为的是最大限度地采集到花蜜，再从蜂箱中最大限度地获得蜂蜜。他们并非IBM公司的那些对"摆尾舞"大唱赞歌的能人智者，对自己管理的工蜂就像对待一个个经济单元似的。到了冬天，工业化养蜂人往往会用氰化物毒气杀死大批蜜蜂，有时竟会一次达六千窝，杀时却不动感情，有如丢弃机器中的一些零件。养蜂人也许会相信，蜜蜂是在自己的命令下工作的。但这并非事实。带它们跑多少路也好，将它们熏死多少也好，都无法改变蜜蜂为自己辛劳的目的。虽然到了夏末，人们能够偷来它们的蜜，占得它们的蜡，但它们酿蜜制蜡，从来都不是为了取悦人类。我们能让狗喜欢人，但永远无法使蜜蜂这样做。人类永远不能成为这个工作群体中的一部分。过去有一句赞扬勤劳蜜蜂的话，是以蜜蜂自己的口气说："我们工作，但从来不是为了自己。"其实这句话本来应以人的口气来说，并且改变一下："它们工作，但从来不是为了我们。"

## 第二章

# 蜜蜂与性

再以蜜一般甜美的言辞讲述爱的故事。

伊拉斯谟·达尔文[①],《植物园》(*The Batanic Garden*,1791)

人世间的谈情说爱,又岂能少了蜂蜜和蜜蜂的帮衬?此话并非言过其实。从古至今,在每一种文化里,蜂蜜都与爱情有着一种特殊的联系。这是因为蜂蜜不仅是供恋人们消耗的食物,还给他们送来了表述爱意的语言——送上甜蜜的吻啦,陷入爱河的甜蜜感啦,蜜蜂绕花又恋巢、恰如恋人缱绻时啦,如此种种,不一而足。就连在日常生活中,也总能听到诸如"蜜蜜,我回来啦"之类的亲昵话语。至于蜜蜂和蜂蜜这两种又无辜又能致命的存在,看来也的确适用于爱情这种既神圣又世俗的情感。《圣经》中便提到:"你的言语,在我上膛何等甘美,在我口中比蜜更甜!"[②] 这句话是指纯粹与

---

[①] Erasmus Darwin(1731—1802),英国一名内科医生,喜欢文学和自然科学,并将这两者结合起来,写出了本书有所引用的诗体长篇著作《植物园》。他还是进化论的提出者查尔斯·达尔文的祖父和英国科学家与探险家弗朗西斯·高尔顿(Francis Galton,1822—1911)的外祖父。此外,他还是英国知识界一度享有盛名的组织"月光会"的发起人之一。——译注

[②] 《旧约全书·诗篇》,119:103。这是信徒表示对上帝指示的信服和乐从。"上膛"就是上颚,在这里即代表嘴。——译注

神圣的爱慕。然而，若是与理查德·巴恩菲尔德①在完全描述世俗与肉欲之爱的长诗《牧羊人的热恋》（1594）中用到的语言——"我的双唇是蜂蜜，你的舌头是蜜蜂"。[1]——对比一下，两者却也没有很大的不同。蜂蜜既被用来反映性体验的欢愉，又被用来抒发对纯真的尊崇，不仅是因为不同的诗人在用法上参差不齐，更因为人们在对蜜蜂的爱中，包含了一些往往难以说清楚却无疑又古怪又矛盾的成分，使得这种情感中杂着困惑，带着神秘，透着奇特。

往蜂巢里面看一看，便会立即注意到，爱似乎无处不在，但又似乎无迹可寻。蜂蜜是对人们有极大诱惑力的东西，然而被这种美妙之物从四下包围着的蜜蜂，却好像并不曾受到其诱惑，表现得绝不贪婪。梅特林克便对此提问："它们不像其他带有翅膀的昆虫，比如蝴蝶，生活得安逸平淡，为什么要为了蜂蜜舍弃休息和欢乐？它们为什么不平凡地过雅致的生活？"[2] 在人们的心目中，蜜蜂是性爱的榜样，也是拒绝性关系的标兵。而且在拒绝性关系这一方面，蜜蜂固然向着那些陷入性爱而不能自拔的人们指出，世上存在着更高尚的爱，但这种爱在人间却从来不曾得到实现。无论我们如何努力，人毕竟不是蜜蜂，情欲一直在无休止地诱惑着人们，就像蜂蜜一样。

## 如蜜亦如刺的爱情

"卡玛"是印度教中的欲乐之神。古代印度的一部专门讲论性爱的著述，题目上便有此神的名字——《卡玛经》，意思就是《爱

---

① Richard Barnfield（1574—1620），英国与莎士比亚同时代的诗人。本书中提到的长诗《牧羊人的热恋》是他发表的第一部诗作。——译注

欲经》。① 此神是男性，以一头蜜蜂与狮子为一体的动物为坐骑。印度出产的一些蜂蜜，容器上就会出现这一形象。那半体蜜蜂便象征着兼有甜蜜和螫刺的爱情。卡玛还会将蜜蜂的螫针从一张"爱之弓"上射出。³ 公元5世纪的印度诗人迦梨陀娑② 便写下了这样的诗句——

> 战士来了，勇武过人，
> 爱之弓弩，从不离身。
> 闪闪发光的箭镞，
> 便是蜜蜂的螫针
> ……⁴

提到卡玛，也会想到另外一位爱神——丘比特。这位爱神会向被他选中的人射出箭矢，箭头上有时会蘸上蜂蜜。他还会干些偷盗蜂房的勾当。这便使丘比特成为不少艺术大师们难以割舍的创作目标，直令有的艺术家一再创作不休。老卢卡斯·克拉纳赫③ 便在从1530年到1531年不长的时间里，创作了9幅绘有丘比特形象的不同油画。这些画作尺寸不一，但构图大致相同。画面的主体一律是维纳斯。她身材苗条，裸身站立，双腿总是被画家着意画成一前

---

① 《爱欲经》是古印度一本关于性爱的经典书籍，相传由一位独身学者筏蹉衍那（Vātsyāyana）所作，创作时间很可能是在印度文艺复兴的笈多王朝时期（4—6世纪）。此书有海外中译本，译名为《印度心爱经》。——译注
② Kálidása，印度的梵文作家，生卒年代不可考。他著有长诗《云使》（有中译本）、《鸠摩罗出世》《罗怙世系》和剧本《沙恭达罗》（有多种中译本）等。《沙恭达罗》为他赢来世界性声誉。——译注
③ Lucas Cranach（约1472—1553），德国文艺复兴时期的画家、版画家和雕刻师，有个同名的儿子也是画家，故分别以老和小冠之。——译注

图 2-1 以蜜蜂为坐骑的印度教神祇卡玛

一后,看上去显得自然而从容。她还在身上披了一条轻纱,画得若有若无,不过更是反衬出了裸体。画面的背景是一座城镇,还有一些树木,在她身旁并未受到注意的便是她的儿子丘比特。这个小爱神胖乎乎的,模样在两三岁,手里拿着一块含蜜的蜂房。蜂房呈金棕色,味道想必不错。只是丘比特并不高兴,反倒在哼哼唧唧,因为他正在受到几只蜜蜂的攻击呢。当一丝不挂的小娃娃们受到虫豸进犯时,大多数母亲都会将心思从展现本人的美妙胴体,转移到关注出现状况的孩子身上;或是安抚,或是找东西包扎,至少也会关心上一阵子。可维纳斯并不。在与这幅画有关的故事里,丘比特是犯了错误的。他根本就不应当去偷蜂蜜。再者说,他因受到蜇刺感到的痛苦,与他自己用爱之弓箭给他人造成的折磨相比,又算得了什么呢！在阿尔布雷希特·丢勒①于1514年以同一神话为题材的又一幅油画中，维纳斯的态度更是明确。她看着丘比特鼓起肿包的身体，左右摇晃着手指，似乎嘴里也同时发着责备的"啧啧"声哩。

最早提起丘比特与蜜蜂的，是公元前5世纪的诗人阿那克里翁。此公纵情于享乐，据说最后是被一粒葡萄噎死的。他在诗中发出了惊人之语，说可以靠美酒、漂亮的男童和美丽的女人，忘掉对死亡和战争的恐惧。他还爱好蜜蜂和蜂蜜，曾在一首琴歌中写下"掰开糕饼，抹入蜂蜜，足以供我闲适小憩"的诗句。[5]《琴歌集》中的第34首是专门赞颂这一"甜美小虫"的，第35首则特意以丘比特与蜜蜂为题。后世的种种有关文字，都是翻造了阿那克里翁的这首诗，而在阿那克里翁的原诗中，丘比特实际上并未曾犯下偷蜂蜜的过错，只是在玫瑰丛中闲逛时，弄醒了一只睡着的蜜蜂，结果受到了这一"生翅膀的蛇"的攻击。这让他跑到了维纳斯那里——

　　我的好妈妈，
　　儿子受伤啦。
　　疼得真要命，
　　你可有办法？

妈妈便回答说——

　　身痛固可悯，
　　唯汝听仔细：
　　遭你箭伤者，

---

① Albrecht Dürer（1471—1528），很受推崇的德国画家与版画家。——译注

图 2-2 《偷吃蜂蜜的丘比特》,老卢卡斯·克拉纳赫作于 1530 年

尤痛在心底！<sup>6</sup>

　　这首古老的诗歌，播下了无数模仿的种子。维多利亚时期的浪漫诗翁们尤其翻造得起劲，而且被蜜蜂影响到的不单单是阿那克里翁所提到的心，嘴巴更成为涉及的对象。嘴巴会吸吮，善呕吐，能亲吻，可絮语——既有动听的废话，也有捏造的谎言。托马斯·洛奇[①]所写的这段诗，便是很典型的例子——

　　　　爱情护着你玫瑰般的双唇，
　　　　有如在你身边飞舞的蜜蜂，
　　　　倘我靠近，它便急急冲来，
　　　　我若施吻，它便突刺命中。

将爱设想为会蜇刺的蜜蜂，恰能增强诗人对接吻前卿卿我我前戏的兴致。他又在1590年的一首情歌中做了更强的抒发——

　　　　我心中的爱有如一只蜂儿，
　　　　从他身上吸吮到甜蜜，
　　　　他伸出双臂将我拥抱，
　　　　又向我紧紧贴住他的身躯。
　　　　在我双眸中筑起爱巢
　　　　还将头在我胸前埋起，
　　　　我的热吻成为他的盛宴，

---

[①] Thomas Lodge（1558—1625），英国内科医生。他写过剧本，出过诗集，也写过医学著述。——译注

只是从此我被剥夺了休憩。
你到底有完还是没完，
真是个没够的鬼东西？ [7]

曾几何时，蜂蜜和蜜蜂使诗人的笔触，从轻飘飘的吟花咏月，转向了遮遮掩掩的花前月下——有时甚至连遮掩都不加。就以理查德·巴恩菲尔德所写的那个牧羊女，便会央求自己的恋人"吸吮我的甜美花朵，里面尽是红熟的蜜果"。她提到渴望被吸吮之处有蜜的味道，恐怕是自我吹嘘的不实之词吧。这两行字也好，其他许多浪漫诗句也好，蜂蜜都是用来指代人的体液的，无非只是用来增加诱惑力的用语——

我会再带你游历我的欢乐谷，
鉴赏葡萄与樱桃在峡间遍布。
要当黄蜂或者蜜蜂悉听君意，
我便是一只蜂巢悉听你入住。[8]

只不过好的东西并不会永远都好。于是，蜂蜜这种稠厚的浆液，便也代表起人心欲求的黑暗一面。它甜美有如真心之爱，回味无穷若似肌肤之亲，只是却也黏腻，又会混进渣子，活像虚假的恋情。《圣经》里也有道："因为淫妇的嘴滴下蜂蜜，她的口比油更滑。"[9] 哈姆雷特也对自己的母亲"只知道在腐物里寻觅蜜浆，在龌龊的猪窝里做爱"[10] 痛心疾首。蜂蜜是种诱饵，足以俘获天真无知者。公元前200年的一首希腊古诗中，便说到维纳斯对丘比特有抱怨之语："如蜜之舌邪恶心，念头多变言无信；声音美妙似蜂蜜，胆汁代血流全身。"[11] 用美色将外交官勾引上床，转天便从门缝里

蜂房：蜜蜂与人的故事

塞进裸照以行要挟的间谍伎俩，直到今天都有"下蜜套"的俗称。其实，纯净的蜂蜜是宝贵的、美好的，如同在婚姻保障下的爱恋。所以罗布·罗伊①会问："你可愿意成为我的蜂蜜，做我的妻，与我共结连理？"[12]

这样一来，举行过结婚仪式后夫妇共度的蜜月，便是纯洁而肉欲，弄得这个词语的确切含义也莫衷一是起来。有人认为，这一说法源自古代的北欧民俗，那里的新婚夫妇会在婚后的第一个月里吃蜜饼，喝蜜酒。不论这一起源是否可靠，在欧洲和亚洲的许多地方，婚礼庆典上用到蜂蜜确是持久的传统。其他地方也不乏这样做的人。在古代埃及，人们在签订婚约时，未来的新郎会对今后的妻子说："我要娶你为妇……定会每年给你12陶瓮的蜂蜜。"[13]在16世纪的瑞典，婚宴上要消耗掉大量的蜂蜜。有记载说，在1567年的一场富有人家的婚礼仪式上，来宾们干掉的蜂蜜就不下453瓮。就是到了如今，摩洛哥新郎也会在新婚期间大啖蜂蜜，为的是保持春情高涨。

蜂蜜除了有营养滋补的功能，用于婚礼还有另外的象征意义，它预示着夫妻日后生活和谐。这正反映出人们对蜂蜜的印象。在古代印度的婚礼上，新娘的额头、嘴唇、眼睑、双耳和私处都会抹以蜂蜜。新郎在给新娘初吻时应当说："这是给你的蜜糖，它发自我的口腔；在我嘴里为蜂蜜，说出来便是吉祥。"在波兰，人们会在婚礼上唱迎婚曲，歌词大意如下："庄稼人勤快如蜜蜂，结良缘甜美如蜂蜜。"新娘在进入洞房时，眼睛会被蒙上，唇上会涂上蜂蜜。在保加利亚，一群妇女会把加蜂蜜烘烤的结婚蛋糕抹新郎官一脸，

---

① Rob Roy（1671—1734），著名的苏格兰高地侠匪，因英国著名作家沃尔特·司各特（Walter Scott, 1771—1832）的同名小说而声名远扬。不过这两句求婚的话并非源于这一小说，而源自苏格兰的一首同名民谣。——译注

还会一面抹一面叫："新郎新娘情意长，就像蜜蜂爱蜜糖。"[14]

　　类似的例子不胜枚举。比如，希腊罗得岛（Rhodes）和附近一带的居民，会用蜂蜜在新婚夫妇的家门上涂画十字。再比如，法国的布列塔尼地区（Brittany）有将婚礼上用过的彩带挂到蜂巢上的习俗……蜜蜂与爱的关联简直无穷无尽，只是有一点，那就是在人们构思与蜜蜂有关的爱时，地点总是在蜂巢之外。蜜蜂的爱表现在人们所辟的花园里，在飞翔中，在吸吮上，也在蜇刺上。蜜蜂爱美丽的花朵，爱采集花蜜，爱在空中飞舞。其实，蜂巢中也有爱，只是表现得完全不同。尽管人们为着彰显和升华人间的性爱，将蜜蜂和蜂蜜不断地用来用去，却在历史的大多数时期里，对蜜蜂的性生活一直持有深深的神秘感。

## 繁衍的秘密

　　"它们的交尾从不曾得到见证。"这是亚里士多德的结论。[15] 显然，他从不曾见识到蜂王在与雄蜂交尾时会有极其生猛的动作，致使雄蜂的生殖器官都可能被扯出体外随即死去。忘我交配的结果，是蜂王在体内存储到足够形成数十万颗受精卵的精液。即便亚里士多德曾见到过这一幕，在那个时代也不可能理解它，因为他并不知道蜂王其实是雌性。

　　罩在蜜蜂如何繁殖上的神秘外衣，是导致人们赞美这种昆虫的一个重要方面。长久以来，有许多人都注意到，这些奇特的、美妙的、提供蜂蜜的生物，是聚拢在一起生活的，"有如一串串葡萄"，在有些方面不像是动物而更接近某种果类植物。有些古希腊人认定，蜜蜂其实就是从植物里弄来自己的小崽子的——可能性最大的来源便是橄榄花，因为收获橄榄的季节，也正是蜜蜂分群最活跃的时光。[16]橄榄和蜂蜜都是希腊人餐桌上的基本内容，致使他们注意到蜜蜂的小小身躯，也带着橄榄般的油亮光泽。只是他们还是很惶惑，觉得蜜蜂是造物或者神明创世时留下的谜团——它们活着，它们呼吸，却与性行为不搭界。再加上它们制造的金色巢室又如此美妙，便越发增添了几分神圣。蜜蜂既罕见地多产（多蜜、多蜡，也多自身），本身的生产方式又奇迹般地与众不同，加在一起便成为动物世界中独一无二的角色。基督教出现之前，蜜蜂的这些品性便受到了古人的赞誉，基督教开始传播后，它们又在牧师和神甫的美言中得到了新的好名声。即便到了今天，在对蜜蜂的褒奖中，也仍能找出这种性的神秘观念的残留。

我们的老祖先们并不是一上来就这样想的。只是在当时的蒙昧状态下，又只是观察蜂巢里面的情况，还只能单凭肉眼，观察所见恐怕还会大大地少于亚里士多德，因而无从解惑蜜蜂的繁殖，到头来还是同意了这位公元前4世纪高人的论断，即"有关蜜蜂的繁衍是个大难题"。在蜂巢里面生活的蜜蜂不止一种，而是不同的三种，但看不出任何一种有参与交媾的迹象——雌性的蜂王是在远离蜂巢的外面发生性行为的，而且发生的次数很有限。那么，这种生物究竟从何而来呢？亚里士多德设想了三种可能。第一种：蜜蜂的后代是"从别处"弄来的——别处是指橄榄花之类的地方，这些后代或者是"别的什么生物在那里生下的"，或者是自然而然地就有了的。第二种：蜜蜂会自己生下后代。第三种是前两种的混合结果：雄蜂悉取自外界，工蜂和蜂群领袖则是己生。亚里士多德并不很看好蜜蜂是"弄来的"的可能性，因为这样一来，蜂巢外面就应当会有未被成年蜜蜂弄进蜂巢的小雄蜂被注意到，但这种情况并未出现。而且将这些既非亲生又非食粮的小家伙们弄来，又是为了什么呢？这便导致亚里士多德下结论说，蜜蜂必定是自己生下后代的——亦即存在的是第二种可能性。[17]

只是亚里士多德看出还有别的问题。如果蜜蜂的确是蜜蜂自己所生，那么就应当有性行为，而此种行为的进行既可以通过交媾方式，也可以不借助这一方式。如若是通过交媾方式，那又是在哪两种蜜蜂之间呢？是没有螫针的蜂（现在自然说是雄蜂）和工蜂，还是这两者中的某一种与蜂王之间？亚里士多德并没有观察到这两种交媾中的任何一种，甚至都没能判断出蜂巢中成员的准确性别。就是从这里开始，他先前的严密推理开始出了偏差，致因是他对人类中的雌性怀有偏见。在亚里士多德的心目中，工蜂不可能是雌性，因为这一类蜜蜂身上生着螫针，而"造物主不会将武器给予雌性"；况且他还认定，"雄性没有为后代劳作的习性"，而工蜂是表现出这一习性的，因而设想没有螫针的蜜蜂是雌性而工蜂为雄性便有悖这一常理。通盘考虑的结果，是他错误地推断说，工蜂必定既有雌性的生育能力，同时又有雄性的战斗手段，"与植物一样同时具有两种性别"。他又认为，蜂王也不可能是地道的雌性——"此种领袖蜂同时具备两种性别的特征，即既有工蜂的螫针，形体又有如无刺的蜜蜂"。于是乎，蜜蜂便必定类似于某些鱼类，没有性行为而直接排卵。就这样，亚里士多德使用消除法这一逻辑工具，归纳出了一系列蜜蜂如何繁殖的结论，不但弯弯绕绕，而且正少误多：（1）蜜蜂间不存在性行为（误）；（2）领袖蜂既生下领袖蜂，也生下普通蜂（正）；（3）无螫针的蜂是普通蜂生的（误多于正）；（4）无螫针的蜂与繁殖无关（误）。[18]

历史上有过不少人，将人类的性关系带入了对蜜蜂繁殖方式的考察，亚里士多德正是如此做的第一个。男女两性在生活中的分工方式，在他的头脑中形成了根深蒂固的概念，导致他对昆虫的生活做出了谬误的设定。他的关于蜜蜂繁殖方式的说法，与其说是研究昆虫学，更不如说是提出政治理念。他在其《政治学》①一书中便说，争斗是男人的事，参与城邦（当时的国家形式）事务也是男人的事，女人的职责是打理家务、照顾孩子、支使奴隶。女人作战也好，男人看家也好，在亚里士多德看来都同样地无法接受，无论哪一种都不自然。这位在动物学研究的其他方面都堪称巨擘、杰出的人物却没能注意到，事实上在昆虫世界中，的确存在相当一些物种——不止蜜蜂一种，其雌性成员生有进攻性武器，其雄性成员也照看自己的后代。正是这一谬误的起点，导致亚里士多德自我关闭了通往唯一合理的真实解答之路，那就是蜜蜂之间其实存在着交媾这一性行为。

以今日的知识水平衡量，亚里士多德当年是将某些鱼类中存在的雌雄同体，也套到了蜜蜂的繁殖上，结果是以复杂到近于荒唐的方式，得出了错误的结论。然而我们也应当认识到，若与真正发生的情况相比，他的这一套倒也说不上天马行空。在那个年代，焉有人能够得知蜜蜂繁殖的种种真实情况？谁能猜得出，蜂王是唯一的真正雌性，工蜂则是发育不全的雌性呢？谁人又能想到，没有螫针的蜜蜂是地道而且唯一的雄性呢？谁人会知道，蜂王会先以单性生殖方式不与雄蜂交尾而产下会孵化成雄蜂的未受精卵，然后再与雄蜂交尾由此诞下工蜂呢？谁人可想见，蜂王是离开蜂巢，精心选出几只雄蜂与之交媾，并在区区一轮过程中存下足够的精液，以后便闭门不出，不停地生产下数以万计的后代呢？谁人会推断出，交配过的雄蜂随即便会悲惨地死去呢？谁人又能知晓，蜂卵孵化后，会因饲喂食物的不同，或者发育成蜂王，或者长成为工蜂呢？蜂王在飞翔中交尾的事实直到1771年才被斯洛文尼亚的一位养蜂人安

---

① 此著述有多个中译本。——译注

东·央刹（Anton Janscha）查知。他注意到，飞翔后回巢的蜂王腹节胀大，而且赘着"雄性生殖器官"。[19] 然而，这一发现迟迟未被作为科学事实得到接受。时至1776年，著名的英国皇家学会还发表了剑桥大学附属医院一位名叫约翰·德布劳（John Debraw）的药剂师的文章，指斥显微镜"前来给人们相信蜜蜂必然贞洁的信念捣乱"，[20] 还以同亚里士多德相差无几的口气表示，"蜜蜂中不存在不同性之间的关联，蜂王只是像鱼那样发育出卵来并随之排出"。[21]

　　视蜜蜂如鱼也好，说蜜蜂来自橄榄也罢，都还不是对这种昆虫如何繁殖的最破天荒的臆断。表现在这一过程中的神秘莫测，形成了有关创生的种种奇思妙想的肥沃土壤。如果蜜蜂不是蜜蜂自己生的，说不定它们是直接来自太阳呢？更或者是来自天堂呢？是不是神明将人的灵魂化成了虫豸呢？或者它们是死亡后再度自然发生的结果呢？

　　蜜蜂被不少人认作与神明直接相关。有一则久远的创世神话说，人是一只雌雄同体的蜜蜂帝王所生。早期的基督教传说告诉人们，蜜蜂来自耶稣的身体——有的说来自伤口，有的说来自肚脐，有的说是他在被钉在十字架上时淌下的泪水所化，有的说是他滴下的血水变成——是故蜜蜂会舔舐血液，如同它们会从玫瑰花上吸吮花蜜。[22] 古代埃及也有类似的故事。当时的尼罗河沿岸便被称为蜜蜂之谷，而蜜蜂这种神圣的昆虫，便是埃及主神太阳之神的眼泪变成的。一份现存大英博物馆的纸莎草纸卷上有这样一段话——

　　　　太阳之神在哭泣，
　　　　泪珠颗颗滴落草中。
　　　　它们纷纷化为蜜蜂，
　　　　有的营造（原文缺失，似应为"蜂房"），

> 有的奔忙于花丛，
> 就这样有了蜂蜜，
> 蜂蜡也一起产生。
> 来自太阳之神的泪水，
> 造就了美好之物种种。[23]

这样一来，蜜蜂一经被创造出来，自己也马上成了创世者。

从针对蜜蜂提出的问题给出的种种解释可以看出，以往有许多人认为，人类能够认识神圣的生命是如何产生的——甚或还可能亲身参与生命的创造。有一些事实表明，蜜蜂的生成似乎给人们创造生命并否定死亡的企求带来了实现的机遇。体现这一企求的最明显、相当奇特而令人不快的例子，便是牛死化蜂的故事。

## 蜂化于牛

对于蜜蜂从何而来，出现过种种臆想。最古老的一种很可能并不是蜂儿生蜂，而是从死牛的身体中自然而然地化出。古罗马诗人奥维德[①]便是这样说的："牛死身躯腐烂，便有蜂儿涌现；一条生命消失，千条生命可见。"[24] 在今人看来，这种死牛化为活蜂的说法纯属无稽。然而，它仍然被接受为事实流传了两千多年。这恰恰部分地反映出人们意欲控制这些神奇的生物，并因之掌控死亡本身的热切希望。

古希腊人给这一过程起了个专门名目 βοῦςγονή——βοῦς 是

---

① Ovid（公元前43—前18），其拉丁文名为 Publius Ovidius Naso，代表作为《变形记》和三卷集《爱经》（均有不止一种中译本.)。他与其同时代的维吉尔和贺拉斯（Quintus Horatius Flaccus）共称拉丁文学的三巨头。——译注

第二章 蜜蜂与性

"牛",γονή 是 "生",合起来便意指 "自牛而生"。牛和蜜蜂都是有用的动物,它们作为圣物而受到尊崇。那么,其中的一种死去,若能换来另外一种的出生,难道有什么不好吗?公元1世纪的一位诗人阿基劳斯(Archelaeus)便将蜂群说成是 "腐牛的转世后代",而与他同时代的农业达人科卢梅拉[①]更进一步认为,牛和蜜蜂有着更密切的关联。[25]古罗马帝国里有一种 "搞蜂" 的说法,就是指将蜜蜂造出来的行动,大有人们能随心所欲地制造蜜蜂之意。奥维德还写了一段文字,说是可以 "靠手段" 用腐烂的牛尸体让死掉的大群蜜蜂都活转过来。[26]以此种手段搞出蜜蜂来,无异于将人与蜂群的关系,抬升到了神与人之关系的同一层次。在古希腊人的神话中,由牲畜得到蜜蜂的办法实际上是蜂神阿里斯泰俄斯[②]在其他神祇的帮助下传给人类的——就连如何养蜂也是他教的。奥维德是这样叙述的:"阿里斯泰俄斯的蜜蜂都死掉了,空留下没能筑好的蜂房,这令他哭了起来。他的母亲、自然之神库瑞涅要安慰儿子,便告诉他说,普罗透斯(在海中生活的一个小神,有能够随心所欲地变化形体的本领)知道如何弄来新的蜂群。"这对母子后来找到了普罗透斯,看到他在尼罗河(Nile)口睡觉,便将他绑缚起来不让他逃逸。"缧绁之下,普罗透斯不得不开口告诉阿里斯泰俄斯,若将一头牛宰杀后埋入土中,便可得到自己的所要,因为腐坏的牛身就会化为蜂群。"[27]这段由死得生的故事又被维吉尔写进《农事诗》的第4卷,而且表述得更加绘声绘色。他将阿里斯泰俄斯得知的 "自

---

① Columella(约公元4—70),其拉丁文全名为 Lucius Junius Moderatus Columella,本书中提到的《论农业》为他得到传世的著述。——译注
② Aristaeus,古希腊神话中的男性神祇之一,阿波罗之子。其事迹广见于雅典作家之著述,因擅养蜂被养蜂人奉为蜂神。亦于相关艺术作品中得到广泛反映。——译注

牛而生"过程，同俄耳甫斯和欧律狄刻的传说①编排到了一起。也正因为这一成功，使得多少代的天主教神甫直到中世纪时，还兀自连根带梢地相信"自牛而生"的一整套程序呢。

其实，认为蜜蜂会出自动物尸体的观念，在古罗马诗人吟咏此种可能之前便早已有之。根据多种传说和有关古人实践的史料判断，此种迷信从古埃及时期便存在了。当时的人们很崇拜雄壮的公牛，也很崇拜提供蜂蜜的蜜蜂。埃及人相信生命轮回、灵魂转世说也是一个致因。公元前3世纪在亚历山大城生活的希腊诗人安提哥诺斯（Antigonos）便坚持认为，"自牛而生"的观念是埃及人悟出来的。他说："在埃及这里的人们说，如果将牛埋得只让牛角露出地面，将牛角锯断，就会有蜜蜂飞出来。这是因为牛的肉在烂掉后化为了蜜蜂。"[28]在阿拉伯半岛也有差不多的说法，只不过提到的是死马。因此这一观念可以更广义地说成"借兽而生"了。

在种种"借兽而生"的传说中，应以《圣经》中所提的力士参孙和蜂群的版本最广为人知。就连今天的商品"赖尔氏金色糖浆"的包装上，也都以金、绿二色印着这一传说呢。②在这一版本中，

---

① 这一传说是希腊神话中最优美动人的部分。俄耳甫斯是九位缪斯女神中司音乐的女神所生，继承来自神异的音乐禀赋，在参加伊阿宋组织的获取金羊毛的远征中，用自己演奏的乐曲压倒了女海妖能迷人魂魄的歌声，挽救了行将触礁的征船和战友。但音乐也给他带来痛苦：小女仙欧律狄刻为他演奏七弦竖琴的美乐而倾倒，愿意成为他的妻子，但在婚宴时被毒蛇咬足而亡。俄耳甫斯冲入地狱，用琴声打动了冥王，批准欧律狄刻再回人世，但告诫他离开地狱前万万不可回首张望。冥途将尽，俄耳甫斯按捺不住胸中牵挂，转身确定妻子是否跟随在后，却使欧律狄刻堕回冥界。悲痛欲绝的俄耳甫斯从此隐离尘世，悲苦以终，死前仍呼唤着欧律狄刻的名字。众缪斯女神将他安葬后，他的那把七弦竖琴化成了天琴星座。——译注
② "赖尔氏金色糖浆"，英国一家名为泰特－莱尔的食品加工企业用甘蔗和甜菜生产糖浆的产品品牌，糖浆在外观和口感上都与蜂蜜接近，但售价比较低廉，打入市场后以金属罐装形式出售，罐上便印着蜜蜂从参孙所杀的狮子体内生出的图画和他所出谜语的后半句。此公司制造糖浆的部分目前已被美国一家糖业公司购得，并以"泰莱"的品牌名称进入中国。——译注

第二章 蜜蜂与性　　　　　　　　　　　　　　　　　　　　　87

图 2-3 "自牛而生"是指从死牛那里得到蜂群。此版画插图摘自《农事诗》的 1697 年英译本〔译者为桂冠诗人约翰·德莱顿（John Dryden），版画作者为文策斯劳斯·霍拉（Wenceslaus Hollar）〕

所借之兽并非牛，而是一头狮子。不过一个生命获得的信息，对于许多生命同样重要。包装上还印着一句话："甜的从强者出来"，① 巧妙地造成一种印象，就是罐子里装盛的甜甜液体，是来自力士参孙意指的借狮子而生的蜜蜂，并不是什么人造糖浆。

力士参孙的故事也和阿里斯泰俄斯的一样，带有寓言的性质。只是这并不等于说，"借兽而生"这一上古观念只是想象的产物，或者只是为了象征而立。它在形成后，固然会得到后人的加工润色，但绝对不应被视为普通的童话故事。将活生生的壮牛宰杀，代价高昂而又令人不快，并非一时兴起便想到要做的事情。记叙此事的文字，也多从实用角度出发，说明如何屠宰、杀死后又都该做些什么等，就事论事，不带感情。《农事全书》上的记载是最为详尽的。[29] 在这套典籍中提到，当太阳运行到黄道十二宫的金牛宫内时②，天气和作物状况都最适于这一操作。选定一头牛——应当是两岁到三岁的健壮公牛，将它关进一个有一扇门和四扇窗、长宽各在 10 腕尺（约合 4.5 米）上下的狭窄小室，用布块将它的口鼻和其他所有腔孔一一堵住。接下来是击打这头可怜的畜生，一直打到骨碎肉烂，却不得见血（维吉尔也说要"打到肉都成糊状，但牛皮须完好无损"）。下一步是将这头牛的尸身放到百里香的草堆上，将门窗用泥封起。等上 30 天让牛腐烂；打开门窗再给它 11 天的通风时间。于是便有神妙的蜂群"飞涌而出，直如夏日的一阵急雨"，[30] 而那头牛也只剩下两只角、一堆白骨和一大团毛。

---

① 这是引用《旧约全书·士师记》中的半句话（14：14）。力士参孙徒手杀死一只狮子后将其弃于道旁，过后发现死狮体内出现一窝蜜蜂，他在吃了蜂窝中的蜜后，提出一则谜语让旁人猜，谜面是"吃的从吃者出来，甜的从强者出来"，谜底就是蜂蜜。——译注

② 即每年从 4 月下旬起的一个月。——译注

第二章　蜜蜂与性

图2-4 "赖尔氏金色糖浆"的著名商标图样,所指即为力士参孙杀死猛狮的故事

堵住口鼻、关进小室和精准击打,这样专门的处死方式,是为了将牛的魂魄尽可能留在死去的身体内。于是乎,牛的魂灵便可直接化为蜜蜂了。不过也有人并不将牛尸严密封闭,只是简单地埋入地里。这样做成本会低些。大普林尼还建议在牛尸上堆放粪便之类的东西。[31] 从这一观念中还派生出不少不同的细节。比如就有一种说法,认为"蜜蜂之王"为牛脑或者骨髓所化,而芸芸工蜂则由牛肉变成——不过自然也并无定论。

其实,无论是哪一个"借兽而生"的变种,本都是很容易击破的。说蜜蜂生自腐兽之体,可蜜蜂却表现得酷爱清洁,总是尽量躲开腐尸。因此,用腐烂的牛搞几次实验,便不难发现并不会出现蜜蜂。然而,这一迷信却长期存在着,非但没有消失,还大张旗鼓地进入了文艺复兴时期,并又接着延续到后世。况且,这一观念不单单反映在民间文学里和古人的诗句中,还一直有人照本宣科地行动。直到进入近代社会时,英国康沃尔(Cornwall)地区的畜牧业中，还有人在一板一眼地搞这种"借兽而生"，真是难以理解。康沃尔地区的这件事发生在17世纪50年代，当地的一位农夫，人称"安托尼（Antony）的老卡鲁（Carew）"，说自己用一岁口的小牛化出了蜜蜂。他还说自己让这些蜜蜂住进了大木桶，并没有提供蜂巢，又坚持说，在4月末埋下死兽，到了夏天就会化为出蜜的蜂儿。[32] 老卡鲁这么一说，可着实让养蜂人高兴不已，认为这是"通过英国的现代行动，证实了维吉尔的宣称"。[33] 莎士比亚也在作品中提到"蜜蜂把蜂房建造在腐朽的死尸躯体里"，[①,34] 本杰明·琼森[②]也在《炼金术士》（1610）里这样提起——

> 再说日常生活中，
> 又有谁人不曾，
> 随便动动尸体，拨拨秽物，
> 就看到出来蜜蜂、蜈螂和象鼻虫，
> 蝎子也会现身于草丛。[35]

这说明即便到了17世纪，"蜂化于牛"还为不少人认定并非虚构，而是"日常生活中"的美好一幕哩。

怎么会这样呢？首先应当将"借兽而生"观念的产生归因于相信生命会自然发生。直到17世纪末时，这一种说法从不曾受到科学的挑战，而且在此之后，它仍一而再、再而三地以种种不同的形式重现，并一直在20世纪的大部分时代里产生着影响。"自然发

---

① 《亨利四世》（下），第4幕，第4场，朱生豪译。原意是说蜜蜂不会离开。——译注
② Ben Jonson（约1572—1637），英国剧作家、诗人和文艺批评家。他的剧作被认为是继莎士比亚之后最出色的作品。本书中提到的《炼金术士》是一部讽刺喜剧，被公认为他的最佳之作。——译注

图2-5 又一幅"借兽而生"的图画。画中的蜂群生自一头狮子和一头牛。一个男人正在敲击金属容器，以试图用响亮的动静将蜜蜂引入蜂巢

生"意味着生命可以从无生命物体中出现。不少人都相信，如果将乳酪用布包上丢在黑乎乎的屋角，就真会看到有老鼠出现——乳酪中生出了老鼠；也有人认为，肉一旦放坏，就会有一堆讨厌的蛆虫爬来爬去，它们自然也不是从别处爬到肉的表面上进食，而是从肉里面生出来的。古希腊古罗马时期也好，文艺复兴时期也好，都有一些好动脑筋的人物发表观点说，驴身上会生出马蜂，马身上会生出雄蜂，骡子身上生出的则是大黄蜂。生命的自然发生观导致出现种种荒诞不经的"串种"说法。比如竟有人说，蛇就是死人的脊梁骨变的哩。[36]

然而，到了1651年时，英国内科医生威廉·哈维（William Harvey）——就是早两年发现了血液循环的那位大天才——在他新

写的一本题为《从解剖学角度探查动物的发生》的书中，表示出对这一理念的从根本上的怀疑（尽管这并非他撰写此书的出发点）。哈维根据本人对鸡胚胎发育过程的研究，用拉丁文写下了一个结论：Omne vivum ex ovo——生命尽源于卵，言下之意便是认为，倘若没有精子或卵子，就不会有任何动物。没有活的东西，就不可能产生新的生命。到了 1668 年，杰出的意大利博物学家弗朗切斯科·雷迪（Francesco Redi）接续了哈维的这一研究（只是此公当年写下的讴歌美酒的诗句，比这一研究更为今人记得）。他将自己用肉和蛆虫进行的实验，发表在《昆虫的发生实验》一书中：他在几只瓶子里放入肉块，有些瓶口盖上，有些一直敞着，结果发现，只有瓶口没有封上的瓶子里，肉里生出了蝇蛆。因此这些蛆虫必定是苍蝇飞到肉上下卵的结果。如果苍蝇无法飞到肉上，蛆虫便无从生成。这样一来，"腐肉化蛆"的说法便完全不成立了。

雷迪对"借兽而生"的说法嗤之以鼻，说它是个"陈年假货"。他指出，这个被不少人，包括一些搞科学的人相信的"蜜蜂源自牛肉"的说道，根本是不可能发生的，因为"蜜蜂是些非常讲究清洁的动物。它们非但不会以死动物为食，更表现出极端的嫌恶"。据他揣想，力士参孙的故事倒也不是全无道理，但只是因为那头狮子早已死去多时，在风吹日晒下皮肉皆消，"只剩下一副骨架"，蜜蜂的出现仅仅是属意于在骨架里筑窝而已。于是乎，力士参孙的故事并非证明存在"借兽而生"的实例，倒是说明了蜜蜂的聪明。至于古希腊和古罗马作家们所说到的从放在密闭空间里的腐烂牛尸中得到蜂群，那就更是连路子都走反了——将尸体隔离起来，那就什么昆虫都无从接触，更不用说本无此意的蜜蜂了。[37]

雷迪的科学实验虽然无可争议，但有关的神秘感非但未被驱散，反而更有所加重。对于"借兽而生"的观念，雷迪是完全否定的，但并未对人们因何早就相信它做出任何解释。这个难题是又过了两个多世纪才得到满意解答的。1894 年，一位俄国昆虫学家卡尔·罗伯特·奥斯滕 - 萨肯（Carl Robert Osten-Sacken）指出，被雷迪等人"嗤之以鼻"的"借兽而生"其实只是挂错了账。"这样一桩迷信"听来尽管无稽，"却得到普遍流传且经久不衰……想必是有事实依据的"。[38] 古人也并不是傻瓜嘛。他是这样解释为什么不通过试验予以检验的疑问的：其实已经有人做过试验了，试验的人很多——一直有人在试验，而且还相信试验成功了。只是在认为得到了蜜蜂这一点上大谬不然，如果说这些试验的结果是得到了另外一种昆虫，那就"完全说得通了"。这另外一种昆虫就是长尾管蚜蝇。长尾管蚜蝇俗名为尾蛆蝇，也有人叫它们蜂蝇。它们在死去不久的动物身上产卵，更重要的是它们的成虫，有着与蜜蜂极其相近的外形和颜色，也同样覆有密密的体毛，不过长的是两只膜翅，不是蜜蜂的四只。奥斯滕 - 萨肯还注意到，遭到雷迪讥嘲的密置牛尸的环节，恰恰有助于长尾管蚜蝇的发育，因为这一物种的幼虫阶段要在水中度过，而且在死水中才能有效地存活。

　　对于奥斯滕 - 萨肯提出的理论，有人并不接受。20 世纪里便有几位古典派学究认为，即便古人真的以这种方式得到了长尾管蚜蝇，但这些冒牌蜜蜂并不能提供蜂蜜，蜂化于牛的说法不就不攻自破了吗？[39] 对此，奥斯滕 - 萨肯其实也早已给出了解答。他指出，那些试验过"借兽而生"的人，无论是古人还是今人，都犯了所有人都在所难免的"精神惯性大发作"。[40] 这些人都受到了三段论逻辑的羁绊：知道蜂蜜来自蜜蜂，又认为自己得到了蜜蜂，所以能获得蜂蜜自是毋庸置疑的。再说，即便蜂蜜没有出现，也自会有骗子之流变着法儿地给出解释。前面提到的那个康沃尔地区的老卡鲁——他肯定是个骗子——不就是这样做的吗？

对本来很有理性的人居然会长时间地搞这种古怪尝试的原因，奥斯滕-萨肯的解释可以说是再中肯不过。只是这种行为并不能完全从理性的角度审视。它并不完全是谬见造成的，与人们出自内心的一个最深切的愿望也有关系。这个愿望就是攻克死亡。维吉尔懂得这一点。他的《农事诗》中有关"借兽而生"的部分，一开始的文字是平铺直叙的，也很注重实用，但写到后来，便接上了有关俄耳甫斯的神话——"可怜的俄耳甫斯"在心爱的妻子欧律狄刻遭黑暗的冥界吞噬后，深陷无底的悲愤。写到最后部分，维吉尔描述阿里斯泰俄斯宰杀四头公牛，用来给死去的欧律狄刻献祭。当"如云的蜂群一团接着一团地"从牛肚子里飞出时，"说起来当真是个古怪而突然的奇迹"——生命复活的奇迹，从受到厌恶的毁灭转向崭新的生命，人类的这一热望就此得到实现。[41]

19世纪的法国历史学家朱尔·米什莱赞美《农事诗》的第4卷是"一首充满永生的歌，它在大自然的神秘转换中，看出了我们最深切的愿望，那就是死并非终结，而只是新生命的开始"。这一最切近的愿望，米什莱本人便深深地怀有过。他曾在四年内，先后失去了父亲和儿子。他在《虫》一书中，回忆了自己于1856年时在巴黎（Paris）的拉雪兹公墓忧伤地踯躅，走向埋在同一处地块的这两个亲人的墓地，无望地企盼他们会像拉撒路[①]那样重回人间。就在面前浮现着父亲和儿子生气勃勃面孔的想象中，他走近了两人的墓地。这时，他看见了一小群蜜蜂，大约有二十只。有那么一阵子，他觉得这些并没有表现出攻击意向的小生物，像是特地在他的忧伤时分前来表示亲善的。它们似乎像是在抚慰他父亲和儿子的灵

---

[①] 拉撒路，《圣经》中的人物，耶稣的门徒与好友，《新约全书·约翰福音》第11章中记载，他病死后埋葬在一个洞穴中，四天后因耶稣的吩咐，他便奇迹般地复活，并从坟墓中走出来。——译注

魂，甚至是他们的灵魂化成的活的生物。然而，当他离这些小生物更近了些之后，却突然察觉到它们的小身体更亮些，膜翅也是两只而非四只，因此根本不是蜜蜂。就在这一刹那间，他在墓园里意识到，维吉尔当初想必是搞错了，从牛身上飞出的并不是蜜蜂，而是另外一种飞虫。米什莱的领悟，来得比奥斯滕－萨肯早了40年，只是他与后者不同，更注意的是这一顿悟引发的诗意：这些冒牌蜜蜂，这些"维吉尔的高贵蜜蜂"，虽然未必能提供蜂蜜，然而却是"死亡之子"。它们"在采撷灵魂之蜜，采撷未来的希望"。灵魂之蜜自是更加宝贵的。[42]

古人的"借兽而生"观念，也许会招致今人的讪笑或者嫌恶。然而，每个曾有过失去挚爱亲朋体验的人，怕是不可能对隐身其后的意愿完全漠然置之的吧。

## 贞 洁

蜂化于牛的传说虽然奇特，却是人们从生命起源角度对蜜蜂表现出的尊崇。人们对这种生物的敬意还表现在其他方面。在以往的大部分时间里，蜜蜂还在另外一个方面、一个人类做不到的方面、一个超乎自然的方面受到人们的顶礼。这就是不涉及性行为的繁衍。不消说，科尔·波特[①]可是持有相反的看法的——

　　鸟儿做，蜜蜂做，
　　圣人君子也在做。

---

[①] Cole Porter（1891—1964），美国词曲作家，一度是百老汇音乐剧的主要词曲作者。此处的几句歌词摘自他于1928年创作的音乐剧《巴黎》中的著名歌曲《大家做起来，个个得欢乐》，简称《做起来》。——译注

大家做起来，

个个得欢乐。⁴³

在这个方面，我们的先祖们虽然具体所知无多，却很接近事实真相。蜜蜂是得不到做爱的欢乐的，而且大多数也根本不会"做起来"。家长在向小孩子们解释"小娃娃是怎么来的"时，无论鸟还是蜜蜂的说法都绝对不妥——鸟是下蛋孵窝，与人不一样，而大多数蜜蜂更是根本不会有性行为。当小孩子长成为少男少女，了解了一些昆虫的习性后，更会被父母对性的掩饰说法弄得稀里糊涂。对于发育成熟的人来说，蜜蜂的性行为方式自然显得既古怪又不可取——所有的男孩都争着与同一个女孩"做起来"，结果只有少数成事，却又在成功的同时失去性器官并当场身死，其他未能成功者更是直到归阴时都仍为童子身。

古时的几乎所有观察到蜜蜂行为的人，都注意到蜜蜂并不适于指导人类的性行为。它们虽然勤劳，但彼此之间却没有情感，这与人是有根本不同的。正因为如此，才使维吉尔又在《农事诗》第4卷里这样说道——

蜂儿的这一特殊习性令人咂舌——
它们没有爱的结合，
因此从不会有刻骨铭心的激情，
也不会为后代赴汤蹈火。
只是一生忙于花间和蜡室，
为维系王国的兴旺奋发工作。⁴⁴

虽然这位诗人邀读者一起"感叹"蜜蜂们无自身考虑的贞洁，但并不属意于让人类起而仿效之。不存在性行为，表明它们不能成为人的样板，因为男人和女人之间必然得存在性的关联，女人也必然得受分娩之苦。以维吉尔之见，性行为和生孩子是有欠完美的事物，但也同时是人之为人所必须进行的。综观他的这部《农事诗》，处处均可看出他吁请读者明白一个现实，那就是以血肉之躯存在的人是受到局限的。蜜蜂虽有完美的贞洁表现，但说到底并不是人们应当套用的做法，因为人毕竟是人而非蜜蜂。

只是在天主教神甫那里，蜜蜂的贞洁便不限于只是说一说，赞两句，而是应当成为人们大加颂扬并身体力行的表现。在最积极的养蜂人的队伍中，总是不乏修士和修女的身影。（而且据信，英国在经历过宗教改革这一历史时期后，养蜂业便再也未能恢复到原先的水平。）而这两种人进入修道院时所发的守贞誓，也呼应着给他们和她们带来蜂蜜和蜜酒的这种昆虫本身的行为。圣安布罗斯[①]这位宗教界的大人物，就是以蜂巢为自己的代表图符的。他在《劝贞书》这一论著中向基督徒们发出这样的劝诫——

> 那么，让你们的工作成果有如蜂房吧。因为你们的贞洁是可以同蜜蜂相比的。蜜蜂是何等勤劳、何等谦恭、何等贞洁！蜜蜂以露为食，不知婚姻的床笫为何物。蜜蜂造出蜂蜜，应当说此乃贞操之甘露，上帝之话语，堪比沃霖降临人间。守贞操者的谦恭是未沾凡尘的天然。童贞男女贡献的是蜜蜂的嘴中物：有甜美而无蜇刺。它们一起工作，成果也彼此同享。[45]

---

① Saint Ambrose（约340—394），其拉丁文名为 Aurelius Ambrosius，4世纪时的著名基督教主教，罗马公教公认的四大教会圣师之一。——译注

在中世纪的基督徒眼中，蜜蜂代表着能干、规矩加贞洁——正合乎对修士和修女的要求。13 世纪时，法国道明会下属的康布雷圣母修道院有一位名叫托马斯（Thomas）的高阶修士。他在 1260 年前后写了一篇很有影响的文字《谈蜂论道》，将蜂巢中的全体蜜蜂立为所有任圣职者的榜样。[46] 他还指出，修士和修女都应当像蜜蜂那样，以团结之心，更以贞洁之身忠诚于一位王（教宗）。这位托马斯修士也和中世纪的许多基督徒一样，认为蜜蜂就是领受了圣训而力保贞操哩。

以理性标准衡量，相信虫豸能够参与宗教活动，也绝对算得上是一桩奇谈。应当说，这些早期基督徒，简直就是将自己的价值量尺伸进了蜂巢。当然，在他们之前和之后也这样做的同样不乏其人。只是也不妨想一想，他们为什么会选中这样一个目标——蜂巢左丈右量呢？读了维吉尔的书，便可知道——或不如说自以为知道，原来是蜜蜂没有"性的结合"的缘故。修士、修女们喜欢享用抹上蜂蜜的面包，在给自身的这一喜好正名时，同时也能惠及蜜蜂是另外一个原因。蜜蜂为教堂提供蜡烛这一最重要的礼拜用品，使祈祷仪式不至于摸黑进行是又一个因素。而由贞洁的蜜蜂大量提供的蜂蜡，更象征着贞洁的最高典范：圣母马利亚的童贞受孕。正如一篇古老的英文基督教文字中所记："蜂蜡代表着基督的母亲马利亚的贞洁。"蜜蜂就犹如圣母马利亚，既贞洁又多产，将这二者神秘地结合到一起。一首人们会在圣

图 2-6 对蜜蜂的贞洁大加推崇的圣安布罗斯

周六①唱响的圣歌中，便有这样一句面向复活节之烛表示的礼赞："蜜蜂多产，亦爱后代，暨保节操，贞洁不殆。"47

进入16世纪后，蜂蜡在中世纪时享有的灵光变得有所黯淡。这是宗教改革带来的结果，制糖业的兴盛也有连带的影响。不过在另一方面，圣母马利亚的童贞与蜂蜡的圣洁之间的关联，直到18世纪的科学家发现蜜蜂并不像人们原先设想的那样与性无关后，却仍继续存在着。《天主教百科全书》②在1907年印行第一版时，还声称蜂蜡最适合代表童贞圣母所诞育的耶稣基督的躯体呢。48只是蜜蜂产出的蜂蜡，一经到了人的手里，便也同其他许多东西一样，有了神圣和污秽两种去向。还是同样的蜂蜡，据信也被老鸨子用来抹到妓女的处女膜那里，以造成尚未破处的假象欺骗嫖客哩。

从特定的角度来看，天主教将蜂蜡奉为贞操的象征，无非是更古老的一种认识的延续。还在基督教出现之前，人们就相信蜜蜂很讨厌登徒子一类的家伙。公元1世纪时的希腊文学家普鲁塔克③就说，喜欢同女人有肌肤之亲的男人会激怒蜂群，有奸情的人更会受到蜜蜂的惩罚。科卢梅拉也写过类似的文字，劝诫有心从事养蜂行当的人"最要紧的是要能吃得苦中之苦，在每一次检查蜂房之前，

---

① 圣周六，又称神圣周六、耶稣受难节翌日、复活节前夜、黑色星期六等，为基督教的纪念日，具体定为复活节（星期日）的前一天，是纪念耶稣死后身体被放入墓穴的日子。天主教徒会在这一天点燃蜡烛守夜。——译注
② 《天主教百科全书》，美国天主教组织合力编纂的一套有关天主教全面知识的著作，共4本，第一版在1907年至1912年出齐，以后又多次再版并有增补，被普遍认为很有权威性。——译注
③ Plutarch（约46—120），生活于罗马帝国时代的希腊作家，以《希腊罗马名人传》一书留名后世（有若干中译本，译名不尽相同）。他的作品在文艺复兴时期大受欢迎，莎士比亚的不少剧作都取材于他的记载。——译注

头天晚上不得有床笫之欢"。意大利作家乔瓦尼·鲁切拉伊<sup>①</sup>在他创作于16世纪的诗作《蜜蜂》中也提到，蜜蜂不能忍受不贞之人呼出的气息。在印度东北部邻近缅甸的那加兰邦（Nagaland）生活的两个部族——苏米那加人和恩格米那加人也有相近的观念，就是凡打算出门搜寻野蜂蜜的人，头一天夜里不得有性行为；若有违反，必遭蜂蜇。也门人则相信蜜蜂喜欢心性纯洁的人。即便在进入20世纪的年代里，大部分东欧人还以为蜜蜂有辨识女子是否还是处子之身的本领，那里的人会要求年轻女子在订婚前在养蜂场里走一遭。如果被蜂子蜇了，就表明她曾经失身，婚约自然也就作废；如若平安无事，她的未婚夫就可放心地缔结姻缘，不再担心她已不是"原装货"。[49]真是糟蹋人的风俗，与找巫婆看病何异！

人们又将从蜜蜂那里看到的嫌恶性行为的表现，归结为它们厌恶一切不洁的事物。从古至今的很多文人，都注意到蜜蜂在春天会十分仔细地清整自己的巢窝，也发现它们会避开来自葱、蒜等物的刺激气味。查尔斯·巴特勒牧师<sup>②</sup>这样奉劝养蜂人说："汝等需节欲、洁净、安静、举止温文、不冒酒气、操作娴熟。则可得蜜蜂之喜爱与认知。"[50]人们就这样一次又一次地立蜜蜂为自己的道德标杆。

不过进入20世纪后，奥地利人鲁道夫·施泰纳<sup>③</sup>对蜜蜂不发生性行为的原因给出了一种新的说法，那就是它们刻意地控制着自己的这一行为，以向人类献上更多的爱。施泰纳是个不得了的

---

① Giovanni Rucellai（1475—1525），意大利诗人与剧作家。本书中提到的《蜜蜂》是他最著名的诗作。——译注
② Charles Butler（1559—1647），英国国教牧师，对逻辑学和语法都有深入研究的学者。他是英格兰最早研究养蜂并著书立说，以及发现蜂蜡的由来和正确辨识出蜂王性别的人，故被称为英格兰养蜂之父。——译注
③ Rudolf Steiner（1861—1925），奥地利哲学家和社会改革家，人智学的创建者。一生著述超过400卷。——译注

第二章　蜜蜂与性

大写家，一生著述汗牛充栋，而且题材范围极广。今天的人们还记得他，主要有两个原因：一是他创立了华德福教育体系①；二是在1912年创建了人智学研究会，以推动他所提出的人智学——引领人类进入更高级的知觉层次——的理论研究。在他对人的智能的研究中，蜜蜂也起着载体的作用。施泰纳同不少前人一样，注意到蜜蜂的性机能是受到"很强抑制的"，这便使它们在性行为方面有了与其他昆虫的不同。在施泰纳看来，宇宙万物的一切都不是偶然的，蜜蜂的司爱机能受到控制，自是为了实现一种更高层次上的爱——

> 蜂巢里面的生活是建立在爱上的，而这样的生活在蜂巢内到处可见。从许多方面可以看出，蜜蜂放弃了一些爱，因而得以将爱发展到整个巢内。搞清楚每只蜜蜂都是生活在同一个弥漫着爱意的环境下之后，便能开始理解它们了。蜜蜂最大的收益来自植物的爱意最浓的部分。蜜蜂吸吮来这些部分作为营养，再用它们酿出蜂蜜，不妨将这一过程说成是将爱从花里带入巢中。由此便可下结论认为，人们需要从灵魂的角度来研究蜜蜂的生活。[51]

有了蜜蜂，有了蜂蜜，人们又该做些什么呢？自然是享用来自蜜蜂的蜂蜜。不过施泰纳还认为，蜂蜜不单单只是类同果酱等提供感官满足的吃食，而是处于更高的层次上。贞洁的蜜蜂不仅给人

---

① 华德福教育体系是一套独立办学的教育机构，以按照人的意识发展规律，针对意识的成长阶段设置教学内容为指导方针。这一方针是由施泰纳根据本人提出的人智学理论制定的，并因第一所具体实施这一理念的机构，1919年开设在德国一家名为华德福-阿斯托利亚的大工厂的子弟学校得名。——译注

类带来果腹之物，还以某种方式将它们的贞洁传递给人类的灵魂。"每当吃进蜂蜜时，这种东西就会在人体所含的气与水内，搭建起正确的连接，形成正确的联系。"他又进而说道——

> 以蜂蜜为媒介，蜂群给人们带回了在他们身体发育过程中为灵魂所需的努力成分。每当人们摄入蜂蜜时，便会有如需要呼吸一样，产生构建灵魂与肉体正确关联的需要。正因为如此，养蜂是人类文明的一种重要助力，养蜂可令人类更强壮。[52]

恐怕任谁都会觉得，这番话说得实在不靠谱。认为蜜蜂会通过采花—酿蜜—人食的过程，将"灵魂"传递一番，在许多方面简直比蜂化于牛还要不着边际。其实，施泰纳在他关于蜜蜂的著述中，表达出他的一种深切的向往——回归古老的、没有受到理性和科学梳理的思维方式，也就是说，回到科尔·波特的《做起来》这一歌曲远未出现前的久远而漫长的年代，回到欧洲人大多还相信蜜蜂是贞洁的、它们的君主是雄性的年代。事实上，施泰纳的"灵魂之食"也好，雄性蜜蜂统治着蜂群的古老民间观念也好，都表明了一点，就是渴望着实现自然秩序，而这种秩序是曾经存在过的。

## 阿爸蜂

在阿拉伯世界中的一块如今被称为也门的地方，历史上长期出产优质蜂蜜，其品质就是以阿拉伯人的标准衡量也是上乘的，只是名气后来被咖啡盖过了。在16世纪到18世纪期间，如果打算享用一杯咖啡，那么无论你去的咖啡馆是在伦敦、巴黎还是阿姆斯特丹（Amsterdam），端给你的这杯饮料多半都是来自也门的港城摩卡（Mocha）①。也门与它的邻居、沙漠之国沙特阿拉伯不同，被称为"阿拉伯的富足地""阿拉伯的幸运地"等，它是一块富饶的地域；又因处在红海（Red Sea）入口，它还是一块战略要地。也门的中部地势较高，极适于种植咖啡树。不过如今在这里，更多的土地都被用来栽种一种叫"巧茶"的植物。这种植物的叶子含有温和的兴奋物质，可以以直接咀嚼的方式获得快感。今天的也门，最大的经济来源已经不是咖啡而是石油。不过这些都不是本书要介绍的内容。从这块高地再向南行，便来到一个古老的谷地，叫作哈德拉毛（Hadramaut）。这里一直出产顶级蜂蜜和蜂房，为当地的富裕人家大量消费。蜂房得到的盛赞是"金黄的，极其规整，可爱至极，漂亮得令人舍不得切割"。[53]

在一个很长的时期里，也门是分成两部分的，即北也门和南也门。它们直到1990年才因冷战时期的结束而合为一体。北也门先前一直被穆斯林势力统治着，最早是奥斯曼帝国的一部分，后来取得独立地位，成为阿拉伯也门共和国，历代均由教长掌权。南也门曾以也门民主人民共和国的形式存在了二十年，推行的是社会主义。在此之前，即从1839年至1969年，南也门一直是英国的殖民地，之所以这样长久，在很大程度上应归结——有人说是归功，有人说是透过——于哈罗德·英格拉姆斯②。就是这个英国人，在20世纪30年代成功地使相互杀戮了多少代的1400个当地部族统一认

---

① 摩卡是旧译法，今译穆哈，多年前，运往欧洲的咖啡大多由这里转运，附近也盛产咖啡，故导致摩卡一度成为咖啡的代名词。今天也仍有"摩卡咖啡"这一饮料，不过已经成了一种特殊制法的咖啡的名称。——译注
② Harold Ingrams（1897—1973），英国殖民时期的殖民事务高官，曾在多处英属殖民地任职。本书中提到的"英格拉姆斯和平"，即是在他的斡旋下实现的。——译注

识，共同接受英国人的治理，形成了以他的姓氏命名的所谓"英格拉姆斯和平"。英格拉姆斯是名学者，也是个外交家，曾写过一部游记，书名为《阿拉伯半岛及附近岛屿》，表达了他对阿拉伯地区的美丽和阿拉伯人的智慧的爱，充满了浪漫情调，还夹杂了本人对西方价值的质朴信任。像这样既高傲又真诚的作品，第二次世界大战后已告绝种。

《阿拉伯半岛及附近岛屿》这本书中有一段关于蜜蜂的性生活的讨论，反映出了英国人和也门人的不同看法。英格拉姆斯游历哈德拉毛谷地中号称也门的"蜂蜜之都"的杜安地区（Du'an）时，曾参观了一位艾哈迈德·巴·素拉（Ahmed Ba Surra）的十分出色的果蔬园。这位主人领着他走在"枣椰和酸橙抛下的树荫下，经过齐整的一畦畦胡萝卜、洋葱、羊角豆、番茄和南瓜"后，在一只蜂箱旁停了下来。这只蜂箱"分成好几节，每一节都是圆圆的，直径一英尺上下"。它半嵌在一堵墙上，开着一个小洞供蜜蜂出入。巴·素拉告诉他，"这群蜜蜂有只'阿爸'……有时，蜂箱里会出现一只新'阿爸'，它会离开窝，飞到不远的地方停住，还会有另外一些蜂子跟着它"。说完，这位主人又向英格拉姆斯演示了一下，在将这样一只新"阿爸"移入一只木笼后，便形成了一个新的蜂群。英格拉姆斯对巴·素拉说——

"噢，英国的养蜂人也是这样做的……只是我们把你说的'阿爸'叫作女王。因为它是雌性的，是整个蜂群的母亲。我们也把它放进笼子里。"

巴·素拉表示不相信："可它是个头领嘛！有谁听说娘儿们会领兵打仗呢？蜜蜂可是要打仗的呀！"

"这么说吧。你是知道的，孩子们总是跟着妈妈的。蜜蜂也是如此,只是孩子们特别多就是了。"说到这里,我不禁想起了那首有关住在鞋子里的老太太的儿歌①——只是这位老太太帮不上我的忙。"蜂王是雌性的才是重要的。事实是所有采蜜的蜂子都是母的,只不过它们当不成母亲。"

"可它们打仗啊,"巴·素拉说。"它们的身上都带着螫针的剑咧。它们的窝里也有雌蜂。它们没长刺,个头更大些。""我们相信这些才是雄的,"我说。"它们里头最壮的会娶到女王,然后就被女王杀死,其他没娶成的,采蜜的蜂子会将它们干掉。"

"这不乱套了!"我能看出巴·素拉正是这样想的,便又补充了一句:"在这个世界上,也有的地方是女人们在打仗。"对方很客气地没有再反驳我,只是怀疑地摇着头。

在这番有关文化内涵的交流中,两个人都属意于将自己相信的东西介绍给对方。有趣的是,英格拉姆斯在反驳巴·素拉时,也觉得他的观念并不是很荒谬的。"毕竟那时在我们欧洲,人们也曾这样以为过……如果不是有些脑子灵却少根弦的人发现了这一事实,说不定妇女们根本就想不到争取什么选举权呢。"[54]

英格拉姆斯在杜安地区与巴·素拉的一席话,正呼应着西方人观念的进化。欧洲人对蜜蜂领袖性别的认识,在历经多少个世纪的进程中是不断改变的。这些人最早也同巴·素拉一样,认为人间的领袖是男人,领导蜂群的也自然应当如是,因此便有了"阿爸"的尊称。显微镜的出现显示出蜂王是雌性后,一些人仍如那位巴·素

---

① 英国有一首儿歌,说的是一个老妇人,带着一大群孩子住在一只鞋子里。此儿歌的具体歌词因地而异,这里摘录其中一种:老太太,鞋里住,孩子多得没法数。喂吃喂喝都没准,谁不睡觉就狠揍。——译注

拉那样，不愿意也无法相信这一发现。另外一些人变换了角度，不再提蜂巢中个头最大的成员是首领，而是位母亲，一如英格拉姆斯所想到的那个以鞋子为家的老太太。还有一些人将英格拉姆斯在交谈结束时提到的"在这个世界上，也有的地方是女人们在打仗"接受为事实，由是设想到是否蜂巢彰示着一种新的社会结构，其中女性所起的作用不同于现时的欧洲。如果蜂巢里面不是父系社会，也许就会是母系式的吧？存在这样的社会，或许甚至会起到启发女性一半对更好处境的憧憬作用呢！看来哪一种性别的蜜蜂居领导地位，还与人类自己大有关系哩。

## 君父蜂

"它们有个君父"[55]——这是莎士比亚在《亨利五世》里提到蜜蜂的一句话。大文豪的这句话并没有另辟蹊径，仍然继承了从大普林尼到乔叟①的几乎所有文人对蜂群的看法。古罗马人给蜂巢中那个体态最伟岸的成员起了"皇爷""主公""雄君""威帅"等名称，都带着阳刚气，以指代这个有权威的统治者。而在古希腊，对这一成员的最常用的叫法是"雄王"——也是一个意指雄性的领袖。此类大体形的蜜蜂，以其明显的不同体貌，和在巢内全体成员的生活中表现出的中心作用，一直受到特别的关注。在人们看来，既然自己是受某个人辖治的，那么蜂巢里的这只蜂也必然会是那里的统治者。而且既然人中的辖治者往往是男人，蜂巢里的这个威风凛凛的大块头也不会不是个"纯爷们儿"。

---

① Jeffrey Chaucer（1343—1400），人称英国文学之父，本书中提到的《坎特伯雷故事集》为其最著名作品，有多种中译本和改写本。——译注

古人倒也不都相信这种想法。[56] 只是在不相信时，通常也都会不再将蜂王留在领袖的位置上。亚里士多德就告诉人们说，有些与他同时代的人，就说这样的蜜蜂是"母亲蜂，认定蜜蜂们要么是它生的，要么是它养的"。[57]

也有些古人将蜜蜂作为雌性给予敬意。将蜜蜂立为女神形象并加以崇拜的例子，在历史上是为数可观的。其中以在希腊古城以弗所（Ephesus）所建的阿耳忒弥斯神庙① 最负盛名。希腊神话中还有一群小仙女，名字统称为墨利萨，而这个名字在希腊语中便是melissae（蜜蜂）。② 进入中世纪后，蜜蜂与母亲的关联又受到重视。13世纪时的威尔士律法中，便出现了"母亲蜂"的提法。盎格鲁-撒克逊人也管蜂王叫"姆妈蜂"。俄罗斯人也称它们为"蜂娘娘"或"小蜂娘"。[58] 那位特别重视蜜蜂节操的圣安布罗斯，也发出过"受到神佑的佳妙蜂之母"的赞语。在中世纪很盛行的分群符——养蜂人为蜜蜂顺利分家请来的写有咒语的帖子上，总是以"母亲"的字样指代最大的一只蜂。在一张奥地利当年的分群符上，写的便是"小蜜蜂、下崽娘"。[59] 只不过大家不要将这些偶然出现的表述，认定当时的人果真知道蜂群领袖的真实性别，此类带有女性意味的提法，更多的只是象征性的，同将土地称为"大地母亲"也差不多，并不影响蜜蜂领袖被认定的"正宗"雄性性别。

多少个世纪以来，蜂群由雄性王统治的概念一直延续着。正如

---

① 阿耳忒弥斯神庙，著名的希腊古迹（现仅存遗迹），为崇拜有多种功能的月亮女神阿耳忒弥斯所建，辖管着一切动物。她还是女子贞洁的保护神，其形象为生着多个乳房的女性。——译注
② 据希腊传说，墨利萨这个仙女群体在发现了蜜蜂的本领后，又教会人们如何利用，因而心存感激的人便用她们的名字称呼蜜蜂。希腊女子至今仍不乏取此名（及多个变体）者。这只是有关墨利萨的传说的一个版本。后文（第五章）还会谈到另外一种来源。——译注

一位历史学家所说,在科学上对君王生有雌性生殖器官的"尴尬发现,一直被争议到18世纪40年代方告结束。1753年的一部百科全书上做出解释说,以前一直使用的'王蜂'说法,近来已经改称为'女王蜂'了"。[60]英国昆虫学家托马斯·莫菲特[①],尽管本人生活在终身未婚被称为"童贞女王"的伊丽莎白一世这位女性治下,却仍以为蜂巢里的领袖必定是雄性的,理由是这一性别"更强、更能干"。[61]于园艺很有研究的威廉·劳森[②]在其1618年的有关园艺的书中,也将蜂王说成是"蜂老爷"。约翰·莱维特在1634年对蜂王也用了这同一词语。他是这样说的:"蜂老爷有绝对的权威,命令会得到绝对的服从。"[62]曾任英格兰国王查理二世(Charles II)御用养蜂官的摩西·拉斯登(Moses Rusden),自然也对"公正而威严"的蜂中之王顶礼有加。[63]总之,在显微镜最终确定无疑地揭示出相反的实情之前,蜂群总是被视为一个父系大家族的。

不过,随着文艺复兴时期的到来,有些文人已经或者猜测,或者揣度蜂王会是雌性,还有人进而进行了观察。率先实际调研的是西班牙人路易斯·门德斯·德托里斯(Luis Mendes de Torres),时间为1586年。只不过他仍然下了蜜蜂没有性行为的结论。[64]到了下一个世纪,英国又有几个人也这样做了。他们是查尔斯·巴特勒、理查德·雷姆南特(Richard Remnant)和塞缪尔·珀切斯。他们都认为蜂群的领袖是雌性,不过也都不敢断言。不难想见,当他们了解到蜂王这一有最高权威的生物的真实性别后,也可能对人类中的同一性别在社会中乃至权力阶层中所能起的作用形成新的认识

---

① Thomas Moffett(1553—1604),英国内科医生,精于博物学,对以昆虫治病有特别的兴趣。——译注
② William Lawson(约1554—1635),英格兰的一名牧师,以园艺学成就为后人所知。——译注

第二章 蜜蜂与性

吧。只不过值得一提的却是，实际发生的过程往往相反：尽管有人发现了蜂巢里面生活的是支"娘子军"，大男子主义者们仍然要起劲地证明，蜂巢里面的性别等级，与人类社会中的男女差别并无任何关系。

## 蜜蜂娘子军

蜂巢是个"阿玛宗人式的女性王国"。这是查尔斯·巴特勒在1623年披露的。阿玛宗人是古希腊神话中的一个尚武部族，成员全部是女人。巴特勒的《女性王国》一书的出版，使英国的蜜蜂写作离开了以往惯常的"听老奶奶讲故事"的模式，进入了一个新的时期。[65] 巴特勒是位富于文艺复兴精神的多面手，有逻辑学、音乐和英语语法的著述问世，还研究过近亲婚姻的弊病。他在继承了钦服蜜蜂的勤劳和赞叹蜂房的精致美丽等传统看法的同时，还在对蜜蜂的研究中体现出一种前人不曾有过的严谨作风。"举凡生命之存在，咸备本物种之雄性与雌性二者。且与蜜蜂打交道之经历，亦令我知悉其逐年均有繁殖之举。"巴特勒还十分明确地表示，他在没有螫针的那一类蜜蜂身上发现了睾丸——"一双证明它们身为雄性的确凿证据"。他还注意到"此等蜜蜂越多，蜂群整体越大"。巴特勒由此断定，那些看起来似乎一无用处的"懒蜂"，实际上是一批"雄性的蜜蜂"，作用是——在这一点上他是错的——与雌性工蜂交配。"这些'娘子蜂'在其女王治理下，从事着巢内的所有营生，形成了一个'女武士'阵营，亦可说建立起一支'阿玛宗'大军。"[66]

巴特勒还批评了亚里士多德将蜜蜂中的统治者称为"雄王或说皇爷"的说法。事实是"盖雄性并无任何权威可言"，对雌性表现得完全服从。雄蜂"均只为采蜜众蜂之奴隶。采蜜众蜂禀性良好，行为出色，由是便获得权力与权威，有权为自身快乐役使奴隶，甚至可随心所欲摆布之"。只是他也觉得这的确是一种有悖常规的现象。尽管巴特勒相信蜂王的性别为雌性无误，但也坚决认为人类不应当效仿蜂巢里的体制："事实虽属真确，然不可令巧舌如簧之辩士以此为据生出错误意向。"蜜蜂并非给女人们提供着"标榜自己更优秀"的样板。再者说，倘若女人意欲获得雌性蜜蜂那样的权利，那必须砥砺本性别成员使之具备"柔顺、贞洁、干净"的品德。万一有的女人嫁给了雄蜂般的懒汉丈夫，也仍要"尽量温柔善待，使之不致丢脸。在家中更须如此"。造物主可不曾让这个世界完全颠倒过来，变为一个大蜂巢呀！巴特勒满意地注意到，在蜂群里面，虽然主事的是雌性，但雄性却"动静更大"，就像是打鸣的公鸡。这在他看来，是因为"造物主正是将安静和低声细语给了这一（雌性）性别"。[67]巴特勒没有提到，就在分群前，蜂王会发出尖厉的呼啸声，而除了蜂王，整个蜂巢里谁都行不出这样的动静来。[68]也许他没能注意到这一情况，也许虽然注意到却又放过了。

理查德·雷姆南特是这一时期的又一位蜜蜂专家。他在写于1637年的一本有关蜜蜂的书中，仍然直言不讳地认定女人们应当从蜂巢中得到解悟。是的，领头的蜜蜂是雌性的，雷姆南特说，但它同时也是"非常温柔、非常仁爱的，而且不肯蜇刺"。换言之，即便身为领袖，它仍然绝对不曾失掉雌性的种种德行。那么，这是不是说，由此可见，女人也能管理国家吗？倒不是完全不能，有时也是能够的——但有个前提，就是当造物主不再将这种机会赐予男子时。至于管理家庭嘛，当事关家务时，"老婆主事、老公听喝"可是再自然不过的分工了。雷姆南特还另有见地地指出，蜂巢内的情况另有一层睿智的寓意，通过养蜂人管理蜂群的经验，可以学会

"怎样管好女人中的大多数"，因为女人也像蜜蜂一样，既敏感，情感又丰富，主人"若能立好规矩"，她们会"非常勤快"，可要是没能管住，却又会成为"大乱子、大祸害"的源头。[69]

即便昆虫学家在18世纪里证实了蜂王的确为雌性，巴特勒和雷姆南特的逻辑也仍然在有关蜜蜂的著述中得到了保留。有的著述是借蜂王吹捧当政的女王。不过很少有人真的主张照搬存在于蜂群中的模式，在人间建立"阿玛宗式的王国"。倒是相反，事实的真相更催生出了不得让女性由雌性蜂王的存在想入非非的紧迫感。一个名叫约翰·索利（John Thorley）的擅长养蜂的英国圣职人员，写出了一本《倒错的统治》（1744），认为上帝在创世之时，已经规定下女人应服从男人。因此面对蜂巢里的反其道做法——雌性"无上威严、王权尽显"，而雄性"等而下之、低三下四"——大为沮丧。只是女王仍然保持着童贞这一对所有女性都最最重要的珍宝，才多少给了他些许安慰。在他看来，有些人所说的蜂女王与雄蜂交媾，实属大逆不道，竟将王上简直说成"与几百个嫖客勾搭的卑贱婊子，下作窑姐，烂污马子，最最可恶可厌的娼妇"。[70]

将蜜蜂视为道德榜样的人，无法接受它们在性行为上与人类有任何不同的说法。一位喜欢这种昆虫的法国人让－巴蒂斯特·西蒙（Jean-Baptiste Simon），在1740年发表看法说，"蜜蜂的'共和国'"是个"迷人的学校"，是大自然向人类发出的一个训示，告诉人类应当文明、勤劳与和谐地生活在一起。蜜蜂是集一切"重要美德"以臻"完美"的代表。对于西蒙这样给蜜蜂以至善至美地位的人来说，它们的性行为方式也不可能不是完美的，于是他也就造出了这样的方式。他告诉人们，以为蜂窝里只有一只"国王"，不管性别为雄为雌都是错的。因为这"不合天道"，如果有，便必是作对成双的一雄一雌、一王一后。王之责为治，后之任为理。它俩便形成王族，也是蜂群中仅有的王族成员。至于繁衍，则是下民之事：由工蜂自己生小工蜂，雄蜂自己生小雄蜂便是。这样的话，蜂巢中的等级壁垒会永远森严，性行为和社会行为的规范也都不会混乱。西蒙将蜂群中一直只存在一个"国王"的看法视为纯属虚幻："说一只蜜蜂承载的卵数，足以产下 4 万至 5 万只蜂……这是不可能的。"何况贵为王后，又怎么会以此种"毫无母仪"的方式诞育后代呢！[71]

不过，随着历史向 19 世纪进发，蜂群由一只雌蜂统治的事实是越来越不容否定了。由是产生的反响之一，是对蜂王的贬抑：如果它是个雌性，那自然也就没有什么大不了可言了。1780 年时，一个自称为"务实的养蜂人"的英国人约翰·基斯，便指斥将蜂王说得神乎其神实在没有道理。他将这只雌蜂比作夏娃，而夏娃正是不守本分，非让亚当听她的话，结果"拆了烂污"。他又一反其他人认为蜂王既漂亮，举止又"有范儿"的看法，贬斥雌蜂形象不佳，"活像个高个子娘儿们穿了身短衣裳"。总之，基斯认定它不是什么真正的女王，只是个没有地位的生殖机器，根本无资格充当女人们自我提升的榜样。一个叫阿贝·罗卡（Abbé della Rocca）的法国人，也在 1790 年发表了类似的观点，坚持认为蜂王并没有担负任何"行政管理、维护秩序和保障司法"的责任。[72] 凡此种种，都证明了一点（其实未必有这样证明的必要），就是人们在自然秩序中寻找社会规则时，往往会本末倒置，即先有定见，再找支持的佐证。而在 17 世纪和 18 世纪时，想在蜂巢里寻找佐证，证明女性优于男性的人，可实在为数寥寥哟。

但为数寥寥并不等于压根儿全无。法国诗人雅克·瓦尼埃（Jacques Vanière，1664—1739）便是这凤毛麟角中的一个，也许更是绝无仅有的单干户。他也和维吉尔一样以蜜蜂为主题作诗，但并不像他那样视蜂巢之主为雄帅。瓦尼埃在他的《蜂之诗》中，将蜂巢立为造物主批判法国社会错待女性的实例。他的同代人、天文学家与数学家贾科莫·马拉尔迪（Giacomo Maraldi）根据自己对玻璃蜂箱里一个蜂群的观察，写成了《蜜蜂观察记》（1712）一书，指称蜂王是毋庸置疑的雌性。对这本书中提供的知识，瓦尼埃是熟知的，只是他对书中内容的诠释，却远远超出了实验的范围。根据法国当时已经实施多年的"萨利克法"①，只有男性才有继承权。然而在蜜蜂那里，"并不存在排斥雌性的《萨利克法典》"。在这个昆虫的群体里，执行着与阿玛宗人中女性居高的"同样美好健康的政策"。瓦尼埃的这一诗作的可圈可点之处是，他对蜂王的赞美，不单单是由于它执掌着领袖的权力，而是由于它还是个绝对出色的恋人——堪称是对多年来一直认为它代表的贞洁形象的彻头彻尾的颠覆——

> 她披着爱情的长裙，
> 展示着自己引以为荣的魅力。
> 自豪地拥有充盈的后宫，
> 那里有众多的雄性佳丽。
> 她既喜爱欢愉，也善于生育，
> 当时机来临，她便召唤爱侣前来，
> 并不守什么视重婚为禁脔的法律。

---

① "萨利克法"，指《萨利克法典》中规定的内容。此法典自中世纪以来长期在西欧通行，得名于北欧日耳曼族中一支名为萨利安的部族中通行的多种习惯，并在6世纪由包括后来的法国在内的法兰克帝国国王克洛维一世（Clovis Ⅰ,466-511）汇编为文字法律而长期通行。它主要是一部刑法和程序法的典籍，其中包括女性后裔不得继承土地的条款，并进而扩大为对女性继承权的普遍剥夺。该法典对中世纪和近代欧洲的历史产生过很大的影响。——译注

瓦尼埃笔下的蜂王是个性欲极旺的角色，生着"金色闪亮"的膜翅，"漆黑漆黑"的面庞，以宽厚的仁慈和无比的效率治理着整个蜂群。只有那些雄蜂有损于蜂群生活的完美，不过要不了多久，这些"懒骨头"就会被雌性的"政权之剑"送往它们该去的地方了。[73]

瓦尼埃向蜂巢中张望了一番，看到的是自由的情爱加上有效的管理这一完美的结合。他以更务实的词语所描绘的蜜蜂社会，要比维吉尔的诗句更贴近事实。他所提到的蜂王受孕是个多次交尾的过程就是事实之一（只是他并不知晓此过程是在空中进行的）。对雄蜂的后续处理也是真确之事。是事实不假，但瓦尼埃的说法仍含有先有定见后找佐证的猜测成色。从根本上说，诗歌在面对大自然时，总会构想多于事实。真相的解密终归要靠科学家而非诗翁。

## 有关蜜蜂的博物学研究

第一个明确查知蜂王的性别，并判断出蜂巢中所有成员都是她的后代的是位荷兰人，名叫扬·斯瓦默丹（Jan Swammerdam）。这位生于1637年的科学家，也有着与其他许多天才人物相同的命运：一生辛劳，但却贫困潦倒、默默无闻，死后才得到应得的声名。逝去70年后，他得到了后世同人的评价，认为他对蜜蜂的研究论文"堪称完美……自有博物学以来，该领域的所有研究，包括今天的在内，都没有能与他的成果比肩的，可以说根本无法与之相提并论"。[74]直到如今，他所画的蜜蜂图谱，仍然被赞誉为无须改动之作。而终其一生，他却始终未能得到像样的承认，还屡遭父亲的冷眼和恶语。

老斯瓦默丹是阿姆斯特丹一位颇有人望的药店老板。他希望将

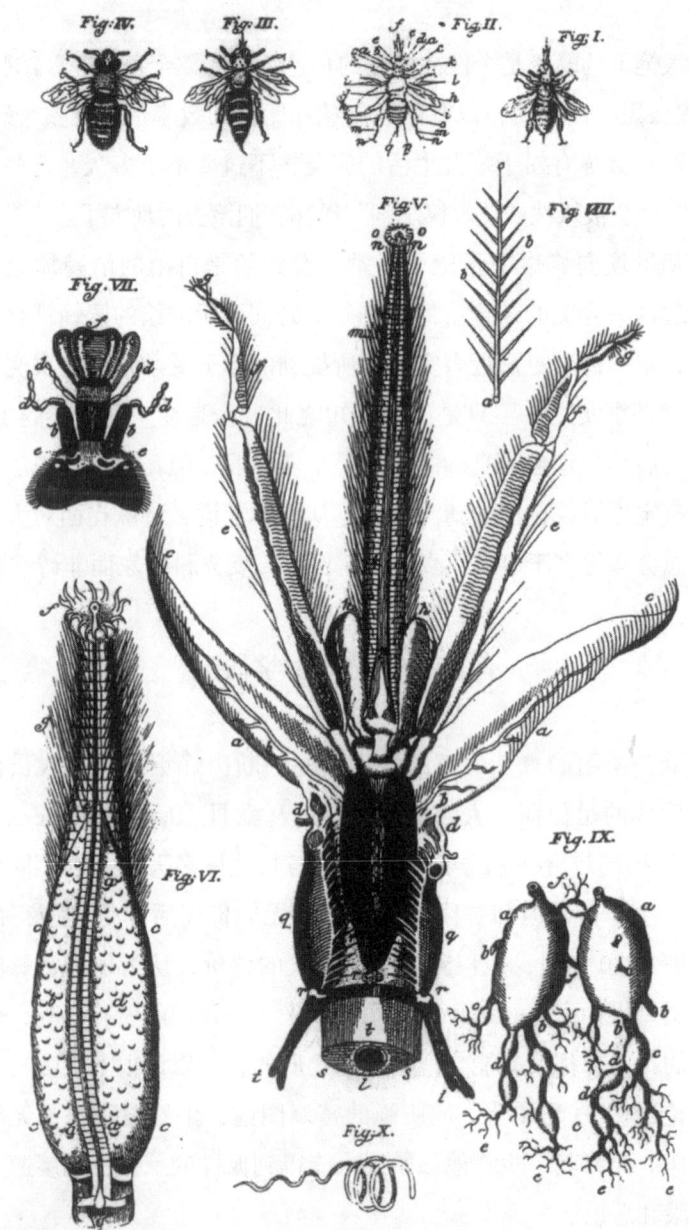

图 2-7 扬·斯瓦默丹所画的蜜蜂解剖图

儿子培养成才，从事体面的工作，最好能进入宗教圈子任圣职。然而，他本人的一项业余爱好却于无意间引发了自己这个儿子心中的天职。老斯瓦默丹喜欢搜集"稀罕物件"——中国瓷器、化石、罕见的蔬果品种等，更有丰富的昆虫收藏，居然形成了一个私人博物馆，还因此成了阿姆斯特丹的一介名流。王室贵胄们旅行途中经过阿姆斯特丹时，往往会前来这处博物馆，瞪大眼睛细看他的这些古怪藏品。小斯瓦默丹常要遵父命清整这些物件，结果是在干活的过程中，萌生了对博物学的深切爱好，并终身维持不变。

这个年轻人很快就觉得，圣职的前景对自己已经不再有吸引力了。于是，他父亲便允许他改攻医学，将他送进了莱顿大学，向医生的前景努力。只是结果又不从人愿。这倒不是因为扬没有学医的天赋，反而是因为天赋太高了——他既极端聪明，"手又灵巧无比"，这使他很快地就在解剖领域出了名，连当时荷兰最出色的解剖学家也纷纷注意到，他"解剖青蛙非同一般的娴熟"。他还获准去阿姆斯特丹的各家大医院，解剖"刚刚死去的病人"。[75]他的以呼吸为题的医学博士论文也很出众，又被阿姆斯特丹内科医师学会接纳为会员。他的前途光辉灿烂，但问题是这样的前途并不使他动心。扬·斯瓦默丹的不食人间烟火之气可说是到了病态的程度，面对眼前唾手可得的致富机会无动于衷。非但如此，他尽管喜欢解剖人体，但更感兴趣的对象却是昆虫，终日里忙的不是研究雌雄同体类蜗牛的交配，就是割开蝶茧观察里面的蛹。父亲的气恼也好，三天两头的责怪也好，都没能使儿子成为开业医生。他未能尽享天年，43岁便因严重水肿而撒手尘寰[①]，死前一直靠家里人的微薄接济勉强过活。

---

① 一说他死于疟疾。——译注

可以说，他将自己的全部生命，都奉献给了昆虫的解剖和显微观察——既费时又费钱，却得不到精神与物质回报的工作。费钱不说，他还找不到肯资助他的保护人。（托斯卡纳大公曾表示愿意给予资助，条件是要他到大公本人所在的佛罗伦萨来工作，结果被斯瓦默丹以一向的独立意志固执地拒绝了。）不过，他至少还是做到了在正确的时间和正确的地点，按照自己的心愿工作。使人类目力得到神妙扩展的显微镜，就是17世纪时在荷兰人安东·列文虎克①的努力下发明的。斯瓦默丹用很简单、原始的显微工具观察昆虫，打开了一个全新的世界。

他的工作时间是从清晨6时直到深夜，用的解剖工具是很小的解剖刀和更小的剪子——小到只能在放大镜下磨锐。据说，他能够用这些器具"解剖蜜蜂的肠子，精准程度不输别人解剖大型动物"。他还发明了先向昆虫的最细微的血淋巴管内充入空气，继而再以蜡和有颜色的水使之得到显示的技术。② 他将热切的目光投向昆虫世界，从研究飞蛾到牛虻，从毛毛虫到金龟子，不过对他最有吸引力的昆虫是蜜蜂。蜜蜂给他带来欢愉，也将他推入困境。他将足足五年的光阴，花在了蜜蜂身上。接踵而来的是严重的神经衰弱，此后他便再也没能从事任何科学研究。蜜蜂甚至成为对他信心的考验，用他本人的话来说，令他的"心与脑受到一千次的磨难"。他发现蜜蜂竟然如此神妙，致使他一再告诫自己，"值得研究、喜爱和关注的，不应当是这些生物，而是上帝他自己"。[76] 换言之，蜜蜂实在是太过完美，简直完美到难以相信会有更好的存在——包括上帝在内。

---

① Anton van Leeuwenhoek（1632—1723），荷兰的布商。他业余时间发明了显微镜，并用来研究微小的生物，故得到光学显微镜与微生物学之父的美称。——译注
② 大多数昆虫赖以输运营养和代谢废物的体液（血淋巴）是无色透明的。——译注

他的种种重大发现，直到他死后将近六十年时才被发掘出来。这是赫尔曼·布尔哈弗[①]的功劳。是他最终将斯瓦默丹有关昆虫的研究记录整理到一起，并以《自然之书》的书名于1737出版的。伊拉斯谟·达尔文和查尔斯·达尔文（Charles Darwin）这爷孙俩都高度评价这一著述。只是斯瓦默丹在世时，并没有得到任何称誉与回报。他在去世前，甚至不得不卖掉了自己宝贵的昆虫标本收藏，而所得却远远低于实际价值。不过从他研究蜜蜂的记录中，却根本看不出任何个人遭遇的阴影。他的文笔宁静而美丽，蜜蜂的解剖图谱也极尽精妙。在斯瓦默丹自己画就的图谱中，蜜蜂那生着长毛的腿要比孔雀的尾羽还要美丽，它们的肠子也似乎比玫瑰来得漂亮。这些精美的插图表明，他的研究时光是在幸福中度过的。他在对大自然的探究中查窥着上帝的创世。

在斯瓦默丹对蜜蜂的赞誉中，最高的一点是它们的性。在他的微型小剪刀下，蜂王的卵巢露了出来，流行了数千年之久的种种君父蜂观念从此寿终正寝。"一只雌蜂、整个蜂窝中唯一有这个性别的生物，"他写道，"生下了所有的三类蜜蜂。"有关雄蜂生殖器官的发现，是令斯瓦默丹最兴奋的内容。他在记录中写进了他曾"在1668年向崇高的托斯卡纳大公展示了有关发现，以及其他若干种大自然的神妙。大公对此宽厚地表示赞许"。在《自然之书》中，有三页图谱给出的是雄蜂的性器官，分别显示了它在不同挺出阶段时的形态，看上去简直如传说中的海中怪兽。斯瓦默丹以只有鉴赏家才能具备的情感，夸赞它们的两个睾丸几乎占满了整个腹节；而那个"看上去应当是阴茎的小东西，生得真是小巧之至，而且构造

---

[①] Herman Boerhaave（1668—1738），荷兰生物学家、化学家和内科医生，被推崇为医学临床教学的开创者，率先测量病人体温的人，最早从尿液中提炼出尿素的化学家。——译注

很美好，因此我认为它很有研究价值而特别地将之加入我的收藏"。他又接着写下一段文字："当人们看到这些生殖器官的精妙构造和显而易见的功能后，必定是从它们的重要价值上，看到上帝的用心——即便在这些小小的虫豸和它们的器官上，上帝也放进了无比的神妙，只是缺乏好奇心的人是注意不到的。"[77]

虽说斯瓦默丹充分揭示了蜜蜂生殖系统的里里外外，却仍然未能深入解开蜂王生育后代的秘密。雄蜂"备有可用来交尾的性器官，但它却从不曾有与雌蜂交合的机会"。这一发现让他大感不解。[78] 他想出的唯一可能的解释，是雄蜂无须与雌蜂直接接触，就可将精液送达对方。大概是他将雄蜂的本领设想得太神乎其神了，觉得蜂巢里大约有400只雄蜂，因此它们的精子会进入空气，进而能够让蜂王受孕——这正是所谓"嗅导受精"的概念。按照他的这一理论，蜜蜂可以凭借嗅觉的引导，以空气为媒介完成性交，并不需要双方身体的直接接触。

如今的人们知道，这种嗅导的说法并不正确。不过即便到了18世纪行将结束，也就是斯瓦默丹去世已过了一百多年后，对蜂王究竟如何成为母亲，昆虫学家们仍然没能得到进一步的理解。倒是在蜂王的来历上，有个德国人奥古斯特·席拉赫（August Schirach）指出了一个几乎从未有人想到过，也因此引起一些人反对的事实，就是蜂王在幼虫时本与工蜂一样，得到不同地位只是因为吃的是特殊的高档食物的结果。此时，斯瓦默丹所证实的蜂王是整个蜂群的唯一母亲的事实，已经被奉为金科玉律。于是，"基于这两个事实，又出现了不少理论，有的说得通，有的未必尽然"。[79] 对于蜂王多产的原因，除了嗅导说的解释，更多的人相信是从古时起就一直原封不动地流传下来的设定，就是蜜蜂是像鱼那样繁殖的。前文提到的那位英国药剂师约翰·德布劳便断言，蜂王在蜂巢的小室内产卵，然后雄蜂会在卵上覆盖精液使它们受精。他还说自己亲眼在一些小室的底部看到了这种颜色发白的液体。[80]

不过，还没有等到18世纪结束，斯瓦默丹和德布劳的理论都被证明是不可能成立的，蜂王多产的秘密终于被揭开了。多数人认为这应归功于弗朗索瓦·于贝（François Huber）。他是一名瑞士的养蜂人，被不少同行奉为古往今来一切养蜂人中最杰出的一位。而比杰出更突出的是他对蜜蜂的研究，多多少少都是在全盲状态下进行的。

弗朗索瓦·于贝1750年出生在一个富有人家，又有幸处于启蒙时代的环境中。他的父亲既有钱又有闲，还小有写诗谱曲的名气，并是伏尔泰（Voltaire）流亡瑞士期间交下的朋友。老于贝和老斯瓦默丹不同，他不要求儿子求职讨生活。看来，弗朗索瓦会在悠哉游哉的知识氛围中度过闲适的一生。为了求得学识，这位少年读书不辍，总是不到深夜不休。只是这样来求得知识，代价却是伤害了眼睛。15岁上，弗朗索瓦·于贝在接受了眼科医生的检查后，遵医嘱去乡下过安宁的田园生活。又过不多时，他被告知不久将会完全丧失视力。在瑞士乡间，他学会了扶犁耕作，又研究了野生世界。他在这里找到了两个倾注情感的对象：一是博物学（特别是有关蜜蜂的部分）；二是一位年轻女郎玛丽亚·吕岚（Maria Lullin）。他俩是在一个舞蹈学习班上结识的，很快便相互爱慕得不能自已。虽说玛丽亚的父母不希望女儿摊上个累赘，一直反对这桩姻缘，然而女儿却矢志不移，父母反对了七年也未能奏效。到头来，两人终于结成连理，一起共享了长久的幸福生活。于贝后来告诉人们："她只要活在世上，我就不会觉得自己是个盲人。"

玛丽亚给丈夫带来许多欢愉，其中便包括给他读书和代他书写。靠着她的眼睛，弗朗索瓦·于贝得以了解到有关蜜蜂的最新知

第二章 蜜蜂与性

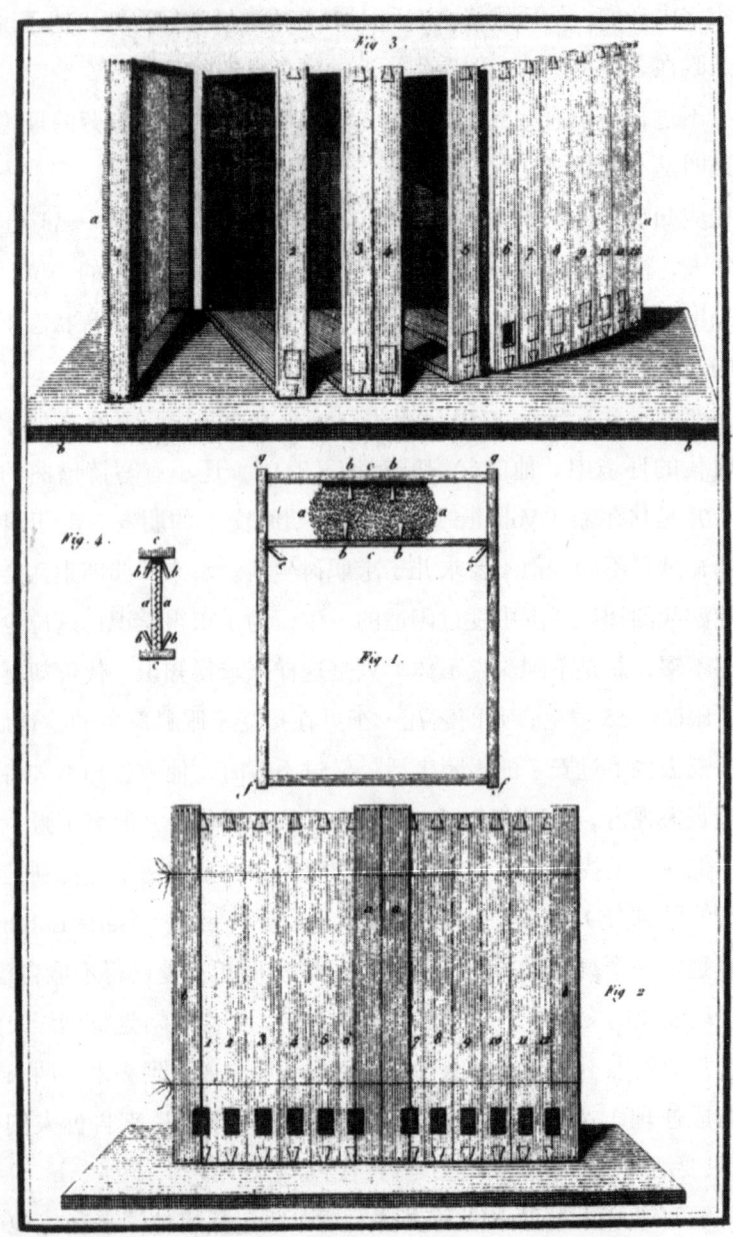

图 2-8 弗朗索瓦·于贝发明的书页式蜂箱。这位科学家还发现了蜂王是如何受孕的

识。至于对蜜蜂的实际观察，则靠他忠诚的仆人弗朗索瓦·比尔南（François Burnens）进行。他的这位仆人没有受过多少教育——也许根本就不曾受过，可对于科学观测却有极高的天赋。他有时会一气观测上 24 小时，连饭也不吃，即使被蜇得很惨也毫无怨言。于贝夸他是位有无穷勇气和耐心的"天生的观察家"。[81] 于贝做出的所有发现，都有比尔南的功劳在内。

对于蜂王靠嗅觉引导、在蜂巢内通过空气接受精子的理论，比尔南和于贝只用一个实验便推翻了。这个实验并不很难。比尔南将所有的雄蜂都关在一个透气的盒子里，"气味能传进传出，生殖器官却原地不动"。[82] 结论是铁定的：蜂王始终未能受孕。斯瓦默丹的"嗅导受精"原来是错的。

对于德布劳所说的雄蜂将精液覆盖在卵上的观点，他们也用类似的实验，将它一劳永逸地驳倒了。于贝让比尔南将蜂窝里的雄蜂杀光，再将其他蜜蜂都关了禁闭。结果是蜂群"在被关起来 4 天后，我发现有 40 只卵孵化成了幼虫"。[83] 这便证实了于贝的猜测，即蜂王产下的卵早已是受了精的，并不需要雄蜂前来加覆精液。至于德布劳提到的在有蜂卵的小室底部看到的发白的东西，靠了于贝的头脑和比尔南的双眼，也揭示出那只是阳光造成的错觉。比尔南和于贝也以此种方式，使其他不少有关蜂王受孕的理论一一寿终正寝。

将所有的现有理论全部推翻后，于贝悟出了蜂群繁育这个难解之谜的正确答案——蜂群中的雌蜂一定是在蜂巢之外受孕的。长久以来不被承认的蜜蜂的性行为，其实的的确确会发生，只不过交合是在飞翔中进行，几乎无法观测到而已。现在他俩要做的，就是通过直接的实验给以确凿的证实。有一天，比尔南注意到蜂王从蜂巢飞出，而在返回时，身子的下半部"满满装着一种稠厚的白色东西"，而这种东西看上去又与在雄蜂生殖器内的所见十分相像。[84]又过了两天，比尔南发觉这只蜂王的腹节有了明显的鼓胀，而且也开始产卵。在1787年和1788年这两年，比尔南按照于贝的指示，在于贝夫妇瑞士家中的安宁花园里，对这一过程进行了无数次观察。比尔南以不同年龄的蜂王为对象，有20天的，有25天的，还有30天的。所有的实验结果都是一致的：蜂王都在外出飞行一次后，身体上沾着白色的东西返回，还连带着与它交合过的雄蜂的性器官。为什么大自然会让雄蜂以这样的凶残方式受死呢？对这个自然的"秘密"，即便以于贝之才也无法解答，而他也不讳言自己无法搞懂。

进入20世纪后，有些研究蜜蜂的历史学家查出，于贝的发现并不像人们原来认为的那样前无古人。其实，他的大部分发现，都在还不到20年前，即在1771年，被斯洛文尼亚的养蜂人安东·央刹做出了（前文已经提到），只是于贝本人并不知晓而已。这位央刹也同比尔南一样，注意到蜂王会从巢中飞出，而在返回时已经有过性行为，且身上有了精液和倒霉雄蜂的性器官。这使有的人觉得，于贝在蜜蜂的研究上所得到的地位并非完全适当。不过，即便他的发现并非独创，他同比尔南在研究工作中表现出的彻底精神，即对并非自己得来的所有信息都亲自一一核查的做法，仍是无人可及的。就是到了今天，于贝研究蜜蜂的著述仍旧被科学家们拜读着。这位盲人博物学家浪漫精神的光芒也是永远灿烂的。近年来以他的生平为题的文学作品，据作者本人所知就有两本：一本是美国诗人尼克·弗林（Nick Flynn）的诗作《瞽目养蜂人》；另一本是英国女作家萨拉·乔治（Sara George）的小说《养蜂人和他的高徒》。相信他的生平早晚也会被搬上银幕，成为好莱坞支持残而不废精神的又一具体体现。

只是有一点，无论是央刹还是于贝，都没能揭开有关蜜蜂性活动的全部奥秘，也都未能亲眼得见蜂王和雄蜂的交配过程——即梅特林克称之为"独一无二的即时之吻"，将雄蜂带向"幸福与死亡同时来临"[85]的婚姻。实际观测到这一飞行中的交配过程的，是美国宾夕法尼亚州（Pennsylvania）怀特马什镇（Whitemarsh）的一位姓米利特（Millette）的牧师。他在1859年见到一对正在交配的蜂王和雄蜂在事毕之前跌落到地上，而雄蜂那得到斯瓦默丹赞美的"专用家伙"已被扯离身体。[86]再过了一段时间，又有人发现，蜂王通常会同不止一只雄蜂交尾，不过都发生在同一次交配飞行中。至于蜂巢里都是由一只蜂王生下的卵，如何会形成不同的类别，则到了19世纪下半叶才被科学家们搞明白，原来要根据总体需要来具体确定。

在央刹和于贝做出他们的发现后的一段时间里，蜜蜂的性行为仍是个谜团，其中的秘密是一点一点地解开的。不过到了18世纪结束时，人们至少已经不再认为蜂王根本没有性行为，也不再否认蜂巢里面不是个女儿国了。蜂王作为雌性生物的时代已经到来。

## 第三章

# 蜜蜂与政治

> 苍穹之下，放眼四顾，
> 焉有胜过蜂群的政府？
>
> 纪尧姆·迪巴尔塔斯①，《创世之周》(*Divine Weeks and Works*,1578)

维吉尔曾在约公元前 30 年写下了这样的吟诵："我要提起一个小小的共和国，那里的一切值得一说。仁慈的首领、井然有序的工作、精诚团结、勇敢防卫，还有高尚的道德。"[1] 他所说的这个美好的小小共和国，就是蜜蜂的巢窝。

蜂巢大概算得上是乌托邦的最早样板了。每当有人为受压迫的民众设想更好的出路时，他迟早都会想到蜂巢里的情况是否有助于自己的构思。要知道，蜂巢看上去实在适合充当兄弟般——或不如说姐妹般密切合作的完美象征。那里面有成千名成员奋力从事着有用的劳作，既勤劳又和谐，还很幸福。大家都是在自由的环境下，为着共同的福祉工作，看不到强迫的痕迹。蜂巢赋予群体的生活以灿烂而绝非阴沉的高尚情调。只消向巢内张望片刻便会注意到，那里面传出的悦耳嗡嗡声，就像是最有效率的工厂

---

① Guillaume du Bartas（1544—1590），文艺复兴时期的法国外交家和诗人。《创世之周》为他最著名的诗作。——译注

正在开工时的情景,只是看不到任何工头和老板。正因为如此,当劳工阶层在19世纪开始组织起自己的力量时,便选中了草编蜂巢为自己心目中美好社会的指代。(只是他们不曾再深入地想一想,蜂巢也是有老板的;而以人的形式出现的所有者,就是要从蜂巢中得到好处哩。)

在19世纪40年代的法国,一份面向劳工阶层的很有影响的报纸,便起了一个与蜜蜂有关的名称:《民众蜂巢》。19世纪70年代的英国,一份在工会活动和激进政治运动中起着喉舌作用的报纸,也有个类似的名称《蜂巢周报》,由曾组织过1859年伦敦建筑工人大罢工的鼓动能手乔治·波特[1]创办。读者从报纸的名称便不难猜到它的主旨:在政府内形成合作制度,推进卫生改革,强力改组议会以引进劳工阶层代表。形成合作政府的目的,是要让劳工阶层不但有挣钱的机会,还要能有所积蓄。工蜂看来便是持有这一目的的:它们酿出多过眼下所需的蜂蜜,以留出困难时所需的储备。

既存在团结又享有自由的蜂巢,很像是个乌托邦式的社会,以人类的标准衡量实在是美好之至。若与工业发展造成的业界的无情竞争和劳工的悲惨处境相比,蜂巢里的情况真可以说是和谐到了极点。著名的法国乌托邦社会主义者夏尔·傅立叶(Charles Fourier)就是在1826年提出这一看法的。此人写过不少东西,内容十分特殊,尽是些阐述宇宙间种种神秘象征的古怪臆想。比如,他相信卷心菜的叶片之所以一片紧包着一片,是因为代表着不正当的爱——层层剥尽后,便只留下发苦的茎心;再比如,花椰菜那白白净净、漂漂亮亮的模样,正意味着自由之爱的欢乐。他还

---

[1] George Potter(1832—1893),英国著名的工会领袖。——译注

幻想海水有朝一日会变成加糖柠檬水呢。他的这些想法,如今已经不大有人感兴趣了。在他那形形色色的臆想中,倒是有关蜂巢的内容多少上路些。他相信,马蜂和蜘蛛是邪恶的代表——马蜂入选是因为它们伤人不说,"造的窝也派不上用场";蜘蛛上榜则是"坐享其成、恶意竞争"。与邪恶代表相反的则正是蜜蜂。蜜蜂代表着工作的欢乐和致用。它们提供的蜂蜜有"未来之财富"的寓意,蜂蜡则是"光明之来源",预示着社会的进步。在傅立叶看来,蜂群努力采集花蜜的共同劳作,是在警醒人类自身有实现"社会和谐"的必要。[2] 从马克思开始的社会主义者们,认为傅立叶实在是天真至极。然而也应该看到,对于人们的需求,倒是傅立叶了解得更透彻些。他相信,只有当人们学会将彼此的不同抛开而一起工作时,才能做到共同生存。而这正是人们应当从蜜蜂那里学来的。

那么,人们要靠什么规章,才能保证这样一个可以实现合作的天堂的确能够存在呢?在这一点上,傅立叶也同其他许多社会党人一样,长于宣讲为何需要而不善于确定如何实现。对此,蜂巢里表现出的秩序便表现得极有吸引力。动物世界表现出的社会性往往令人类惊异,其中的一种更是表现得胜过了人类。卡尔·封·弗里施这位昆虫学家曾经说过,我们可以养一头牛、一匹马、一条狗,但令人惊奇的是,我们却不可能养一只蜜蜂。蜜蜂总是要以窝为基本单位的。[3] 将一只蜜蜂同它所属的蜂群分开,它就会死掉。在蜂巢里,蜂群整体总是先于部分的。这种优良的社会性,更是由于并非所有的蜂科成员都能如此而格外值得注意了。比如,地蜂和集蜂这两个都属于蜜蜂科的蜂类,都并不组群一起生活。它们会在土里或植物茎部的空腔里单独居住并自己养育后代[1]。熊蜂虽然是社会性的，但组织性不强，日子也过得马马虎虎，只将卵产在用蜡将土掺和起来的简陋小室内，远未能达到蜜蜂那种全心全意扑在整个蜂群上的水平。蜜蜂和同属膜翅目的马蜂和蚂蚁都有很强的社会性。而在所有此类昆虫中，最能得到人类赏识的就是蜜蜂。

亚里士多德曾经说过："人是社会性和政治性的动物。"而问题也就从这里开始了。在赞扬过蜜蜂也同人类一样表现出社会性后，自然便会想到蜜蜂是否也是政治性动物。蜂群的极端复杂的表现，会一再使人们认为，在蜜蜂的社会里，必定存在着某种政治力量。这种观念是错误的，不过也是非常容易犯的。要发现这一错误，需要有极强的理性。《利维坦》(Leviathan)——一本反对无政府观念、主张强权统治的著述——的作者托马斯·霍布斯[2]就是位理性极强，或许还称得上最强的人物。霍布斯注意到，亚里士多德之所以认为蜜蜂是"政治性动物"，是因为它们"彼此间形成了社会性的生活"，4但霍布斯说，亚里士多德在这一点上错了。蜂巢中是没有真正的政治可言的。蜂群缺乏人类赖以建立起政治关联的品性。它们没有语言，没有理智，而重要的是没有人类喜争斗、犯嫉妒和"好折腾"的脾性。他认为，人类的政治只能是应对冲突机制的产物（对于冲突，霍布斯并非没有切身体验。他是经历过英国内战的

---

[1] 集蜂这一亚科中的若干种也以群居方式筑巢，但巢内成员数量要少得多，而且蜂巢也不是用自己分泌的蜂蜡筑成的。——译注
[2] Thomas Hobbes (1588—1679)，英国政治哲学家，他认为宇宙是所有机械地运动着的广延物体的总和。他提出"自然状态"的概念和国家起源学说，认为国家是人们为了遵守"自然法"而订立契约所形成的，是一部人造的机器。当君主可以履行该契约所约定的保证人民安全的职责时，人民应该对君主完全忠诚。《利维坦》(1651)是作者的重要著述。此书的副标题是，"教会与国家的实质、形式与权力"。利维坦是一种形似鳄鱼的怪兽，在本书中比喻强势的国家。此书是西方著名的和有影响力的政治哲学著作之一，有多种中译本，目前的各译本中都没有副标题。——译注

血腥恐怖时期的[1]），而这种机制并非天然存在，蜂群并不需要这样的机制。对它们的约束来自大自然。这就是说，存在于蜂巢中的大受人们赞美的品性——与生俱来的步调一致，彼此间不存在（至少从外部看不出）隔阂——正意味着蜜蜂们根本不需要政治。蜂巢内是不会发生内战的。

霍布斯的看法，道理应当说非常充分，只是人们并不接受。人类在意识到自己的社会中存在政治后，便一直认定蜜蜂的社会中也存在着这种东西。冥冥中必定存在着某种力量或事物，决定着蜜蜂如何行事，这才使它们如此忠诚、如此服从。人们给蜜蜂冠上的政治性，形式上也几乎同人间政治一样丰富，并被不断地赋予因地而变和因时而异的不同价值，结果是蜂巢也分别代表了不同的政治构体，有君主的、独裁的、贵族的、立宪的、强权的、共和的、绝对的、中庸的、共产主义的、无政府的，甚至法西斯的。人们想要什么，就从蜂巢里找到了什么。政治就是如此。

花样虽多，却也有变完的一天。这一天是随着民主概念的形成来到的。政治哲学家与教育家、《社会契约论》（1762）的作者让-雅克·卢梭[2]相信，民主会在诸如科西嘉（Corsica）这样有着原始美——搜寻野生蜂蜜是其表现之一——的地方得以实现。卢梭认为，科西嘉是个并不发达的岛屿，不过岛上草木葱茏的连绵山地为

---

[1] 英国内战，又称清教徒革命，1642年至1651年发生于英国议会派与保皇派之间的一场斗争，最终以克伦威尔为领袖的议会派得胜、英王查理一世被处死、其子（后来的查理二世）流亡而结束。在此期间双方都有重大伤亡，并为受裹挟的民众带来重大的苦难。——译注

[2] Jean-Jacques Rousseau（1712—1778），法国18世纪启蒙思想家、哲学家、教育家、文学家，启蒙运动最卓越的代表人物之一，主要著作除本书提到的《社会契约论》之外，还有《论人类不平等的起源和基础》《爱弥儿》《忏悔录》和《新爱洛伊丝》等。这些著述均有不止一种中译本，有的译名不尽相同。——译注

居民提供了丰足的食物，使这里成为一个"有肉、有奶、有蜂蜜"的所在。当地人有了这些东西，便也有了独立，而独立是民主的先决条件。

实现民主的另一个必要条件是，"平等精神"的存在。幸而科西嘉人也具备这种精神。这种精神正与他们在山里和空树干内搜寻蜂蜜的生活方式有关。卢梭便写下了这样的文字："蜂蜜的归属是靠第一个占有者做出的标记判定的。而这一保证所有权的做法，只能在人人都有公信力的情况下才能形成和流传。这就必定需要所有的人都做到公允。"⁵ 这样看来，建立在蜂蜜这一物质基础上的社会，是有可能提供实现民主所需的独立与公正的。正因为如此，卢梭又指出，真正的民主不可能在地域广大、富贵奢靡、消费食糖的地方实现。食糖不可能在不存在商业的地方流通。而以卢梭崇尚简朴生活方式的尺度衡量，商业会导致依赖，失却公平。商业泛滥之处，民主就会消亡。

只是蜂蜜虽说有助于民主的形成与存在，但据作者本人所知，民主却从来不曾进入蜂蜜酿造者自己的社会。蜂巢里面实在等级森严，奢俭不一，并非民主政治的可栖之所。一只蜂高踞于顶，其他诸蜂低伏于底，两者实在是天差地别。要在昆虫界找到民主的范例，候选者应是蚂蚁。①（20世纪90年代末的两部美国动画片——《蚁哥正传》和《虫虫危机》，都是将这种小昆虫群体中体现出的民主意味大大理想化的成功例子。）也许正是蜂巢内的真实体制，使得在民主意识受到空前欢迎的20世纪里，蜂巢里的乌托邦社会概念成了明日黄花。只是在人类政治处于一应民众均由一人统治的阶

---

① 根据一些昆虫学家的研究，蚂蚁中虽然有形体较大、专门负责产卵，因此得名为蚁后的母蚁，但它并不统治蚁群。蚁群是由每只单个蚂蚁个体的自行意志交织形成的社会。——译注

段，区区一只蜂在其金色巢室里统治整个蜂群的蜜蜂政治模式才显得简单而可信。

## 君主政体

无论在哪里，最早人们想象中的蜜蜂政治都是完美的和完全君主式的。早在5500年前的古埃及前王朝时期，蜜蜂便被用到了象形文字中，代表"埃及"和"君王"两种含义。在尼罗河三角洲地区，美味的含蜜蜂房也是极受推崇的吃食。蜂蜜是供富人和老饕享用的美味，而最富有也最饕餮者，自非君王莫属。上埃及王国的国王被称作"蜜蜂法老"，下埃及王国的国王被称为"纸莎草法老"。[6] 在大约公元前3200年时，这两个王国合并成一个，由一位法老统治。对此，有一卷纸草书上记着这样的颂文："他① 将两块土地连成了一片，纸莎草和蜜蜂聚到了一起。"[7]

埃及象形文字上的蜜蜂其实并不怎么像——这还是客气的说法哩。它们永远是侧像，头、触须、胸节和腹节都被画了出来，只是看着不似蜜蜂，反倒像是鸟或者蝗虫。腿的条数也总是不对。[8] 兼有法老之意的蜜蜂先是被画上三条腿，后来又被画成四条腿，但从

图3-1 既指代"蜜蜂"又指代"君王"的古埃及象形文字

---

① 指古埃及前王朝时期中第一王朝的首位法老那尔迈（Narmer）。——译注

未有过六条腿。又过了数千年，在中国的商朝，名叫祖乙[①]的国君将蜂群的形象放在王旗上"以为祥瑞"。[9]这些形象都是普通的蜜蜂。古代的君主在挑选代表时，应当会看到蜂群中有一只体形更大，形象也与众不同。不过即便看到了，大概也没很留意。

蜜蜂政治是从人们在蜂窝中发现了起统领作用的成员起，才开始变得重要起来的。正如记叙公元前1世纪农业生产状况的古罗马作家瓦罗[②]所说的："蜜蜂像我们一样，有国家，国家里有国王、政府和有组织的社会。这些都与我们一样。"[10]柏拉图也曾提到，蜜蜂中的王正有如人所形成的团体中的领袖。[11]不过，将蜜蜂领袖化为中世纪君王的代表，可是经过了一番功夫改造的。封建制度的维护者们将蜂群作为很实用的范例，用以说明接受君王的统治，并非就一定意味着失去自由。12世纪的一位佚名寓言作者便这样写道——

> 蜜蜂推举出自己的君主，成立起一个兴旺的国度。它们虽然要接受君主的管辖，但仍然有自由之身。这是因为，君主不单单享有判断和命令的特权，也还形成了万众一心的追随感。这种追随感既出自蜜蜂们对自己所选出的首领的爱意，也出自对君主身为如此宏大群体之头领的敬意。[12]

这位寓言作者又说，爱意与敬意使工蜂没有受压迫的感觉，这

---

[①] 祖乙，又记为且乙（"且"是"祖"的本字，实为同一字），是商朝第十三任君主。——译注
[②] Varro（公元前116—前27），全名Marcus Terentius Varro，古罗马学者和作家。他先后写了74部著作，但唯一流传到现在的完整作品是，对研究古罗马农业很有价值的《论农业》，书中的引文转引自商务印书馆的《论农业》中译本，王家绶译，2009年。——译注

便给了它们以自由。只不过有自由并不等于实现了民主。在中世纪的欧洲，民主其实带有一种"撞大运"的含义。因此该作者又说道："（蜜蜂）王不是靠抓阄当上的。抓阄不含正确的判断，而是要碰运气。本来并不出众，却莫名其妙地沾上好运的情况往往会出现。"这样一说，便形成了一个热门议题，被热衷蜂群中存在君主体制的人一再祭起。他们说，单看外表，蜜蜂领袖便是胜出的。这便说明由它来统领是天然合理的。公元4世纪的罗马天主教领袖人物圣巴西略（Saint Basil the Great）也认为，蜜蜂王"以其个头、形体和性格都出众的特点得到必然的尊敬"。[13] 前文提到的那位康布雷圣母修道院的托马斯，也在他那本大谈特谈蜂群为政之道的《谈蜂论道》中告诉人们，蜜蜂王"身上的颜色与蜂蜜一样，像是选定的花朵"。查尔斯·巴特勒在1609年写下的话更是诗意十足："蜜蜂女王美丽而庄严，身形与颜色均不同凡俗：其背部为明亮之褐色，腹部则通体呈比最富丽堂皇之金色更深些之暗黄。"[14]

在前述那本12世纪的动物寓言书中提到的蜜蜂君主的另一个表现，也常常被后世用来作为警醒与训诫。这就是赞扬蜜蜂领袖明显的宽容大度。是否宽容，或说是否有雅量，是衡量君主是否暴虐的标准。蜜蜂领袖被视为仁慈之君，是因为它虽有螫针却从来不用（不过后来知道，它也不是从来不用的，只不过仅用来对付其他蜂王的）。对此，这位寓言作者是这样说的："君主不同于臣民之处，在于前者有仁厚的性情。它虽然生着针刺，却不作惩罚之用。造物中存有法理，虽非彰之于文，却乃不言自明，即为最有权力者，须同时最具仁慈心。"[15] 只有暴君和劫掠者，才会滥施暴力：君主的权力很有保障，因此无须以动辄表露的方式以资证明。1230年，那位写动物的作家巴塞洛缪斯·安格利科斯修士也发表过类似的看法，说蜜蜂中的王"温和仁厚"，虽然有刺，却不用于

图 3-2 宣扬君主怀有宽容之心的图画。摘自 16 世纪的寓言图册《基本法理》
图画上方的文字自上至下分别为
安德列埃·阿尔恰蒂[①]
《基本法理》
寓言图册

---

① Andreae Alciati（1492—1550），文艺复兴时期的意大利作家。《基本法理》是他以图画加上浅显文字写成的一本寓言集，因其通俗性在民众中产生了很大的影响。——译注

毁伤。人间的"至尊者"也会这样。[16] 据信迦太基将领克桑提普斯（Xanthippus）也曾在公元前 255 年表示，他本人宁可当蜂群中的一名士卒，也不愿统领一群蚂蚁，因为蜂群的首领并不使用自己的螫针。[17]

还有一些为蜜蜂领袖唱赞歌的人，认为蜜蜂王根本就没有什么螫针。主张宽容精神最力的斯多葛学派哲学家小塞内加就是其中的一位。他是罗马皇帝尼禄[①]的老师，而这个弟子却是所有古罗马皇帝中最凶残的一个，尽管年轻时曾被许多人寄予厚望。公元 54 年，尼禄以 17 岁的束发之龄当上皇帝，小塞内加写了一部名为《论怜悯》的书，深切地企盼尼禄接受自己的主张，相信宽厚要比心存报复有力得多。只是尼禄并不理会，将周围的人连鸩带罚地扫荡殆尽。原因很简单：尼禄刚刚当政时，小塞内加想必便从蜜蜂王身上找到了进言的说辞。一开始时，他通过蜜蜂鼓励尼禄去满足自己无比的虚荣心："帝王之位为造物主所创，蜜蜂处便有明证。"尼禄在皇宫里大事奢华，可蜜蜂王不也"处最安全之中心，居最宽敞之蜡室"吗？在如此这般的奉承一通之后，小塞内加便开始唱劝善金科了。蜜蜂王"不生螫针"，是因为造物主不让它"动蛮"，因此"拿走其武器，令发怒时不致用武。诚为伟大君主之楷模！"[18] 可到头来，尼禄却命令自己的老师自裁。老师也以纯正的斯多葛精神切开自己的血管身死。真是便宜了这个恶毒弟子！

1516 年，文艺复兴时期的人文主义者伊拉斯谟接纳了小塞内加的说法，并在自己所写的《培养信奉基督的王者》一书中做了阐述。这是一本讲评君主应如何行事的著述。这一次，蜜蜂当上了查

---

[①] Nero Claudius Drusus Germanicus（37—68），古罗马帝国皇帝，54—68 年在位。以残暴著称，世人称之为"嗜血者尼禄"，因其凶残激起兵变，他在出逃过程中被迫自杀。——译注

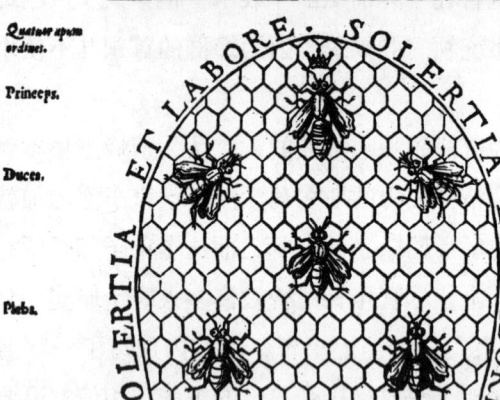

图 3-3 存在于蜂巢内的政治体制,摘自查尔斯·巴特勒的《女性王国》,1609

图中文字:蜂巢的轮廓外聪明勤劳(上,重复两次)

从不懈怠(下)

图下文字

于小房舍里创奇

聪明勤劳,事事亲为

C. B.(作者姓氏缩写)

左侧文字从上至下为:

四个等级

王者

官吏

平民

懒虫

理五世（Charles V）①的榜样。查理五世也同尼禄一样是皇帝，也统治着同尼禄治下的古罗马帝国一样广大的疆域。伊拉斯谟在他的书中说，对君主而言，最重要的一点是要得到合法的统治地位，而不是靠暴力豪夺。对此，造物主再一次通过动物做出了昭示。在自然界，狮子、熊、狼和鹰都是暴君，"过的是硬抢和残杀的日子"，它们的行为遭到了所有其他动物的憎恨。[19] 伊拉斯谟认为，蜜蜂王可要远为优秀。它虽然没有螫针，却能安居于内，很少有遭受攻击的可能。比伊拉斯谟晚150年的摩西·拉斯登也出色地表述了同一认识："狮子与老鹰都没有臣从。它们所得到的只有反叛者，因为它们只吞食而不施保护。蜜蜂王有绝对的君主地位，同时又得到臣民极尽全力的敬爱与忠诚，因为它对所有的子民都施予关心、呵护，并不会残害任何一个。"[20]

只不过对于统治者来说，不管其性别为何，只得到敬爱和忠诚往往并不够。要行统治，需要的还有服从，而且是无论自己如何行事也会得到的服从，包括来自并不对其怀有敬爱和忠诚之心的群体的服从。随着欧洲的大部分国家从中世纪时期对君主的权力有所制约的君主制，转变到了绝对君主制即君主专制，蜜蜂群体中的统治方式也被赋予了新的含义。此时的蜜蜂"国"虽然还是君主制构体，但重点内容却发生了转换，不再强调君王的仁爱，而是他——或者她——在臣民中激起的绝对忠诚感。在查尔斯·巴特勒问世于1609年的《女性王国》一书中，蜂群的政府已经不再只是"最自

---

① 历史上前后共有四个被称为查理五世的君主，这里指人称奥地利的查理（1500—1558）。他是哈布斯堡家族的后人，曾先后是西班牙国王、西西里国王、那不勒斯国王和神圣罗马帝国皇帝，故在所统治的国家有因国而异的不同称法。伊拉斯谟的这本书是用拉丁文写的，故沿用了神圣罗马帝国的称法查理五世。因为他对使西班牙成为欧洲霸主居功甚伟，在历史书上也往往采用西班牙人对他的称法卡洛斯一世（Carlos I）。——译注

第三章　蜜蜂与政治

然者"或"最绝对者"。[21]

查尔斯·巴特勒这位中世纪终结后以蜜蜂为写作专题的第一个重要作家,是在英格兰和爱尔兰女王伊丽莎白一世去世六年后写成《女性王国》一书的。在这位女王执政四十五年的出色治理下,英国变得比以往更强大,中央集权也更甚。她去世后,继承王位的是詹姆斯一世。这个绰号为"基督徒中最聪明的傻瓜"[①]的君主,在当政后坚持君权神授之说,其中自然不无抵消对他治理无能和身体有缺陷所发贬抑的用意。伟岸的身躯、英俊的外貌、有魅力的人格,詹姆斯都不具备,这使他不得不乞灵于上帝的垂顾。就在巴特勒的《女性王国》问世的同一年,詹姆斯一世在议会发表的一篇演说中,将君主制称为"世间至高无上的,因为国王不但是上帝在人间的代理人,端坐上帝的宝座,而且连上帝本人也称国王为上帝"。[②、22]

查尔斯·巴特勒以牧师为职,还是位音乐家。在伊丽莎白一世长期当政的时间里,一直对这位女王尊崇有加。詹姆斯一世登基后,巴特勒虽然怀念以往"童贞女王"的时代,但已经置身于现今的"詹姆斯时代"了,是仍旧以蜜蜂中的"雌性君王"为题,赞美以个人品性赢得爱戴呢,还是看不出任何理由却不得不表示的爱意?从巴特勒对蜜蜂领袖的不同称法——"女王""御者""王

---

① James I(1566—1625),这一绰号的由来,一方面是因继承了强势人物伊丽莎白一世的王位后不得不面对前朝强权造成的被压制的反对力量的爆发,以及英国在他治理期间国力的发展相对放慢,使他相比之下显得领导不力的局面;另一方面是他勤奋好读书,自己还有著述,又下令翻译和出版了质量极佳的英语版《圣经》(史称詹姆斯王译本),因此又被认为聪明。不少史书认为他有同性恋倾向,这在当时被认为是身体上的一种畸形。附带提一下,他也因是苏格兰的统治者,在苏格兰的王位称号是詹姆斯六世,故通常全称为英格兰及爱尔兰国王詹姆斯一世和苏格兰国王詹姆斯六世。——译注

② 梅里曼:《欧洲现代史:从文艺复兴到现在》,焦阳等译,上海人民出版社,2015年。——译注

侯""辖首",便不难看出他的游移态度。[23] 不过到头来,他还是决定保险为上,站到了得到神授之权的詹姆斯一方。他开始赞美蜜蜂"万事皆服从于一位君主的意旨"。他特别强调蜂群只服从一个"王侯"而非两个,还对蜂群会杀除任何觊觎王位者的行为大加颂扬:"蜜蜂极端厌恶多头当政,视之为无政府主义。上帝通过蜜蜂向人类喻示出完美君主制的存在之情形。"巴特勒认为,蜜蜂们的最重要品性是服从。而它们的服从,应当纳入"人类之行为方式"。[24]

绝对君主制固然使君王不受任何制约,然而,作为最高统治者却也不可能事必躬亲。他或她仍需要自上而下的官吏体系按照自己的意旨具体操作。这便带来了问题,人类社会中的官吏体系是明显存在的,但蜂巢中却似乎找不到。尽管如此,蜜蜂社会中君主制的绝对色彩被定得越浓,蜂巢中执行这一行政职能的辅助体系便也被无视事实地设想得越发具体。大普林尼曾认为蜜蜂领袖是有卫士队伍的,还有一批执法使臣。17世纪的一些为君权神授说张目的人,更进而将这一体系夸大到荒诞的地步。巴特勒便觉得自己在他的柳条编就的蜂巢内,看到了身上标明了品秩等级的蜜蜂——有的有"顶毳",有的长"穗毛",有的生"片络"。[25] 也许有的读者会认定巴特勒患有眼疾,致使他"看到了"这些奇特的标志,但他并不是此种"发现"的唯一的人。约翰·莱维特也在1634年宣称,"蜜蜂国王"不仅有"一整队士兵"护驾,还有指挥这些士兵的司令、元帅、将军、校官、尉官和军曹。[26] 这些说道虽显系无稽之谈,却自然不会阻碍国君的政治意图——特别是在实行绝对君主制的年代。

就英国的情况而言,进入17世纪后,要求民众像蜜蜂那样服从统治者的需要更是强烈与紧迫。内战结束后,君主制被废除,代之以由英格兰、苏格兰和爱尔兰联合形成的联邦。奥立佛·克伦

图 3-4 约翰·达耶[①]写于 1641 年的《蜜蜂议会》。这是一篇政治寓言,提到了"好人和坏人"的不同行为。图中头戴冠冕的蜜蜂是担任蜜蜂议会议长的"蜜蜂先生"

开议会,议会开,议案抱怨纷纷来;说改革,谈制裁,为让蜂民畏复拜

---

[①] John Daye(1574—1638),英国剧作家,他以诗作《蜜蜂议会》为后人所知。此诗写于 17 世纪初,但发表较晚(1641)。——译注

威尔[①]当上了护国公。国内的一个叫塞缪尔·哈特立伯（Samuel Hartlib）的人在1655年以养蜂为题出版了一本书：《蜂群的改革联邦》。只看书名便会给人以一种印象，即蜂群居然也实行了正在当政的清教徒势力的治理策略哩。此公是否掌握专业的蜜蜂学识不得而知，但此书得到了政府资助却是无疑的。[27]到了1657年，英国又出现了一本《谈谈一种形成社会的小飞虫》，作者是对蜜蜂有专业知识的塞缪尔·珀切斯。在这本书里，作者也强调说，蜂巢是个联合体，接受一个"头领"的指挥。而这个头领也像护国公克伦威尔一样，统治权既非靠祖荫承袭，也非经由民主过程推选。然而对此头领，所有的蜜蜂都会"愿做任何事，去留悉听命"。珀切斯在行文上也很注意，避免使用与王权有关的词语，但仍然做到了对蜜蜂的服从精神，给出了不亚于保王党的慨叹。与保王党不同的是，珀切斯笔下的蜜蜂，是服从于蜂群的整体利益的，而整体利益的所在是头领指明的。由是蜂群显示出群体具有一种"不可战胜"的伟力："蜜蜂是一种政治性动物，具有集中所有的行动于一个共同目的的禀赋。它们生活在一起，工作在一起，共同照拂和关爱所有的年轻个体。这些都是在一个头领的指挥下实现的。"珀切斯还指出，蜜蜂是"最完美的生物"，会为"维护本群体努力到最后一刻"。它们的政体是"值得尊敬的与可以仿效的"。它们的"民众"是勇猛的战士，有着其他所有生物不及的勇气，而与此同时又在出现内部争议时很有耐心，表现得与内战时期的英国人大相径庭。这便使珀

---

① Oliver Cromwell（1599—1658），英国军事家与宗教领袖，一生信奉新教，在1642—1648年的两次内战中，战胜保王党军队，夺得政权，处死国王查理一世，宣布成立共和国，但随后便自任"护国公"，实行军事独裁统治，并传位给儿子，实际上恢复了君主世袭制。其儿子继承"护国公"后不久便被推翻，查理一世的儿子正式恢复君主制，是为查理二世。奥立佛·克伦威尔遭到了掘坟暴尸、悬头示众的下场。——译注

第三章 蜜蜂与政治

切斯认定，人们应当"在民生方面向蜜蜂借鉴"。[28]

不幸的是，这个共和性质的联邦并未能存在多久。当它存在三年后完结时，蜜蜂中的联邦便也无人提及了。随着查理二世恢复了君主政体，蜂巢中的绝对君主形象再度出现，而且比原来鼓噪得更甚。在此期间，为君主制的蜜蜂政体唱出的最响亮颂歌，大概应为1679年摩西·拉斯登发表的《有关蜜蜂的新发现》。在这一年，刚恢复不久的君主制经受了所谓"拒绝危机"的考验。这一危机是因查理二世的弟弟、有继承王位资格的詹姆斯（James）信奉天主教，导致他能否有资格继承信奉新教的兄长的王位引起的。此时查理二世身患重病，王权岌岌可危。拉斯登的这一著述——虽说书名中并不含政治气味，就是在英国面临内讧、叛乱在即的形势下问世的。拉斯登是个药剂师，又被查理二世封为前无古人的御用养蜂官职务。他有意以这本打着蜜蜂旗号的书，令英国君主制重现光彩。他以皇家养蜂场为背景，将蜂巢写成了政治上恰然自得、没有骚乱、没有抗拒的乐园，根本不会出现什么"拒绝危机"。

拉斯登在这本书的序言中，表示本人坚信"自己的职责是不用比喻、不靠推断，就是直截了当地揭示自然、揭示真理"。可实际上，在他的这篇可称为"蜜蜂王国颂"的著述里，虚幻的成分要多过以往中世纪的所有寓言。按照他的说法，蜜蜂王的统治权力，毋庸置疑地得自神授。蜜蜂王为"蜂中的皇族，天生是君主"。一只蜜蜂王便有相当于"所有其他蜂彖放在一起的分量"。这还不说，王的重要性也得到了蜂群的一致接受，俯首听命、甘愿随时保卫王上的服从程度令人吃惊。一旦失去自己的王，"蜂群便会崩溃，个体便会死亡"。蜜蜂们对王上的御体"格外爱慕"，这使它们说什么也不会"反叛暴乱"。蜜蜂王的权威是绝对的。它在一群得到特别指派的朝臣支持下，居于蜂巢中的最高位置，"若有变故出现，便可即刻应对"。它的权威赋予它不受限制的硬性处理的权力。"它的政权是严厉的、公正的和绝对的……对待皇族成员一如奥斯曼帝国①的苏丹王,一旦分群季节已过,所有的王子便会在蜜蜂王的命令下……或被流放、或被处决。"[29](奥斯曼帝国的新苏丹王干掉亲兄弟和堂兄弟以绝后患的手段,说不定真可能就是从蜂巢中的雄蜂在夏季结束后的境遇中解悟出来的呢。)总之,拉斯登写此书的要旨,是打算给病痛缠身、生活放荡、优柔寡断的可怜国王查理二世创造些许优势,证明他还能控制个人的命运。其实在拉斯登的内心里,是否另有见地也未可知。

这本《有关蜜蜂的新发现》的书是一大批借谈蜜蜂为名,行谄媚君主之实的无德行著述中十分昭著的例子之一。更有一个名叫约瑟夫·沃德(Joseph Warder)的英国人,在1712年写了一本《真实的阿玛宗部族——蜜蜂王国》,并题献给当时的君主安妮女王②。他的用词更是肉麻:"谨以诚惶诚恐之心,将此微不足道本册,恭敬献于女王陛下之圣手。本书内容涵盖亲王、贵族、王国、领土、特权、财富、治理、忠诚、战争、和平等一应领域。"[30]

沃德的这本书,对牧业、科学、烹调、农作、文学等都聊了一气,可说是弄出了一盘为君主制摇旗呐喊的大杂烩。在安妮女王当政的十几年里,英国处在与西班牙不断争战的状态。这便使沃德在谈蜜酒的章节里,写进了一段直抒"爱国"胸臆的"英国的加那

---

① 奥斯曼帝国(1299—1922),其早期的皇位继承制度不是由长子继承,每当一位苏丹(皇帝)驾崩后,他的儿子们便不得不为得到皇位兄弟相残,最终胜利者方能继任苏丹。这便造成苏丹驾崩和其继任者继位往往不在同一天。进入17世纪后——拉斯登便生活在这个世纪,该帝国的皇位才改为由长男继承。——译注
② Queen Anne(1665—1714),詹姆斯二世的女儿,继姐夫威廉三世(William Ⅲ of England,1650—1702)之后成为统治英格兰和爱尔兰的君主,1707年成功将英格兰与苏格兰合为大不列颠,故成为大不列颠王国与爱尔兰王国的女王。——译注

利酒①绝不逊于最佳妙的西班牙产品"的文字。沃德还坚持说,他在蜂巢内看到了"诸多与陛下治下的幸福国家与有效政府相像的成分,使我在撰写此书时,念念不忘要将它敬呈御览"。将蜂巢设想为一个团体倒还合理,但要将它与人间的国家相比,未免有些不伦不类。难道一个人——而且还是位君王——会有比一节手指肚还小的虫豸可相比较的地方吗？可是这位沃德真的就做到了,而且还在安妮女王和蜂王之间找到了颇多的可比之处。他甚至还觉得蜂王身上似乎披着"镶着皮毛边的紫色朝服",而这正是当时英国宫廷流行的款式。对蜂王所居处所的宽敞,沃德也歌颂了一通。接下来便进入了最肉麻的部分——

>蜂王以宽仁御下,陛下也做到了。蜂王有众蜂出自良知的服从和护卫,陛下也得到了。在此我仅希望,陛下的每一个臣民,都能怀有蜜蜂对蜂王的同样矢志不渝的忠诚。信也罢,不信也罢,这种忠诚是造物主作为一道法则铁定下来的。这道法则便是臣从的律例。窃以为陛下或有不完全满意之处,因为虽然英国的万千臣民都敬陛下有如神明……然而却也不难找到……不安分的宵小之徒。

换言之,沃德的这段话是说,将蜜蜂政治套用到人间时,有一点并不完全一致,而这表现在臣民方面。也就是说,百姓们还不如工蜂来得称意。沃德大概是将蜂群所需防范的老鼠、天蛾、蠼螋和马蜂等,比作了对安妮女王治下的英国形成威胁的欧洲大陆国

---

① 加那利酒,若干种加强型干白葡萄酒的统称,因原产西班牙的加那利群岛（Canary Islands）而得名。此类酒因此群岛独特的气候与土壤条件享有盛名。在这里沃德是为英国仿酿的同类产品打气,也因此间接地人为提升了英国的形象。——译注

家。为此他希望,"陛下的臣民会像蜂群对它们的女王一样怀忠尽职,"也就是说,英国的臣民该好好学一学蜜蜂们的"毫无二致的忠诚",为着安妮女王的利益,其他一切"内耗"都应该抛弃,而且要永远抛弃。[31]

沃德的观点倒是与三十多年前的拉斯登相当接近,不过也有一点特别值得注意,那就是沃德在对安妮女王大事奉承之能事时,特别明确指出蜜蜂王的雌性性别,为此还特别指斥拉斯登对蜜蜂性别的理论为"错得荒唐可笑"。[32] 不过虽说在这一点上,沃德的说法从科学角度看是正确的,但这并非他本人的意图。他所注重的只是政治层面。

当英国的君主又成为男性,而科学也越来越确凿地证实蜂窝中统治者绝对不是雄性之后,对蜜蜂的尊崇便不复从前了。写蜜蜂的书籍也越来越多地针对起君主的妻子来。只不过这似乎难尽如人意,因为王后毕竟不能等同于女王。虽然如此,在1768年,一个叫托马斯·怀尔德曼(Thomas Wildman)的英国人,向英王乔治三世(George Ⅲ,George William Frederick)的妻子夏洛特王后(Queen Charlotte of Mecklenburg-Strelitz)题献了自己的一篇论述管理蜂群的文章。1832年,托马斯·纳特也将自己所写的一本名为《对蜜蜂施仁》的书题献给威廉四世(William Ⅳ,William Henry)的妻子、"最谦和庄重的阿德莱德王后(Queen Adelaide,Adelaide of Saxe-Meiningen)"。只是与珀切斯、拉斯登和沃德的带有强烈政治用意的著述相比,这些东西便未免清汤寡水了些。1837年,维多利亚女王[①]登基,女人再次掌握了最高权力,利用蜜蜂大做文章

---

[①] Queen Victoria, Alexandrina(1819—1901),共在位64年。她是位极有作为的君主,使英国成为工业、文化、政治、科学与军事都相当先进的国家,并获得多个殖民地,成为"日不落帝国",史称"维多利亚时代"。——译注

又有了用武之地。一个叫爱德华·贝文（Edward Bevan）的英格兰人便赶快将自己原来写的一本《蜜蜂的存在、生理与管养》的书改写了一番，于1838年付印，并在新版的书中表示"每个蜂群的女王都早早地显露出高贵的气质"。将维多利亚女王比作蜂王，贝文并不是第一个。不过此时用蜜蜂君主来类比人间君王，已经变得不那么重要了。蜜蜂政治的重点已经有所转移，而且并非转向某个单一的方向。将维多利亚女王比作蜂王固然还不失为有效的奉承手法，也仍旧起着装点女性王权的作用，不过对于蜂王提供了女性掌权的天然榜样的说法，此时已经鲜有相信者了。

## 共和政体和商业社会

18世纪是启蒙运动的年代，而革命时代[①]也始自这个世纪。在此期间，蜂王至高无上的权威和蜂民俯首帖耳的德行，都受到挑战。蜜蜂社会的绝对君主制开始显得不合时宜了。1740年，法国人让-巴蒂斯特·西蒙写出了《可赞的政府——蜜蜂的共和国》。[33]他在书中赞美了蜜蜂们作为群体所表现出的喜俭朴、守规矩的美德，认为这符合共和精神，还表示唯愿法国的母亲们都能像蜜蜂一样温柔。1744年，一位在法国人气最旺的蜜蜂作家吉勒·奥古斯丁·巴赞（Gilles Augustin Bazin）使蜂巢散发出更强的共和精神。他坚定地认为，以往认为蜂群唯蜂王之命是从的观念是说不通的。巴赞并非同霍布斯那样，认为蜂巢内蜜蜂们的生存体制并不带有政治性。他认为政治体制是存在于蜂巢内的，但应当对其做重新考量。即便

---

① 革命时代，指从18世纪后期起至19世纪初的一段时间。美国革命（独立战争为其高潮和最后阶段）、法国大革命和欧洲及美洲的其他许多规模相对较小的政治革命都发生在这一时期。第一次工业革命也大致始于这一时期。——译注

蜂巢内存在着君主制——只是即便，或许未必，那也只会是一种君主立宪制，不是什么绝对君主制。巴赞虽然是在讲蜜蜂，但书中弥漫着一股反对绝对统治的气息，呼应着法国社会上已经形成、并在半世纪后发展成为狂飙、将君主制刮倒的共和之风。书中写有这样的话："如果（蜂王）能够得以统治，也是因为被管辖的蜜蜂时时刻刻都能记得，它们的行为是为使社会得益所要求的，而它们也因此从不违背这样的要求。"这便给蜂群万众一心的行为赋予了新的寓意。它们不再是做作的服从，而是共和道德的体现。"它们从来不是按命令行事的。在它们的国度里，无论是君主还是百姓，走的都是生来就为它们设计好的道路，一生都不会偏离。"[34]

在这个世纪里，崇尚共和的法国人在立蜂巢为榜样的举动上越来越有胆量。当时的许多有启蒙精神的人都热烈地师法自然。自然法则是人间一切法理的基础，法国大革命初期由国民制宪议会在1789年制定的《人权和公民权宣言》[①]自然也不例外。对于自然界竟然存在着由蜂王主持整个政体的司法事宜的情况，法国的共和派感到很不自在。推翻帝制后，新成立不久的巴黎高等师范学校（这所学校不久后便荣升为全法国高等教育的尖子学府）便选派了一群学者专门讨论这一问题，以期得出定论。当时，大革命的拥护者们批判了狮子为"万兽之王"的说法——因为"大自然里不存在什么王"。又有一个姓拉伯吕克（Laperruque）的学生神情激昂地提出对蜂群的异议。他表示说："我在自然界看到了比王更糟糕的存在，

---

[①] 《人权和公民权宣言》，法国大革命时期颁布的纲领性文件。主要内容为宣布自由、财产、安全和反抗压迫是天赋不可剥夺的人权；肯定了言论、信仰、著作和出版自由，阐明了司法、行政、立法三权分立，法律面前人人平等，私有财产神圣不可侵犯等原则。它的出现体现了师法自然的理念，即认为支配人类行为的道德规范，起源于人类的自然本性或和谐的宇宙真理；而法律准则的权威则至少部分地来源于此。——译注

那就是女王。共和政体里存在女王，岂不越发不堪！"不过，这个问题还没有发展到不可救药的地步。时任巴黎高等师范学校的校长路易-让-马利·多邦东①给出了一个解释：蜂巢里的雌性统治者不是女王。蜂巢内根本没有任何统治者，真正掌握权力的是工蜂。这样的结论才是必然的，因为"大自然显然不允许王者的存在，无论是什么性别"。35 当然，这位校长所说的"大自然"，其实就是指法国。

蜂巢中不存在王者这一点一旦得到肯定，它便有了为共和派提供支持的更多依据。1793年在法国大革命的恐怖统治时期，国王路易十六和他的许多"雄蜂"相继被送上断头台，不久前成立的法兰西第一共和国选定蜂巢为其代表形象，以表示整个国家便如同它一样。巢室那规则的六边形剖面，形状上倒是有些接近法国的地理轮廓，同时也更反映着执政的雅各宾党的政治理念：整齐划一、不讲情面、铁的逻辑、宁折不弯。到了18世纪90年代后期，得到特别待遇的平等学堂（大革命前的名称是路易大帝书院）②在校门口放了一只乡下常见的草编蜂巢，旁边还立了一块石碑，碑上镌刻着《人权和公民权宣言》。在当年的革命党人心目中，蜂巢本身便兼有自由（蜜蜂从不低眉顺眼）、平等（所有的工蜂间没有贵贱之分）

---

① Louis-Jean-Marie Daubenton（1716—1800），法国博物学家，最早的《百科全书》的编撰者之一。——译注
② 平等学堂的校址在巴黎，建于16世纪，原为一所相当于中学的教会学校，因成绩突出，得到路易十四的赞助并更名为路易大帝书院。法国大革命期间，又因其一向有面向平民、资助平民子弟的传统，而一度成为唯一未被关闭的学校，但更名为平等学堂。大革命后，该校又恢复原名并运作至今。近年来，它一直是法国最有名的高中，校友中名人辈出。——译注

和博爱（蜜蜂们一起工作）。在共和历四年雾月3日①那一天，大革命期间负责教育的公共指导委员会甚至向最高权力机构国民大会致文，建议将群蜂环绕的蜂巢图案放在国玺和重要的建筑上。这个建议遭到了否决，还引来了不少嘲弄。国民大会的一名代表的反对理由是，因为蜂群中有一只蜂王，故而"不能成为共和国的象征"。[36]

蜂王并不是给有高尚共和精神的蜂巢抹了黑的唯一成员。一个叫贝尔纳德·曼德维尔（Bernard de Mandeville）的人也给蜂巢添上了这样一笔。他写了一本畅销书《蜜蜂的寓言：私人的恶德，公众的利益》②（1714年初版，以后多次再版）。此书在18世纪产生了不小影响，并一直高居有关蜜蜂与政治的最佳图书的榜首，得到了"最尖刻、最睿智的英语著述"的评语。[37]曼德维尔是位内科医生和讽刺作家，从荷兰移居英国伦敦后写了这本书，以机智俏皮的语言，让共和主义者们好一番左右为难：如果蜜蜂们的成功与道德品性无关该怎么说？如果它们所居住的"奢华"蜂房是通过每只蜜蜂的恶劣和腐败的行为所形成的该怎么说？如果正如书中最有名的一句话所说的那样，"私人的恶德"会带来"公众的利益"，那又该怎么说？

曼德维尔的言辞给读者带来的震动，不亚于多年前的尼科

---

① 共和历和雾月，法国大革命期间为表示与旧历法所代表的同天主教的联系彻底决裂而制定的新模式，以法兰西第一共和国建立之日（1792年9月22日）为共和历的元年元月一日，每年仍有12个月，名字依次为葡月、雾月、霜月、雪月、雨月、风月、芽月、花月、牧月、获月、热月、果月。因此，此处所说的时间应为1795年10月24日。拿破仑当政后便废止了共和历，从1806年起仍使用旧历法（巴黎公社期间又短暂使用了一段时间）。——译注

② 此书有中译本，肖聿译，中国社会科学出版社，2002年。本书中此著述的引文均转引于此译本。——译注

第三章 蜜蜂与政治

图 3-5　一只体现着法国人共和精神的蜂巢
纪念碑上的法文为:"人权与公民权"

洛·迪贝尔纳多·代·马基雅弗利①。震动之处在于书中鼓吹的彻头彻尾、毫不掩饰的功利观。曼德维尔并不否认有高尚品德的人会受到爱戴，但他绝不认为国家会在一批有德之士的治理下走向昌盛。他的观点恰恰相反，国家的强大是建立在"欺诈、奢侈和傲慢"之上的。曼德维尔笔下的工蜂并非一群共和主义的信徒，而是贪心的消费者，"其共有的罪恶使其壮大昌盛"。³⁸

在"抱怨的蜂巢"②一节里——这是曼德维尔更早些时写成了一首长诗，后来收入《蜜蜂的寓言：私人的恶德，公众的利益》一书，他写下了这样的话——

> 宽敞的蜂巢有众多蜜蜂聚居，
> 他们的生活实在是奢华安逸；

曼德维尔先是巧妙地将读者已经认可的若干典型状态放进蜜蜂的国度——

> 他们既不是残暴君主的奴隶，

---

① Niccolò di Bernardo dei Machiavelli（1469—1527），意大利哲学家、历史学家、政治家和外交官，意大利文艺复兴时期的重要人物之一。他的代表作《君主论》（有多个中译本）提出了现实主义的政治理论，其基本观念是主张实现统一的中央集权的民族国家，而权术是最重要的实现手段。书中最有代表性的论点有"人类，一般地可以这样说：他们是忘恩负义的、容易变心的，是伪装者、冒牌货，是逃避危难、追逐利益的"，而其领导人"被人畏惧比受人爱戴安全得多"等。他的这种主张以权术治理的思想被后世称为"马基雅弗利主义"，并较多地用于贬义。——译注
② "抱怨的蜂巢"，《蜜蜂的寓言》的第一部分，原是一首独立发表的长诗，写于1705年，题目为《抱怨的蜂巢，或骗子变作老实人》。后来他又加写了更多的解释和评论性的内容，合并成《蜜蜂的寓言》一书发表。全书的正文共分四个部分，原诗为第一部分，后面还有评论、社会本质的探究和对话，后三部分的篇幅都长于第一部分。——译注

第三章 蜜蜂与政治 153

  亦未蒙受狂热民主制的治理；

蜂巢中的这一理想状况——舒适、华丽、繁荣、昌盛——事实上也的确存在。然而接下来，作者的笔锋一转，内容便背离了传统，令其同代人大为愕然。曼德维尔向读者揭示出，这个令人称道的蜂巢，其存在的基础并非道德而是劣根，并非"节俭"而是"虚荣"。存在于蜂群中的社会性——道学先生们赞扬不止的社会性，原来竟建立在"邪恶"之上！在曼德维尔的蜂巢中，没有一只工蜂是诚实的，这支劳动大军中的成员，无不是"骗子、寄生虫、皮条客和优伶，是小偷、造假币的、庸医和算命先生"。所有的蜜蜂都是欺诈鬼，即便贵为法官和朝臣，如果能有胜算，也会将王冠戴到自己头上。更使人们震惊的是曼德维尔笔下的蜂巢，虽说"每个部分"都"充满邪恶"，却并没有遭到他的谴责，因为由这一窝不良分子组成的群体，却构成了"一处天堂"。被普遍视为"七宗罪"[①]的恶行，都各自以某种方式对整体的生活做出了贡献，而这种整体的生活方式就是贪欲体现为奢侈——

  亦在支配着上百万穷苦之士，
  可恶的骄傲则主宰着更多人；

一旦蜂巢中的成员突然决定——出于愚蠢所致——要开始诚实的生活，那里的幸福便会因商业受到打击而开始消失——

---

[①] "七宗罪"，基督教对人类恶行归纳出的七大类别，分别是傲慢、妒忌、暴怒、懒惰、贪婪、贪食及色欲。——译注

半点钟之后,在整个蜂国里

一磅的价值跌至仅值一文钱。

没有了贪欲,没有了对奢侈品的追求,蜂巢也就存在不下去了。最后的结局,是巢内仅存的不多的蜜蜂,在新思潮的影响下,离开已经不复存在的舒适环境,分群到一株中空的树干内。文明就此寿终正寝。[39]

若与以往的种种带有其他政治性的蜂巢相比,曼德维尔所说的倒更显得真实。他指出人们的浮华心理和对时尚"格外荒唐万分"的追求,对商业起着促进作用。这一点是对的,只是有些过分——亚当·斯密[①]就认为,曼德维尔将喜欢漂亮的穿着视为"恶德"未免过分。不过,曼德维尔的蜂巢更值得重视之处是,它虽显夸张,却并不是真的讲什么蜜蜂,而是实实在在地论及人类自身和存在于人间社会的种种矛盾。他并没有借重蜂群中的实事,讲的直接就是人与人之间的真实关系。这本书其实就是一篇寓言。(在曼德维尔将原来诗作《抱怨的蜂巢,或骗子变作老实人》扩展成的《蜜蜂的寓言:私人的恶德,公众的利益》一书中,增补的三个部分都很少能看到蜜蜂二字。)以往所说的蜜蜂的种种政治道德,人们是学不来的,也是不应当学的。君不见在"抱怨的蜂巢"里,蜜蜂已经同人是一样的——

这些昆虫生活于斯,宛如人类,

微缩地表演人类的一切行为。[40]

---

[①] Adam Smith(1723—1790),英国经济学家、名著《国富论》(有多个中译本,译名不尽相同)的作者。——译注

换言之，曼德维尔所谈的根本就不是蜜蜂。从书中可以看出，这位作者是赞成托马斯·霍布斯的国家观念的，只不过是以曲折的方式表述出来罢了。对于研究什么蜜蜂政治，他也同霍布斯一样不予赞同。

曼德维尔的确给信奉共和主义的人们，特别是给共和精神强烈的法国人和美国人出了一道难题。一位历史学家便说过，曼德维尔"给爱国的美国人带来一场心理浩劫"。1776年《美国独立宣言》发表后，有的美国人属意于以代表着共和精神的蜂巢为自己这个新国家的象征，但无疑绝对不愿意因此被看作由一帮欺诈鬼组成的国家。因此，不少美国人便根本不接受曼德维尔对蜂巢的评价。在对美国独立贡献尤为巨大的弗吉尼亚人和宾夕法尼亚人眼中，"抱怨的蜂巢"也如同贵族化的雄蜂一样，来自既有怀疑之心又腐朽败坏的英国殖民国家。在美利坚合众国这个新社会里，公众的福祉应当来自私德。这正如费城（Philadelphia）的一家报纸在1780年所说的一句与曼德维尔的评论有180°不同："全社会的福祉只能由美好的操行构建成功。"[41] 美国人心目中的蜂巢一直是共同福祉的表征。因此，他们将与之不符合的信息一律冷藏处理，对世界其他地方的看法也高驰不顾。这样做倒也不错，因为正当美国人构建起一个以共和主义的道德观念为基础的新世界时，古老的蜜蜂之国这一美好观念正在其形成之地欧洲死去，而且死得很彻底。

## 独裁政体

共和派也好，独裁者也好，都愿意实现江山一统。正因为如此，他们都喜欢上了蜂巢。所不同的是，共和派主张自下而上地实现这一目标，而独裁者自然顾名思义地要从上面开始，一竿子插到底地贯彻。蜜蜂与历史上的一些最独裁的人物有过关联，其中有教宗，也有皇帝。进入19世纪时，欧洲仍然是有教宗的，而一位新皇帝也就要出现了。

蜜蜂与教宗体制有什么关系呢？很多，简直可以说处处有关。早年的教会奉蜂蜡和蜂蜜为圣洁之物。教宗也同蜂巢中的统治者一样，表现出虽有刺而不用的仁慈形象。蜂巢中存在着不同的等级层次，教会中也有同样的情况，而且表现得明显且呈金字塔式，最高一等上都只存在一个威严无比的个体。而且这两者之间还被一个特别的情况联系到一起，就是教宗的三重冕，外形上很接近一只草编蜂巢。这固然只是事出偶然，但当时的人们未必便会这样认为。教宗的对头们注意到了这一相似，因此就有新教徒在1569年写出了一首名为《罗马的蜂巢》的讽刺诗，大骂特骂来自罗马的"巴比伦大淫妇"①，诗章的第一页上便印着一顶蜂巢形的三重冕。[42]

蜜蜂与教宗的关联在教宗乌尔班八世（Urban Ⅷ，1568—1644）任职期间（1623年起）表现得特别明显。此人的俗家姓名为马费奥·巴尔贝里尼（Maffeo Barberini），生性极其恶劣，又贪权恋栈到了无以复加的地步。就是在他任教宗的期间，伽利略（Galileo Galilei）被宗教裁判所逮捕并被迫宣布放弃地球是绕日运动的观点。而他俩当年竟还是朋友呢。

马费奥·巴尔贝里尼从小便表现出野心大、心计多的品性。他的先祖是农民，靠经商起家，财富不断增多，社会地位也一步步攀升，并在马费奥这里达到了顶点。这个家族开始有了些社会地位

---

① 巴比伦大淫妇，《新约全书·启示录》中的邪恶角色。后世中有人用这一称呼影射和直接指斥多有不端行止的天主教会高层人士。——译注

后,便给自己弄了一个族徽,上面是天蓝背景上的三只黑色的牛虻(因此得到了"叮血蝇子"的诨名)。他们越来越阔,族徽也就越来越神气,于是乎,牛虻便变成了金色的。不过,黑的也罢,金的也罢,都是吸血的货,谈不上什么高贵,"牛虻世家"总之是配不上巴尔贝里尼这个姓氏了。于是,马费奥便搞了一把偷天换日,将三只金色的牛虻变成了金色的蜜蜂。手法真是不可谓不精明,颇有点石成金之效。不过,他采用蜜蜂的用意可与道德操守无关,也同帝王之气不沾边,而是取其"成王败寇"的含义——蜂巢里只能有一只蜂王,多于一只时就会互相争斗,直到只存留下一只为止,而剩下的这一只就会受全体工蜂的优厚供养。搞出这一族徽的马费奥·巴尔贝里尼此时已经当上了红衣主教,威权与教宗也只差一步

图3-6 蜂巢形状的教宗三重冕。摘自菲利普斯·范马特里克斯[①] 的讽刺作品《天主教的大蜂窝》(1581)

---

① Filips van Matrix(1540—1598),荷兰作家与政治家。——译注

了。1623 年，教宗格列高利十五世（Pope Gregory XV）[1]逝世，使他的机会来到。经过秘密教宗选举会上的好一番争斗，马费奥·巴尔贝里尼以 55 票（估计数）中得到 50 票的结果，成为新一届教宗，是为乌尔班八世。[43]

这位新教宗大搞腐败，为他的亲戚猛开方便之门，弄得罗马到处都能看到代表他的家族的三蜂标志。为了让自己的统治形象长久流芳，他还出钱让艺术家们在这座城市里搞出了以金色蜜蜂为主题的大量华美艺术品。詹洛伦佐·贝尔尼尼[2]除了为他设计了圣彼得大教堂外部的柱廊和内部的大部分装饰外，也被委以教宗纹章的设计任务，结果弄出了三只胖胖的、呈对称分布的蜜蜂。在罗马的巴尔贝里尼广场[3]，人们今天仍能看到著名的蜜蜂喷泉和海神喷泉，海神的雕像上装饰着三只霸气的蜜蜂。位于广场一侧的巴尔贝里尼府当年是巴尔贝里尼家族的豪宅，内外也到处都是强调家族强势的蜜蜂，简直可以称为蜜蜂府呢。府内最重头的艺术品是彼得罗·达科尔托纳[4]创作的巨幅油画《神意的胜利》。它作于宏大穹顶上，占满了整个天花板。向上仰望此画，不免会产生眩晕感。画面上满满的都是绚丽的巴洛克风格的形象：华贵的紫色袍服，灿烂的华光，一个个神话故事中的角色……一位天使擎着一个放光的东西，形状有

---

[1] 教宗格列高利十五世（1554—1623，从 1621 年起任教宗职），是位博学和富有改革精神的人。——译注

[2] Gianlorenzo Bernini（1598—1680），意大利多才多艺的雕塑家和建筑师，巴洛克艺术的最杰出的代表。以雕塑《阿波罗和达芙妮》和梵蒂冈圣彼得大教堂的广场柱廊的设计最为人所熟知。——译注

[3] 巴尔贝里尼广场，罗马市中心的一个大型广场，始建于 16 世纪。1625 年以附近的巴尔贝里尼府命名。书中提到的海神喷泉就在距广场中心不远处，蜜蜂喷泉虽不在广场上，但也在距广场一角不远的地方。——译注

[4] Pietro da Cortona（1596—1669），意大利的著名巴洛克风格画家，本书中提到的《神意的胜利》是他最有代表性的作品。——译注

如一顶冠冕，其实就代表着天意，是上帝给这所宅邸的主人赐下教宗的三重冠哩。画面的中心位置就给了三只呆头呆脑的金色蜜蜂，象征着巴尔贝里尼家族正在飞上天宇，只是它们的形体太过肥大，不像是能飞到任何地方的样子。此时此地的蜜蜂，已经与当初天主教传统中对蜜蜂所持的谦恭与虔敬感大相径庭，完全成了财富、权力和冷血的代表，它们显赫、高傲、冷漠。蜜蜂的这一形象一直持续到了19世纪。

也正是因为这种权贵寓意的渲染，使蜜蜂也成为堪居独裁榜首的人物选中的象征。此人就是拿破仑·波拿巴（Napoleon Bonaparte）。当他在1804年登基为皇帝时，举行加冕仪式的巴黎圣母院便到处都装饰了黄金打制的蜜蜂。正如一位历史学家所说，蜜蜂使拿破仑的帝制政权得到了合法地位，这是因为它们"将此政权与法兰西的过去联系起来，与久已逝去但并未被忘记的古代世界联系起来"。[44] 拿破仑在帝徽上用到了图案化的蜜蜂，而且呈飞行状。他的幕僚知道，这位皇帝所用的蜜蜂代表着古埃及的历代法老。他的幕僚还知道，在与法兰西密切相关的中古国家法兰克王国，从墨洛温王朝的国王希尔德里克一世（Childeric I）的墓葬里，发掘出了300只黄金打造的蜜蜂。此外，也有人认为（事后发现是错的），当时王室成员所穿衣物上的形似鸢尾花的图案，其实本是些蜜蜂。以它们为根据，用蜜蜂来为出身于穷乡僻壤的科西嘉岛、出谷迁乔成为法国的最高统治者的拿破仑贴贴金，便会多少显得更顺理成章些。独裁政体是所有政权中最需要靠信赖维系的。拿破仑的统治就是以这一精神状态为支撑的，一如故事中的"皇帝的新衣"。为了维持自己的高贵形象，他命人在自己的"新衣"——貂皮镶边的紫色长袍上缀满了金色的蜜蜂；再配上始自古罗马的桂冠、考究的花边和鹰头权杖，权威的仪表实可谓不说自明。他的妻子约瑟芬

（Josephine）因为没能生下皇位继承人，使她对拿破仑没有多少左右力量，只是在巴黎近郊他们夫妇的住所马尔迈松城堡用了不少以蜜蜂为内容的点缀，想必不无求子之意吧。

拿破仑的帝国国徽上最后采用的图案是一只鹰（他还想到是否用狮子、大象或公鸡——都是阳刚气十足的动物），作为陪衬也弄上了一群蜜蜂，用意是维护帝国的荣誉。1804 年时，负责司法的让－雅克－雷吉斯·德冈巴塞莱① 建议将蜂群作为法兰西全民族的代表图符。他强调说，蜂群是拿破仑治下的国家体制的最合适的表征，因为不但蜂群中存在着代表共和政体的大量工蜂，还有蜂王这个强有力的首领。对于这一提议，拿破仑本人并没有很大兴趣，因为他关注的并非民众如何管理自己，而是如何让他们有助于他自己实施统治。至于拿破仑在国徽上用到了蜜蜂，有人认为是他的根子在科西嘉的缘故。孩提时代的拿破仑很可能因为在山间享用过野蜂的蜂蜜而终生铭记。[45] 不过这种一尝难忘的怀旧说不大能站得住脚。别的不说，光看拿破仑的饮食习惯，就知道他不会"以食为天"。他吃起东西来总是急匆匆的，为了长大好去当兵，他从小便宁可吃士兵们的军营饭食。再者说，帝国国徽上的蜜蜂形象装饰性很强，唯美意味十足，并不是会酿蜜昆虫的写实模样，与爬来爬去、挤挤挨挨、蜂胶黏身的形象相当不吻合。

拿破仑当上皇帝后，颁布了一套复杂的封赏制度，分设了不同的品秩。按照这套规定，只有帝国军队中高级将领以上的军人才可以以蜜蜂为身份标志；如果不是军人，即便有公爵这一最高贵的头衔，也只能使用星形标志；而低于公爵的，便一样也不准采用。此

---

① Jean-Jacques-Régis de Cambacérès（1753—1824），法国法学家，在拿破仑任法兰西第一共和国的第一执政时任第二执政，任内与另外三位法学家在拿破仑的亲自参与下制定影响整个世界的《民法典》——也称《拿破仑法典》。——译注

图 3-7　拿破仑穿着缀有蜜蜂图案的加冕装,以此种服饰借得墨洛温王朝时代的君主威仪

时的蜜蜂，已经是纯粹的政治工具，与真实的蜂巢不再有任何关联。教宗乌尔班八世和拿破仑一世都将蜜蜂推上了独裁政体的最高位置，也都以此装点门面。到头来，蜜蜂政治的名声并不曾因此种自我抬升而响亮起来，曾几何时，蜜蜂就从拿破仑华贵的加冕袍服上脱落，堕落为种种卑劣政治的代表。

## 警察政体

本章开始处已经提到，蜂巢曾为早期的乌托邦理念和劳工运动提供了良好形象。然而，曾几何时，无论是乌托邦还是蜂巢，良善的影子都不复可见。人类进入20世纪时，一些人已经看出，乌托邦并不是人们合作的无害梦想，而是一种凶险的社会工程。1908年，一位擅以蜜蜂为题写出畅销作品、名叫蒂克纳·爱德华德斯（Tickner Edwardes）的英格兰牧师，在他的一本著述《蜂事》中认为，蜂巢是"乌托邦的活样板，给人们上了客观的一课，表明这一主义若发展到最后，会有什么样的冷酷结局"——冷酷结局既发生在蜂巢内，也发生在乌托邦社区里。他宣称，蜂巢里的生存原则是每个个体都为着"最大多数成员的最大利益"工作。整个群体内个体数目的增长情况，要因食物的来源是否充足而变；性别比例也会"随意"改变。这无异于推行某种优生学。在这样的群体里，财富都为公共所有。"不能劳动者不得生存。这是这两者一致的冷酷原则。"[46]

空想社会主义者推重蜂巢，与研究蜜蜂所取得的科学进展使蜂王的地位有所降低不无关系。梅特林克在他1901年问世的《蜜蜂的生活》一书中便提出，蜂巢中的整体生活状况，是"个体为了集体利益而放弃了越来越多的自身利益"。蜂群并非受辖于蜂王，而是另外一种神秘的力量，即所谓"蜂巢之灵"，是它控制着所有蜜蜂的意识。这样一来，蜂王便成了一种十分不由自主的形象。这又如蒂克纳·爱德华德斯所说的——

> 说真的，蜂王根本不是什么王，地位倒可以说是恰恰相反。造物主这样造了它，它自己也情愿如此。它的智力刚刚够用，不过身体极好，性情极端温顺，感情无比丰富，多产且极尽母性职责。不过，它的所有行为都只是由自身的体能驱使的结果。它的脑子比工蜂小，能力在很多方面都赶不上普通的工蜂，结果是完全受后者的役使，每天按照后者的要求一刻不停地为整个蜂窝忙碌，就像是人们手中一件用来制造某些必要的商品的精巧而昂贵的工具。[47]

根据这样的认识，蜂王便从有绝对权力的君王，下跌为几近于自己所处的蜜蜂群体的奴隶。而工蜂们也都被洗了脑，一个个都成了机器，只服从一组为共同利益工作的既定程序。这样一来，形成的便是最终将演变为梦魇的无政府理念。蜂巢成了另外一种秩序的代表，即群体中不需要任何"法律与惩处"，所有的律令都已经一概被做进蜜蜂的身体内部，结果是使"每一只工蜂自身都是一个微缩的政体，凡不符合纯粹集体精神的因素，都早早地在生存条件的必然需要下被剔除干净"。[48]

换句话说，这样的蜂巢其实是一个极权主义的集体。这一观点直到今天还存在着，只是其中有一点改变，那就是蒂克纳·爱德华德斯所认定的其实只是工蜂奴隶的智力低下的蜂王，如今的地位有了改变。这是20世纪中叶里人们发现的"蜂王物质"带来的。这类物质是蜂王释放的多种信息素，都属于激素类。它们会引发蜂巢

图 3-8 DC 公司推出的漫画角色：超级反派恶蜂女王
图中文字：
世上现有 60 亿个忙—哄—哄（上）
明天就会是零—嗡—嗡（下）

内的特定行为。蜂王物质的存在表明，工蜂仍然还是接受蜂王的领导的，不过只是在后者释放的化学成分促使它们采取此种而非彼种行为的意义上说的。蜂群中的这种无须借助一整套行政体系便能实行"协调合作"的能力，一直使科学家们惊诧莫名，不过也再次突出了功能全面的蜂王是必要的存在。这样的发现，又给种种不道德的政治行为打开了方便之门。

究竟如何的不道德，从下面这个例子可见一斑。1999 年，美国 DC 公司[①]推出了一个漫画产品——恶蜂女王。这是个超级反派，

---

① DC 公司（也译作 DC 漫画公司），美国漫画业巨头，自 1938 年创作出超人形象而改写了漫画史之后，便沿着这一思路前进，陆续创造出蝙蝠侠、神奇女侠、闪电侠、绿灯侠、水行侠、鹰侠、鹰女侠、绿箭侠、黑金丝雀、火星猎人、闪灵侠等超级英雄，相关地也同时推出了雷克斯·路瑟、小丑、哈莉·奎茵、黑暗君主、谜语人、猫女、疯魔布莱尼亚克和企鹅人等超级反派角色。"DC"是"侦探漫画"（Ditective Comics）的缩称。——译注

第三章 蜜蜂与政治　　　　　　　　　　　　　　165

站在极端反对乌托邦的立场上,是个无与伦比的蜜蜂政客。她名叫扎扎拉,邪恶但很有诱感力,身穿黑黄两色的紧身服。不但衣服的颜色与蜜蜂相同,还在手臂上套着带机关的长手套,套内装着有毒的液体,还可发出毒针来。头上也长着一组复眼。这些也都表明着她的昆虫身份。不过在其他方面,恶蜂女王都像是女人,而且还是只能出现在漫画中的女人——迷人的身体曲线、紧绷的腹部肌肉,等等。这个扎扎拉是好大一群昆虫的母亲,又是将这些昆虫训练成一支庞大军队的统领,因此有着"皇家母帅"的头衔。她在一个叫作"柯尔"的蜂窝内生活,统治着亿万只奴隶身份的雄蜂。她用一种"拍花粉"令这些奴隶陷于木呆状态。她还统领着一队"御蜂军",由雄性的兵蜂组成,他们都在保育院长大,对恶蜂女王忠心耿耿,即便会因向敌人施放生物电毒刺大炮而牺牲性命也甘之如饴。至于这个恶蜂女王的意愿,自然也同其他的所有自视甚高的超级反派的角色一样,是要成为整个地球的主宰,而且征服行动自然也从纽约这个大都会开始。她下命令说:"世上现有60亿个忙—哄—哄,明天就会是零—嗡—嗡。"

乍一看,鼓捣出恶蜂女王这样的形象来,无非只是出于推出个新花样的目的,与昆虫学的关系也并不比蜘蛛侠更密切多少。不过有一点是值得注意的,那就是最注重学术研究的昆虫学家,如今也会在专业文章中论及蜂巢中的反乌托邦政治,具体内容竟也与DC公司所提供的颇有相类似之处哩。

在当今研究蜜蜂的昆虫学家中,或许弗朗西斯·拉特尼科斯是最出众的一位。蜂群中如何实现对冲突的处理,是他的专项研究内容。对一种关键性冲突的处理,是以一种颇为奇特的确定性别的方法实现的，具体涉及单倍－二倍生殖①。其实工蜂并不是如人们所认识到的那样根本没有生育能力。它们的身上长着卵巢，有产卵能力，但只是在非常少见的情况下才会这样。工蜂所产的卵如果成功孵化，结果都会为雄蜂，只是拉特尼科斯发现，工蜂们总是尽可能地"相互防范着不使此种生育得到结果。如果一只工蜂产下一枚卵来，不出几个小时，这枚卵就几乎必然遭到被其他工蜂吃掉的命运"。[49] 这使拉特尼科斯认定，工蜂的这一行为是为了维持蜂巢中的秩序。从集体的角度看，工蜂们彼此间相互防范产育雄蜂，是因为它们与蜂王产下的所有雄蜂有更近的亲缘关系——它们毕竟都有同一个母亲，而与同巢工蜂生下的儿子，亲缘关系便要远一些。因此，吞吃掉工蜂产下的卵，便免去了因新一代雄蜂的出现导致的复杂局面。对此拉特尼科斯表示说："我认为这是大自然解决冲突的一个最好的例子。"[50]

在介绍自己的工作时，拉特尼科斯还经常将蜂群的这一方式同人类的政治体制，特别是同警察社会这一体制相比较。他甚至还在叙述蜜蜂用蜂蜡困住入侵昆虫的做法时，使用了"监狱"一词。[51] 不久前，《自然》杂志上的一篇由他人所写的介绍拉特尼科斯的最新发现的文章中，还写上了这样的话：蜂群中的"监察力量无处不在，堪比东德臭名昭著的国家安全局"。[52] 蜂王是居于最高位的独裁者，而工蜂都是在册的爪牙；蜂王以极其严密而有效的控制，使爪牙们能随时闻风而动，无须等待任何指示的下达。这篇文章的开头文字是这样的："谋杀、酷刑和关押——它们都是专制体制的标准工具。不过，如果有谁以为它们只是人类社会专有的东西，那最

---

① 单倍－二倍生殖，即第二章中提到的两种共同存在的繁殖方式：未受精卵孵化为雄蜂，受精卵孵化为工蜂。——译注

第三章 蜜蜂与政治　　　　　　　　　　　　　　　　167

好还是再考证一下。早在人类搞出此类东西之前，社会性昆虫便形成了完美的警察社会。"文章还强调了一句："蜂群中存在着目前我们所知道的最高效的昆虫警察社会。"

不过科学家们也发现，蜂窝中有时也会发生警察体制崩塌的情况，也就是说，平时的管制法则失灵，结果是工蜂开始大量生卵。这种情况被称为进入"无政府状态"，还被一位科学作家称为蜂巢内出现的"威权主义与无政府主义"的对决。据一位现代进化论学者认为，蜂巢内的这种工蜂的"执法"，并非只是一种比喻的说法，而且甚至有可能为解决人间冲突提供某种借鉴。[53] 不过拉特尼科斯本人倒是说过，出现在蜂巢内的所有冲突，从根本上看都只关乎"繁殖"一件事。如果当真只属于这一情况，科学家们就不应当硬扯到政治冲突方面去，蜜蜂也就无从教会人类该如何解决自己的问题。将蜂窝与警察社会放在一起也只是打个比方，而且还算不上是个好比方（即使在东德的国家安全局存在时，其控制能力也没能达到让每一名工人都会效忠的强大程度）。只不过在现实生活中，科学家，哪怕是能为《自然》杂志这样必须经过同行审稿的高水平刊物撰文的科学家，也未必能够免受外来影响，结果是相信蜂巢中存在政治体制，更不用说古往今来的种种马屁精、幻想家和自大狂了。17世纪时的君主式蜜蜂政体金光灿然，21世纪时的警察式蜜蜂政体阴暗压抑，但它们都不是真实的写照。蜂巢就只是蜂巢，如此而已。正如托马斯·霍布斯所说的，蜂巢中不存在政治。然而，他说的话当时没有多少人听，今天也依然不受重视。

## 第四章
# 与蜂蜜有关的饮食

> 蜂蜜糕点甜复软,
> 加脂添果更可心。
> 更有巨觥握于手,
> 葡萄美酒满满斟。
>
> ——普鲁塔克(Plutarch),《忒修斯传》[①](*Life of Theseus*, 公元 1 世纪)

在全世界的所有大菜系中,除了中国菜式中请蜂蜜唱重头戏的食品相对少些,其他的都是将蜂蜜抬到显要位置上的。蜂蜜一向被视为锦上添花的要素。蜂蜜,古埃及人会将甜瓜放在它里面浸渍,古希腊人会在酥酪中拌上它同食——直到今天,希腊人也会在酸奶里掺上它,作为早餐清清凉凉地吃下去。

当然,空口吃蜂蜜已经很是一种享受了,况且此种妙物又有很多种:百里香蜜、桉树蜜、澳大利亚革木蜜、几乎不会结晶的佛罗里达的金色水紫树蜜……蜜蜂提供的这些美妙的食物受到很多人的推崇,而想了解一下蜂蜜是如何经过蜜蜂的努力制得的人却不多。正如馔食作家简·戴维森(Jane Davidson)所说,如果问问人们,

---

① 忒修斯,古代希腊传说中的雅典国王。后代文学作品多遵照传统将他描写为半神半人。而普鲁塔克的这部《忒修斯传》,是将他作为真实的人写成的。——译注

图 4-1　英国 Be-Ze-Be 食品公司推出的蜂蜜产品广告

他们是否愿意吃一种从虫子嘴里吐出来的东西，恐怕大多数人会说个"不"字的，只是能够抵挡住蜂蜜的诱惑的人实在没有几个。[1] 蜂蜜就是这样一种吃起来美妙无比，想起其来源却又可能招致反胃的东西。

## 仙食神馔：蜂蜜的来龙去脉

蜂蜜给远古人带来的特殊感觉，今天的人们是很难想象的。千百年来，它可是唯一真能称之为甜的东西。就像一万多年前在西班牙岩洞里的壁画所描绘的那些穴居人一样，人们幸运地避开蜂蜇，从树洞里弄来蜂房，带给饥肠辘辘的家人吃，尝到的人一定都觉得这真是无比美好的东西。如果人们在能得到的吃食中，最甜之物莫过于某些果实，那么一旦有蜂蜜入口，那种醇厚的甜意，简直会生发一种飘然之感，不但吃时会觉得乐而忘忧，过后也会回味无穷。无怪乎，在世界各处的神话故事中，蜂蜜都是供神仙享用的美食呢。古希腊人便是这样认为的，他们还说蜂蜜是花蜜里掺上了一种特别的甜露，这便使古希腊哲学家与作家波菲利（Porphyry of Tyre，约232—305）说出"蜂蜜是众神的食品"的话来。[2] 印度神话中的长生不老药也是一种甜露。蜂蜜是如此佳妙，竟致使人们觉得它本不是凡人有资格享用的美味。蜂房也是又好吃又好看，让人在进食时往往会萌生犯禁的感觉，觉得仿佛是偷吃了天上的神品。不过说起偷来，蜂蜜倒的确是偷来之物——失主是蜜蜂。正因为如此，最严格的纯素主义者将蜂蜜视为从蜜蜂那里偷来的，因而为不应下咽的不义之物。[①] 恐怕也正是这个原因，蜂蜜才被说成是得自神明的吧。将它神化的结果是，人们对其来源极为困惑起来。将蜂蜜放在尊崇的位置上，便妨碍了获得有关这种食物的真知。

　　蜂蜜其实就是经蜜蜂加工过的花蜜。来自植物的花蜜，经过从蜜蜂的腺体分泌出来的若干种酶（以转化酶为主）的转变，得到的液体被贮入蜂蜡筑成的巢室，再经蜜蜂扇动膜翅蒸发掉一些水分，使之成为黏稠的液体后，便成为蜂蜜。花蜜＋酶＋努力的劳作，这就是真正的秘密。[3] 花蜜来自植物的花朵，基本上就是糖的水溶液，具体成分会因植物而有所不同，但都一定含有蔗糖（甜菜糖的成分也是蔗糖）。它们被来自蜜蜂体内下咽腺的酶转化成葡萄糖和果糖，然后被浓缩为一种过饱和溶液。这种东西既含有很多热量，又能长久搁置，这便是蜜蜂们在无花的冬季里的食粮。工蜂们在出生三周后，便能飞来飞去地寻找食物的好来源，每天往往会飞上3000米——偶尔还会再加一倍。在每一次采蜜的

---

① 纯素主义，主张不吃动物性食物，而且以不剥削地球上的所有动物生命为行动准则，包括不穿皮毛衣物、不购买使用涉及动物实验的商品等。——译注

图 4-2 产自比利牛斯山区的头道蜜

出行中，一只蜂"拜望"的花朵有时会达 1000 朵。它们将花蜜从花中吸出，直接存在自己的蜜胃①里，采够之后便飞回蜂巢，由留在巢内工作的工蜂将它们吸出，再吐入巢室内存放。另外还有一批工蜂对着巢室扇动自己的膜翅，使这些液体在蜂巢内较高的温度下熟化并浓缩到合适的程度。再将这些小室用蜂蜡盖好封严，这样就可以一直存放到冬天。当外面无食可吃时，打开封盖，里面的蜜还是好端端的呢。这样的奇迹，蜜蜂是靠着自己近于无情至极的高效率做到的。

只是这一切，在人们还不掌握实情时，蜂蜜的由来完全都是谜团。蜂蜜被说成是神的涎沫，既来自神明，自然即便是涎水也会有佳妙的味道。这种甘甜的东西，既然处处都那样完美，必定是天上降下之物。它的味道如此美好，食用起来又毫不费力。将含蜜的蜂房与其他基本食物——面粉啦、猪肉啦、牛肉啦比较一下便立即可知，前者吃起来可有多么方便，滋养作用又来得有多快，说它是神

---

① 蜜蜂有两个胃，即前胃和蜜胃，蜜胃——就是前文提到的"自备的小囊袋"——有很强的伸缩性，却不具备消化功能，是专门用于在采蜜过程中存放所吸花蜜的"临时储藏室"。——译注

造之物，道理实在是太充足了。诗人柯勒律治不也在他的《忽必烈汗》（1816）一诗中写道"因为他摄取蜜露为生，有幸啜饮这乐园仙乳"[①]吗！

大普林尼在他的《博物志》中认为，从蜂蜜给人们带来的"美妙感觉"来看，此物必定"源自苍冥"，只是他拿不准，它到底是"星辰沁出的浆汁"，还是空气将此种浆汁进一步纯化后的产物，或者是"昊天的汗液"也未可知。无论如何，他断言此种"滑顺"之物必定来自天上："此物生之于空中，多形成于星辰升起之际，尤多产于拂晓前天狼星的光芒之下，然从不会在昴星团可见之前。"倘若蜂蜜能够从天际直接为人所得，那更会"纯净无匹"。令大普林尼跌脚慨叹的是，天界实在太高太远，而大地附近并不干净，致使它在路上"沾了大地的污浊"，结果只能先被蜜蜂吃进胃里，积攒起来后再送出，这才来到人们的餐桌上。[4]这就是说，蜜蜂并非蜂蜜的生产者，只是这种神仙食品的投递员。应当提一下，《博物志》是大普林尼作为学术著作撰写的，因此这番诗意的叙述并非是在抒发幻想。

不过倒也有一种东西，不但是液体，不但是甜的，名称上也带个"蜜"字，而且似乎真像是来自天上的。这就是蜜露。这个名字中有个"露"字，是因为它很像是出现在植物植株上的朝露。查尔斯·巴特勒也在《女性王国》中提到了蜜露，说它"系最纯净之蜜汁，为上帝使神法从空气中提炼而得"，让它以精致的露滴形状，落到橡树的叶片上——

---

[①] 这两句诗文转引自杨德豫的《柯尔律治诗选》，外语教学与研究出版社，2013年。——译注

一俟得见蜜蜂有此举动，便可知已有蜜露出现。盖因此物一出，俄而便有蜜蜂从巢内接连飞出（想必是嗅到空气中之气味之故），此时彼等并非去平素常去之地，而是四处寻觅橡树，系此等树上有彼喜爱之物，且比地上其他一应植物更多之故。

以巴特勒之见，蜜露乃"世间所有甜蜜物之精华……一如其他露水，被太阳的不停照射变幻为汽……夜间变冷后又缩成为最甜最美之蜜液，以露水或微雨形式降下"。[5] 蜜露是大自然的恩赐，是大地上的真美之物。古希腊名医盖伦[①]告诉人们说，当蜜露出现时，农夫们便笑着说是天神宙斯让蜂蜜从天空降到树叶上。[6] 黎巴嫩山（Mount Libanus）[②]的山民也会将兽皮铺在橡树下面，以接承滴下的"天上蜂蜜"。

蜜露确实是存在的。它有甜味，也会从一些植物上滴下来。只不过很糟糕，它远非传说和故事中所说的那样诗意盎然，引人入胜。非但如此，它还有一种令人不快的来源呢。

这种蜜露并非什么星辰的浆汁，而是一种小昆虫的粪便。这种虫豸叫蚜虫，它们在会分泌树脂的树木上生活，用口器刺吸树木的汁液获得营养。树汁是有甜味的，而被蚜虫吸入体内的汁液，大部分会不经消化便排出体外，附着在树叶上面。蜜蜂也会采集这种排泄物作为炼制蜂蜜的原料。它们黏黏的，会在重力作用下慢慢坠落，天气炎热时发生得会比较明显。巴黎的很多树上生长着一种蚜虫，身体是绿色的。1976年巴黎适逢酷夏，在林荫

---

① Galen（129—200），拉丁文写为Aelius Galenus，罗马帝国时期的希腊名医。他的见解和理论支配了欧洲医学界凡一千多年。——译注

② 黎巴嫩山，黎巴嫩（Lebanon）的一座山脉，平均海拔2200米，纵贯整个国家，黎巴嫩国便得名于此山。此山以多橡树和松树著称。——译注

道上行驶的车辆，便纷纷沾上了它们排出的黏稠浆液。[7]当这种浆液还在树上时，蜜蜂也会来采集，同样地加上自身的唾液之后制成蜂蜜，名称叫作蜜露蜜。巴特勒所说的"世间所有甜蜜物之精华"，事实上就是这种远非高尚的东西。有些人很喜欢蜜露蜜，一些保健食品店会有出售，若干高端蜂蜜专营商店也会提供，价格往往不菲。为了好听，有时人们会说蜜露蜜是昆虫"递送"来的，似乎还抱着此物来自天上的念想不肯放哩。当然，虫屎的说法也确实难登大雅之堂。我曾经尝过顶级的蜜露蜜（进口货，意大利著名食品公司塞琪亚诺公司生产），由意大利中部伊特鲁里亚地区（Etruria）奇米尼山（Monti Cimini）最高峰奇米诺峰（Monte Cimino）林区的顶级蚜虫的后窍贡献。这种蜜露蜜颜色很深，舀一勺放进口内，立即会感受到一种浊重的味道，还带着些微的蜇刺感。如果客气一点，不妨说成带着无花果和甘草滋味的木头味；要是不客气呢，那就是一股它当初冒出来的地方会有的味道。有些蜂蜜爱好者认为蜜露蜜未必适于供人们食用。蒂克纳·爱德华德斯对它的评价是"令人不快"。如今我们知道了这种东西的来头，大概也会心同此感了吧。

## 蜂蜜是什么，又含有什么

蜂蜜有很多种，对它们下断语很是不易，蜜露蜜便是其中一个比较极端的例子。蜂蜜究竟算作哪一类，看法一直莫衷一是。按照古罗马的医学标准，几乎所有的食物都可划归或者动物类，或者植物类，但蜂蜜哪一类都不是。正如养蜂场中的蜜蜂既不能算为家养，也不能归于野生一样，蜂蜜这种食品也既非动物性，亦非植物性，而是脚踩动、植物两条船。说与植物有关，是因为毕竟它的源头是花朵，但它无疑又是蜜蜂采来的，而蜜蜂自然是动物，因此也与动物搭界。古代的毕达哥拉斯学派①持严格的素食主义观点，不接触任何动物性食物，但他们是食用蜂蜜的，说明古人曾认为它是植物性的。但从另一方面看，蜂蜜既不长在植物上，也不是从地下冒出来的，因此必然是动物性的。孰是孰非，真是无法判断。蜂蜜打倒了通常的规则而自成一家。伊斯兰教法和犹太法都将蜜蜂定为不洁的动物，但又都不认为蜂蜜不洁。[8]

这一困难也同古人们拿不准蜂蜜到底是什么有关。蜂蜜究竟是蜜蜂酿造成的，还是只不过被它们"搬到巢里"的呢？蜜蜂的拉丁文学名便反映出这一游移。给所有的动物、植物和其他一切生物定名的系统，是瑞典生物学家卡尔·林奈（Carl von Linné，1707—1778）制定的。此人是位极其执着于分类的学者，他为所有的生物定下了以两个拉丁词语命名的双名规则。附带一提，哺乳动物一词（拉丁文为 Mammalia）也是卡尔·林奈发明的，意指所有生有乳腺的温血脊椎动物。他这样一定，我们人类便永远被归入了这一大类，因为每个人的母亲都有能够分泌乳汁的腺体。不过当林奈在 1758 年给蜜蜂命名时，他所起的学名为 Apis mellifera，意思是"蜂类中的携蜜者"，言下之意自是指蜂蜜本存在于花朵中，蜜蜂只是将它带回蜂窝而已。到了 1761 年，他——此公有个弟弟是养蜂人——意识到自己的错误，便想改此名为 Apis mellifica——"蜂类中的造蜜者"。只是为时已晚，原来的名字已经生了根。因此蜜蜂的学名目前还是用的这个失准的叫法。[9]

---

① 毕达哥拉斯学派，古希腊公元前 6 世纪出现的一个崇尚数学的神秘主义学派，其开山祖师便是发现毕达哥拉斯定理（勾股定理）的古希腊数学家与哲学家毕达哥拉斯（Pythagoras of Samos，约公元前 570—前 495）。他们因相信部分转世涉及灵魂投生入动物的尸身，故不但坚持只吃素食，还认为吃肉有罪。——译注

化学家们已经鉴定出了蜂蜜中的大多数主要成分，看来此类物质的构成要比原来设想的复杂得多。蜂蜜中大约70%为糖类，详细说来为两种单糖——果糖和葡萄糖，少量的双糖和三糖，而双糖成分中会含有部分蔗糖。再一样就是水，含量在20%以下。糖类都溶解在水里，形成均匀的浆状物。这就是说，蜂蜜的主要内容是糖和水，但蜂蜜并不是糖水。它之所以是蜂蜜，秘密全在于那余下的10%左右。蜂蜜中含有近200种其他成分：维生素、矿物质、蛋白质、多种不同的有机酸、来自蜜蜂体内的酶，都是微量的存在。再就是由多种醇类、酯类，以及其他物质混合成的挥发性杂拌儿，它们使蜂蜜带上了香气与香味，也因之成为最关键的成分。打开一瓶蜂蜜，一种特有的持久香气便会带着夏天的感觉涌出。只有蜂蜜才会产生这种香气。〔据说，公元前5世纪的希腊哲学家德谟克利特（Democritus），就是靠着从盛有蜂蜜的陶瓮里闻它的香气，又多活了一段时日的。〕

蜂蜜的香气会因蜜源——蜜蜂所采花蜜的植物——的不同有很大差别。比如，油菜蜜所含的蚁酸高于多种蜂蜜。苜蓿蜜中的挥发性成分也与薰衣草蜜不同。即使都是薰衣草蜜，产自法国普罗旺斯地区（Provence）的，也与得自英格兰诺福克（Norfolk）的不完全一样。蜂蜜中所含化学成分的不同，也决定了它们在静置时，是保持液态还是呈凝固状。蜂蜜在刚被蜜蜂制得时都是液态的，但若长时间放着不动，就会有程度不同的结晶。含水多而葡萄糖比例低的最不容易结晶，金合欢蜜、水紫树蜜、金凤花蜜等均属此类。葡萄糖含量高而含水较少的蜂蜜便会很快结晶，蒲公英蜜和油菜蜜便都是这样。其他蜂蜜多居于这两类之间。蜂蜜所含的化学色素也有很大的不同，导致它们会呈现不同的颜色。石楠蜜是红棕色的，牵牛花蜜呈珠母白，阿拉斯加野莴苣蜜为半透明的白色，蒲公英蜜的颜色像是干草，葵花蜜显现为很纯的黄色，蒲葵蜜发暗褐色，荞麦蜜的颜色则如深色琥珀。在非常特殊的情况下，蜂蜜还可能是杂色的，如同披上了迷彩服。我便见识过此种情况，而且色彩还很艳丽。摇出这种蜜的养蜂场就在一家糖果厂附近，夏末时分到了，花蜜的来源不足，蜜蜂们便光顾起这家厂子生产的硬糖来，结果是糖中的不同色彩也进入了蜂蜜。

既然蜂蜜中存在这样多的变化，给这种东西分类自然便有了更多的困难。当初有关蜂蜜是植物性的还是动物性的的争议仍然存在，结果是它会出现在一些拒绝出售动物制品的保健食品店的货架上。根据欧洲大陆当前的法律规定，蜂蜜被正式归入动物性一类。英国为了进出口的需要，蜂蜜并未被划归"糖类与甜味剂"，也未被算作"果蔬产品"，而是"源自动物的可食用产品"，与"肉与内脏""乳品与蛋品""鱼蚌类"并列。在英国的各个航空港，在显示不准入境物品的图示说明上，除了乳酪、肉和鱼，还加上了一罐蜂蜜。

根据《2003年不列颠蜂蜜管理条例》的规定，蜂蜜的官方定义是这样的——

> 由蜜蜂取自植物的花蜜、植物的活体部分分泌的物质或吸吮植物的活体成分的昆虫的排泄物，经过采集和混以自身的物质后，经过卸载、脱水、存储和在蜂房内熟化到期后转变而成的天然甜味物质。[10]

这一定义无疑相当精确，但它却无助于行销。对于大多数蜂蜜的消费者来说，蜜蜂究竟是如何造出蜂蜜来的，这一点并不重要。也许人们并不知道蜂蜜到底含有什么，但他们知道自己喜欢吃这种东西。

图 4-3　美国一家养蜂场出售的蜂房，突出强调自己产品的醇正

## 蜂蜜的巅峰时期

作为商品行销的蔗糖是在公元 700 年前后出现的。[①] 在此之前，人们所用到的甜味剂并非只有蜂蜜一种，但蜂蜜绝对是其中最为佳妙的。

除了蜂蜜，其他的甜味剂都只能提供单纯的味觉，没有任何一种，能够像含蜜的蜂房那样，在味道之外还同时提供酥脆的口感。

古罗马人是很喜欢葡萄的。他们会从这种水果中得到甜味剂，方法是将葡萄榨汁后进行浓缩。浓缩过程可进行到不同程度。最开始

---

[①] 有不少历史文献证明，蔗糖的出现时间还要早得多。比如，中国汉代便有了蔗糖，而且是从印度传入的，表明它出现的时间更早，因此作为商品流通的时间也可能早于作者所述。——译注

第四章　与蜂蜜有关的饮食　　179

榨得的未经发酵的葡萄汁叫原汁，加热去掉三成水分后便称为减三汁，熬去一半后被称为缩五汁，煮到三分之二的水分都跑掉后，余下的便是余三汁，再熬下去便得到最后的结果——一种甜腻的稠厚液体，古罗马人管它叫帕瑟姆。中东地区的人们也以类似的方式制成这样一种甜甜的浆液，名字叫作迪布斯（土耳其人则有另外的称法——派克梅兹）。那里的人们今天还在制取这种东西。[11] 生活在阿拉伯半岛上的古代人会从椰枣汁和无花果汁中熬得更甜的东西。如今的人们还能买到椰枣糖浆——其中一种得名为"巴士拉椰枣浆"，以伊拉克城市巴士拉（Basra）命名，不过产地却在荷兰。在地中海东岸的黎凡特地区（Levant），人们也会用石榴制得一种甜甜的浆汁，并把它放入当地波斯风味的野味菜肴佐味。这些甜甜的浆汁大都味道不错，而且各具特色。只不过有一样，就是它们都会在形成甜的感觉时，带来极深的暗黑色调和无法消除的果味——颇有意大利葡萄陈醋的效果。再说它们的甜味也绝对不如蜂蜜那样明确无误。在古代埃及，人们会因经济考虑选用这种或那种由水果制得的糖浆，不过当需要最高档的甜味剂时，蜂蜜总是当仁不让的首选。[12]

　　在世界的其他一些地区，人们也有满足对甜味需要的另外手段。从发芽的麦粒中得到的麦芽糖就是其一。只是这种被称为"麦芽糖浆"的液体，甜味远低于蜂蜜不说（甜度只有后者的三分之一），闻起来还有些刺鼻，入口时也会觉得杂有一丝苦味，空口吃时会有所察觉，不过若放入奶昔中便能得到有效的遮盖。有些树木也会产生有甜味的汁液，只是可让它们乐于生长的地域有限。古代南亚人便掌握了从糖棕树取汁提炼甜浆的方法。北美有很多枫树，原住民能幸运地从这些树上得到棕色的树液，熬浓后便是品质极好的枫糖浆。只是当这种东西传到欧洲等地时，食糖统治的时代已经开始了。

综上所述不难看出，在食糖的时代到来之前，没有什么甜味剂可以替代蜂蜜。这就是说，猎蜜人还得继续冒险盗蜜，他人还得为得到蜂蜜大大破费。蜂蜜的妙处，不单单是因为单独品尝时所得到的甜味，还因为它能与其他食物调和在一起，而这可能更是蜂蜜成为古时制备食物时最受青睐的食材的原因。

在埃及的一座公元前1450年的古墓中，人们发现了一些图画，上面画的是用椰枣粉和蜂蜜做煎糕的情景。古希腊剧作家欧里庇得斯[①]在他的剧本中写有"拿来金黄色的蜂蜜，将乳酪饼浸得透透的"的句子。[13]古罗马人将这种蘸足了蜂蜜的乳酪饼叫作"普拉桑塔"，据后世研究古罗马烹饪的专家考证，这种食物应当相当接近现代的"蜂蜜乳酪烤饼"，乳酪大概不是绵羊的便是山羊的，而且蜂蜜的量要放得十足，还要将饼烤得顶部"开花"。古罗马的馔食作家阿忒那奥斯（Athenaeus）在公元200年前后也提到过这种乳酪蜜饼，说它是"来自咩咩叫的母山羊的凝结的奶块，掺上来自蜜蜂的黄褐色流淌浆液，一起放在未发酵的面底上，放入平底煎锅内煎熟"。[14]

古人发现，乳品与蜂蜜是极好的搭配。享用蜂蜜的最好方式，莫过于将它掺入酸奶同食。蜂蜜的甜香正好能遮盖住酸奶那过重的酸味道。这一既好吃又营养的难得搭配，早就被人们发现了。4000年前，苏美尔人便会从畜养的母牛身上挤奶制成凝乳。大约不久便发现，若在这种原始的乳酪中加上蜂蜜，味道会更为醇美。大家都记得《圣经》提到了对"流奶与蜜之地"[②]的应许，其实类

---

[①] Euripides（约公元前480—前406），古希腊三大悲剧大师之一，一生共创作了90多部作品，保留至今的有18部。——译注
[②] 此语出自《旧约全书·出埃及记》3：8，是耶和华对犹太人的领袖摩西答允犹太人离开受奴役的埃及后会去到富饶所在的保证。原文为："我下来是要救他们脱离埃及人的手，领他们出了那地，到美好宽阔流奶与蜜之地……"——译注

似的文字不止一处，《约伯记》中便提到"流奶与蜜之河"①；《撒母耳记》中也有"蜂蜜，奶油"的字样。[15] 古希腊人也在这一搭配上动了脑筋。他们将鲜奶与蜂蜜拌在一起，放在碗中凝固，就成了一种叫作"蜜酪"的东西，很像是今天的意大利奶冻，食用时再加上些水果。这种享用方式不但高级，而且绝不落伍。古希腊人和古罗马人还对蜂蜜的吃法搞出了一些别的名堂，不过就不如蜜酪那么诱人了。

图4-4 从雷科玛拉（Rekhmara）② 的陵墓发掘出的描绘古代埃及人制作"蜜点心"的图画

蜂蜜在古时来源有限，这便造成有钱的老饕以大吃特吃的方式炫富。上等人家的厨师也顺应之，大用特用蜂蜜和其他昂贵食材。希腊的最上等蜂蜜是"净蜜"，即从蜂巢中取蜜时不借助烟熏。这自然使取蜜人处境更危险。（大多数从蜂巢中取出蜂房的过程都会在点火放烟的环境下进行，以分散蜜蜂的注意力，结果是使蜂蜜沾

---

① 《约伯记》20：17："流奶与蜜之河，他（约伯）不得再见。"——译注
② 雷科玛拉，古埃及第十八王朝（大致从公元前16世纪至公元前13世纪）的显贵。从他的墓穴中发掘出的陪葬器皿和象形文字资料，对研究这一时期的埃及文明和埃及与希腊文明的联系很有价值。——译注

上一股烟气。）[16]古希腊人与古罗马人都很看重这种净蜜，用它在菜肴出锅前浇汁，以达到锦上添花的效果。这固然是用来补充些甜度，又可增加些特殊的风味，不过更多的是用来摆谱。到了公元1世纪时，一个名叫阿皮基乌斯（Marcus Gavius Apicius）的人在罗马写出了据信为"第一本菜谱"的烹调著述，将蜂蜜用到了每一类食物上，就连后人大大不以为然的睡鼠[①]，在烹制时也有蜂蜜的份儿呢。阿皮基乌斯还在做鱼时放蜂蜜（今天的人们会觉得这样的菜有些倒胃口），煮鸵鸟时也放，烤鹭鸶时也放。又有一道菜的做法是将猪腿煮过，去皮后涂上蜂蜜，再裹上面包屑烘烤。他还用蜂蜜保存肉类。他告诉人们，将肉切成大块浸在蜂蜜里，便会使之保持新鲜，"别的东西都不用加，无论放多久都不会坏"。不过他又接着指出："此法最好行之于冬天，如果夏天这样做，则只能存放数日。"这个严重的警告让我们想到，浸在蜂蜜里的肉，在地中海的炎热夏日里渐渐一点点地腐坏变质的情形。[17]

在阿皮基乌斯之后的下一个世纪里，希腊和埃及血统各有一半的雄辩家裘利斯·波鲁斯（Julius Pollux）向人们提供了一种美食的做法，是蜂蜜煎无花果叶菜卷，堪称是奢靡的传统蜂蜜烹调的巅峰之作。具体做法是：先准备好无花果树的叶子，再将面粉、猪油、鸡蛋、兽脑（牛犊脑的可能性最大）拌成馅料。将馅料一块块摊在无花果叶子上卷起，放入鸡汤或者羊羔汤中用慢火炖煮。将它们捞出沥去汤汁后，再放入滚开的蜂蜜中涮上片刻即可享用。

在食糖出现之前，蜂蜜不单单是一种甜味剂，它还因能起到调和众味、弥补不足的作用备受青睐。在罗马帝国时期的不列颠

---

① 睡鼠，一种与松鼠有亲缘关系的小型哺乳动物，因一生中四分之三的时间都在睡眠中度过而得名。它在古罗马被认为是精美的食物，一般作为前菜或甜品。——译注

岛——此岛当时是该帝国的一个行省，人们会在烹制肉和鱼的过程中，给它们加上些蜂蜜，既可去除油腻感，又能增加甜度。维吉尔也告诉人们，如果葡萄酒的酿制时间尚且有些不足或者带些涩味，也可以用加入蜂蜜搅拌的办法"缓解它的青辣味道"。[18]

到了中世纪时，蜂蜜仍以其"疏导"作用受到重视。这就是说，有些食物据信含有"劣质"，须以"解"或"排"的方法在食用前去除，不然便会有害健康。[19]所谓"疏导"，是指使这样的食材达到适当的状态。方法是可以加醋，可以加芥末，也可以加蜂蜜。听来颇有些像是作法驱魔，以镇住食物中彼此不睦或与人有隙的妖佞呢。举例来说，中世纪的厨师们，特别是德国和奥地利的厨师，都相信蜂蜜对疏导豌豆中的"劣质"特别有效，加上后食用更加有益。

在此期间，加入多量蜂蜜的甜品也多了起来。在中世纪的食谱里，除了罗马人的水果蜜饯外，还有梨加上蜂蜜、葡萄酒、姜和葡萄干的"多宝梨"，榅桲、蜂蜜、醋和大茴香渍成的"香榅桲"。阿皮基乌斯还介绍了一种甜食，名叫"胖福多"，是将浸过鲜奶的小麦面包用油煎过后浇上蜂蜜，很像是如今纽约的饭馆里提供的法式吐司，只不过后者浇的是枫糖浆，而且"胖福多"的做法更繁复些，所用的油是动物脂肪，煎好后除了浇上蜂蜜，还要放入些红酒和葡萄干——真是一样容易引起心血管疾病的吃食噢。在法国的第戎（Dijon）也有一种甜食，是向熟小米糊——要很稠，稠到滗不出水来——加入蜂蜜，放入模子成型后再次加热。法国史学家兼作家马格劳内·图森－萨玛（Maguelonne Toussaint-Samat）女士将它归为布丁一类，看来是很有道理的。今天的突尼斯人还吃这种东西，只不过用的主料是粗粒麦粉，而且在蜂蜜之外还会加上椰枣。[20]

不过，即使是中世纪里最甜的蜂蜜甜食，也都比不上一种独特的点心。这种点心就是姜糖饼。

## 姜糖饼和其他加蜂蜜的糕点

姜糖饼这种食物的名称很容易造成误解。它固然有可能是不发酵的饼类，但也可能是发酵的面包类，而且也不一定有姜的成分在内。它最早出现时，味道远没有今天的好，也不像如今的这样松软，就连颜色也不是目前的深棕色。只有一种成分始终如一，那就是蜂蜜。

蜜饼是所有甜点中历史最悠久的。其中最简单的形式，就是在面粉中加入蜂蜜后烘烤，得到的是一种金黄色的硬块。这种未经发酵的蜜饼，无疑在《圣经》问世之前便已经有了，因为在《旧约全书·出埃及记》中便提到，上帝赐给逃出埃及后进入沙漠里的以色列人一种叫"吗哪"的食物，说它们的"样子像芫荽子，颜色是白的"，而且"滋味如同掺蜜的薄饼"。[21] 这种加有蜂蜜的薄面片，做法可能相当简单，就是直接放在火边烘熟，一如穆斯林的基本食物馕。这种东西能长时间保存——几乎可以说永远放不坏，因此适于为长途跋涉者提供人体所需的能量，也成为游牧民族中流行的干粮。

《圣经》中所记的这种蜜饼，到了中世纪便演变为欧洲的蜂蜜加料点心，做法依旧很简单，无非是在煮沸的蜂蜜中加入面粉和种种香料后加工成片状烤熟，只是各地的叫法有所不同：法国叫香蜜饼，德国叫香辛饼，比利时叫迪南蜜饼干——迪南（Dinant）是最早制出这一改良食品的比利时小镇，荷兰则叫它啃啃饼，放入的香料也不尽一样，可以是母丁香①、桂皮等，不过以大茴香居多。时至今日，法国的香蜜饼已经加入了大量泡打粉，变得松软起来。这还不说，就连蜂蜜也往往改换成糖浆——这样一来，香蜜饼可真是名存实亡啦！[22] 如果试过传统的老货色，体验过有如啃骨头甚至啃而不下的感觉后，多半还是会欢迎现代化的改良版本的。不过也还得承认，老货色可是即便放了很久味道也不改——当然这与它们刚烘得时，味道也谈不上新鲜不无关系。

法式的香蜜饼之所以胜过《圣经》中提到的薄饼，秘密就在于它不像后者那样是速成之物。在面粉内拌入蜂蜜后，准备制香蜜饼的面团会经历一个熟化过程，就是在烘烤前先静置数月。在这段时间里，蜂蜜会稍有发酵，使面团带上一种更好的口感和风味。这一熟化过程很需要经验和技术，以保证面团准确达到合适的预发酵程度。1596年，法国成立了一家名为"香蜜面点公司"的联合企业。糕点作坊如想要加盟，便需——而且只需符合一项要求，那就是揉出"一个200磅的大面团，里面掺有桂皮、豆蔻和母丁香……并用这种面烤得3个各重20磅的面点来"。[23]

法国的这种"香蜜饼"近年来往往会被理解为"姜糖饼"。其实，真正的姜糖饼在一开始时并不是这么一回事。与其说它是"饼"或者"面包"，倒不如说更接近糖果。它的具体做法是，将蜂蜜熬到非常浓稠的程度，然后加入面包屑和香料，再加工成硬块。一份很早的制作这种甜品——上面写的并不是姜糖饼的英文gingerbread，而是字形和读音都相近的gyngerbrede，不知是古英语还是技术错误——的制作说明是这样的——

---

① 有两种不同科的植物的中文名称都叫丁香，而且花朵都有浓郁的香气，一种属桃金娘科，一种属木樨科。后者为国内常见的观赏灌木，而本书正文各处所指均为前一种，由于其花和果实均可入药，故又称药丁香。母丁香，药丁香的果实。——译注

图 4-5　18世纪一户人家的一角，门外是一处养蜂场

  取一夸脱[①]蜂蜜，煮沸后撇净。放入番红花和胡椒粉。再放入搓碎的面包屑，使之变得可以成形。再在表面撒上足量的桂皮粉。将它整成方块的形状后切成小块，切好后再在上面盖上忍冬叶，再撒上些母丁香粉。如果喜欢红色，不妨以檀香果染色。[24]

按着这一配方做出的甜点带有黏性，稍稍用力便会变形，简直有些像橡皮泥呢。[25]

---

[①]　夸脱，英语国家（主要是英国和美国）的容量单位，且具体规定在各使用国小有不同，也有的国家又因称量之物的干湿之分有所差异。英国的一夸脱为一升略多一些（1.136升），在干量和湿量上并无差别。——译注

曾几何时，全欧洲都掀起了用木模子制作带有装饰性的姜糖饼的热潮。有的模子是字母样式的，也有其他种种花样。它们都是后来最普遍的做成人形的姜糖饼人的前身。论起花样来，当属德国的纽伦堡（Nuremberg）一带这个历史上曾被称为"神圣罗马帝国的蜜蜂之园"的地区最丰富。[26] 姜糖饼是用到蜂蜜的种种甜点的巅峰代表。蜂蜜是如此受到推崇，致使厨师愿意殚竭心力，在蜂蜜食品的制作上施展本领，不惜成本，放入最贵重的香料，愿意花时间制作；而享用者也愿意花时间赏玩成品。这样的习惯在蜂蜜被糖取代后仍得以延续。甜品往往能带来乐趣，带来愉快，姜糖饼——这样甜蜜、这样多姿的妙品——自然更能如此。乔叟正是看到了这一点，这才在《坎特伯雷故事集》①中，借馋鬼托巴斯先生让说唱艺人给他拿好吃的东西时吩咐的话表述出来——

　　……取来美酒

　　和木碗中盛着的蜜酒；

　　宫中所用的香料、

　　姜饼、甘草

　　和莳萝加细糖。[27]

此人所要享用的吃食样数可是不少，除了酒水，便是种种甜食了。这一节文字也烘托出了蜂蜜在中世纪时的风光地位。有蜂蜜的点心，再伴有蜂蜜酿的甜酒，还有什么能比这一大堆美食更使这位老饕可心呢？

---

① 《坎特伯雷故事集》，"托巴斯先生的故事"，方重译，上海译文出版社，1983年。个别字句有所变动，以对应作者在引文后的评论。——译注

## 蜜 酒

　　人是喜欢蜂蜜的，许多动物亦然。而人喜欢蜜酒，可就是特有的喜好了。人类知道如何酿造蜜酒，其实要早于种庄稼和驯养家畜。法国人类学家克洛德·莱维–斯特劳斯①认为，蜜酒的出现，标志着人类"从天然进入使然"。[28]南美亚马孙热带雨林区生活着若干支原住民部族，统称格兰查科人。他们的文化习俗很接近石器时代的人类。莱维–斯特劳斯从格兰查科人那里听到了一个故事，说有一个老人偶然地发明了一种蜜酒：他无意中将蜂蜜与水掺到一起放了一段时间，致使它们发了酵。这个上了年纪的人已经不在乎自己的这条命了，便冒险喝了这种味道特别的水，结果是一头栽倒，如同死了一般。但他并没有死掉，还在醒来后告诉大家，他喝下的东西真是美妙无比。

　　发酵的蜂蜜是人类得知可产生醉意的第一样东西（比葡萄酒早了数千年），而且很可能是一种偶然发现。掺了水的蜂蜜是很容易发酵的。只要有些雨水落入装盛蜂蜜的瓮罐，再赶上是在热天，就不难发现饮后会产生醺醺然的美妙感觉。这种蜂蜜酒会使饮者觉得自己无所不能，也会让他们蛮不讲理地胡闹。古希腊人、古罗马人、凯尔特人、斯拉夫人、北欧人，都将蜂蜜酒奉为神圣之物。在一些地方，人们对蜂蜜酒和蜂蜜都以同一词语表示，梵文便是这样的。而这个词也同早期的德语、立陶宛语、俄语、瑞典语和挪威语中指代蜂蜜酒的词发音非常相近，即都是双音节词，而且第一个音

---

① Claude Lévi-Strauss（1908—2009），知名的人类学家和人类文化学者，被国际人类学界公认为最有权威的人类学家。他活到100岁高龄，并一直工作到辞世。他的许多著述都有中译本。——译注

图 4-6　16 世纪的几个陶然于蜂蜜酒的农夫

节都以字母 m、第二个都以字母 d 开始，如 mead、medu、mjöd 等。

古罗马人将蜂蜜酒分为几大类。水蜜酒是发酵时间短的，葡萄蜜酒是掺了葡萄汁的，玫瑰蜜酒是加了玫瑰花瓣或者玫瑰油的，酸蜜酒是加了醋的。据大普林尼所记，水蜜酒是在"大犬星"①与太阳同时升起的季节，以一份蜂蜜兑入三份雨水后在阳光下放置 40 天后得到的。[29] 这种蜂蜜酒除了能带来高飘之感，据说还有治疗心里憋闷的医学功效哩。

饮用蜂蜜酒的习惯很可能源于古代挪威人。据著名叙事诗《贝

---

① 大犬星，即西方对中国天文界所称的天狼星的俗称。它是北天星空中最亮的恒星，也就是定名为大犬星座的星群中最明亮的星体大犬座 -α。它在 7 月至 8 月时与太阳几乎同时升起，此时正当夏天最热的时期，致使古罗马人认为暑热是它带来的。这一俗名的由来是因天气炎热，使没有汗腺的狗非常难受和易于患病。——译注

奥武夫》[1]所载，死于战事的挪威众英雄会在永恒幸福的英灵神殿里过活，他们坐在装盛着蜂蜜酒的大容器旁的长凳上，手擎牛角杯，杯中满盛着起沫的蜂蜜酒，喧闹地过快活日子，墙壁外面的严酷冬天也奈何不得他们。在挪威人的传说和故事中，很难找到根本不提蜂蜜酒、盛酒的大容器和牛角杯之类的片段。

蜂蜜酒对人类文化的意义远不限于北欧一地。它不仅可以帮助人们以美好的方式抵御冬天的寒气，往往还会起锦上添花的作用。即便在葡萄酒问世许久后，不少"杜康"的追随者们最中意的仍是蜂蜜酒。凯内尔姆·迪格比（Kenelm Digby）爵士便是突出的一个。此公为詹姆斯一世统治英格兰时期的朝臣，是个温文和蔼的贵族。如今人们还记得他，主要是因为——也许是错误地以为，他"写了本菜谱，毒死了一位太太"（这位太太是美丽的维尼莎·迪格比）[2]。[30] 他写的这本菜谱名叫《打开博学之士凯内尔姆·迪格比的食橱》（1669），是别人在他死后根据他留下的大量文字编撰而成的。说它是菜谱，其实也几乎可以说是蜂蜜酒谱，因为它们占了将近一半的篇幅，共提到一百多种加料蜜酒、水蜜酒和麦芽蜜酒等。迪格比告诉人们哪些蜜酒适于佐餐，哪些在餐前或餐后饮用更佳。他还介绍了多种加了香料的蜜酒，有的是加入墨角兰的，有的是加了冬香薄荷的；按酒力大小又分高度蜜酒、低度蜜酒和含酒精量极低的"柔蜜酒"等。他还将蜂蜜酒按质量分为"极品""佳酿"和"助兴"等不同等级；又说蜂蜜酒中可以放入水果和浆果，如樱桃、酸

---

[1] 《贝奥武夫》，一部用古英语记载的叙事长诗体传说，写于约750年。故事的舞台位于北欧的斯堪的纳维亚半岛。诗名也就是诗中英雄主人公的名字。——译注
[2] Venetia Digby（1600—1633），婚前姓斯坦利（Stanley），当时出名的美女名媛。年纪轻轻便突然在卧室过夜时死亡。当时她和丈夫凯内尔姆各自分室独宿，遂使其丈夫陷入谋杀嫌疑。凯内尔姆因此逃离家宅隐居别处，以钻研科学度过余生。——译注

樱桃、覆盆子、越橘、黑加仑子等；还可以放入花朵，如樱草花、鼠尾草花、琉璃苣花、牛舌草花等；也一并提到了有药效的蜜酒，有的能"清肺保肝"，有的可防"疝气和结石"，诸如此类。他又提到了用最上等的"汉普郡蜂蜜"酿出的蜂蜜酒，以及来自欧洲大陆的安特卫普（Antwerp）蜜酒和莫斯科（Moscow）蜜酒、用纯白色蜂蜜酿制的蜜酒。此外，他也没有忘记向女士们推荐甜甜的利口蜜酒。

迪格比时常用他的蜂蜜酒秘方作为晋升之阶和酬酢资本。他就搞出了名为"布琳公爵夫人白蜜酒"和"摩里斯命妇蜜酒"的两种酒精饮料，以巴结权贵人物。他最叫得响的蜂蜜酒是"敬呈太后①的水蜜酒"，他以此来迎合王室成员的味觉。此酒的具体酿制过程是，以 18 份水兑 1 份蜂蜜，用鲜姜、迷迭香和母丁香调味。据他自诩，"我将此种水蜜酒进呈王后，结果是人人都喜欢得不得了"[31]。

迪格比的人品如何姑且不论，他的"食橱"看来可的确出色。他将柠檬皮和姜等多种食材的美妙风味添加到食物中，还告诉人们，蜂蜜酒中可以放入"迷迭香、月桂叶、鼠尾草、百里香、墨角兰、冬香薄荷等有强大效力的植物，不但可加速酒的酿成，还能产生更佳妙的味道。而这些东西若放入啤酒中，则会使酒发苦或酒力太冲"。迪格比制取蜂蜜酒的方法既独到又实用，他提供了多种有益的建议，如酿制紫罗兰蜜酒时不得接触金属容器；在酒中放入一枚鸡蛋以鉴定酒力强弱——强到一定程度的酒，放入的鸡蛋会浮着。他还告诉人们，蜂蜜酒中放入酸樱桃，"可使饮者愉悦，而黑樱桃有益健康"。看到这样的暖心建议，对建议者也不会不显出些

---

① 指英王查理一世的妻子、查理二世的母亲亨丽埃塔·玛丽亚（Henrietta Maria）。——译注

许热情吧。在迪格比的笔下，蜂蜜酒实在表现出很强的诱惑力。比如他是这样描绘其中一种的："它入口便有感觉，带着一股冲劲儿，颜色是漂亮的纯白色。"[32] 看他这样写，作者本人也禁不住想来上一杯呢！

只是呀，当你合上迪格比的这本书，真去打开一瓶蜂蜜酒的时候，得到的感觉却会是……失望！我并没能品尝过迪格比的食橱里所列出的那么多种酒，自己也没有酿过这些东西，不过种种干蜜酒、甜蜜酒、加料蜜酒、净蜜酒、"古方"蜜酒、新法蜜酒……我是都尝过的。味道有如尿液和石油底油的蜂蜜酒，本人也都领教过。至于味道至为佳妙的，迄今我可是一种都没能尝到。可能是迪格比的这本书使我产生了过高的预期，其实我觉得，味道不佳的蜂蜜酒，滋味还不如多数中等档位的葡萄酒呢。本是准备领略一下上帝所赐的蜜液，可得到的却是咳嗽糖浆——这还是指运气好些的时候哩。

一些蜂蜜爱好者有时会慨叹于蜂蜜酒今天受到冷落的局面。奇怪的是，虽然许多人都喝这种东西，但养蜂人却不喝它。许多人喝蜂蜜酒，或许是受了《指环王》三部曲和《勇敢的心》之类电影的影响，形成了以大桶形式出现的蜜酒必定会很不赖的印象。原因并不在于蜂蜜酒不容易酿好，而是即便酿得达标，饮后也会留下一股不大好的余味。这种余味是蜂蜜造成的，而此种余味之欠佳，正折射着直接享用蜂蜜的感觉之美妙。欧洲和美国目前都有不少蜂蜜酒的酿造厂，可提供种种不同的产品——有干型的，有加料型的，也有加强型的——和葡萄酒差不多。最差的一种是以旅游者为招徕对象的，多在英国的名胜古迹景点（往往位于边远地域）出售，其上设计有古色古香的凯尔特风格的复杂双线图案，至于味道嘛，倒有些像是掺上苹果汁的能量饮料"葡萄适"。如果蜂蜜酒的出现代表着莱维-斯特劳斯所说的"从天然进入使然",那么葡萄酒取代蜂蜜酒,便应当说是"从使然进入怡然"了。自从有了葡萄酒,蜂蜜酒便失宠了。这一事实正说明,进步还是会出现的,尽管未必永远如是。

不过,这是不是意味着蜂蜜也不再风光了呢?

## 蜂蜜好景不再

有一位馔食史学者评论说,蜂蜜如今"只在需要特殊风味时才会用到"。[33] 养蜂人要是听到这一断语,相信是会摇头不赞成的。他们会坚持说,自己也好,自己的朋友们也好,无论在拌色拉时,炙烧腊时,还是烤野味时,都要用到蜂蜜。不过,要是说往牛油果上浇蜂蜜还不算是"特殊风味"(这样的说法还算客气呢)的话,我可真就不知道什么才能算了。实事求是地说,在今天的西式烹饪技术中,蜂蜜的作用并不是充当甜味剂,其主要功用就是添加风味。原因很简单,因为食糖已经上场了。

我们无从了解古时候的人们能吃到多少蜂蜜,最靠谱的估计是在12世纪,也就是法国诺曼家庭统治英格兰、千方百计地对付不听招呼的本地盎格鲁贵族的时期,英国人达到了最高的消费水平,大约为每人每年2千克。[34] 而在此期间蔗糖的消耗数量则不得而知。过了七八百年,也就是在企业老板们想方设法地对付各级工会组织的时代里,1975年的英国人年均蜂蜜消费量只有中世纪老祖宗们的八分之一,即每人0.25千克。真可谓微不足道。而千里迢迢来自英伦三岛以外的白糖,人均年消费量却达到了每人53千克。这种此消彼长的局面是如何形成的呢?

人们通常都认为,英国人的蜂蜜消耗量下跌,都是宗教改革闹的，其中最严重的时期是在16世纪30年代。在那个时期，大量的修道院被关闭，致使蜂蜜市场失去了一个优质产品的重要来源。修士和修女一向是重要的养蜂者，抹上蜂蜜的面包，是这些人难得的享受之一。在信奉天主教的西班牙和葡萄牙，蜂蜜的处境便与英国不同，依然保住了重要食材的地位，大量地用来制作美味的果仁蛋白蜂蜜糖——很像是今天的牛轧糖，只是更硬一些——和烘烤诱人的蜂蜜蛋糕。在英国，由于亨利八世（Henry Ⅷ）[1]强行关闭修道院，使得蜂蜜的产量锐减。更不巧的是，在这个时期，一种新的、更便宜的甜味剂，也随着大西洋海上蔗糖贸易的发展，重创着蜂蜜的销路。在新教势力[2]和糖业发达的双重夹击下，蜂蜜在英国便好景不再，到了17世纪以后，就连在英国的食谱中都很少提到这种食材了。

　　来自经济角度的这两点解释并不完全。在两种不同的食物中偏好一种，供应条件只是原因之一，口味也是起作用的。吃食在市场上多见，未必就一定会占上风。早在宗教改革发生之前，大约从公元8世纪起，英国的市场上便已经有了蔗糖。它来自地中海一带的糖厂。只是在1600年前，供应量一直不大，价格也相当可观。[35]

---

[1] 英格兰国王亨利八世（1491—1547），在位时间38年，原为天主教徒，但后来改奉新教，并在全英格兰范围内推行宗教改革。他大力促使农业面向工商业，使威尔士正式与英格兰联合，又成为爱尔兰国王。他共结过六次婚。前文提到的"血腥玛丽"和伊丽莎白一世都是他的女儿。宗教改革的内容之一，是解散罗马教廷在国内的修道院，这严重地影响到了当时的养蜂业。——译注

[2] 英王亨利八世推行的宗教改革，使新教在英国得到了扩大影响的机会。他死后继任的新国王、他的儿子爱德华六世（Edward Ⅵ，1537-1553）是新教徒，更使这一宗教派别的势力得到进一步巩固。爱德华六世早夭后，继位的"血腥玛丽"信奉天主教，对其他信仰无情镇压，反而使得新教有了更广泛的信仰基础。"血腥玛丽"死后，她的同父异母的妹妹成为又一位英国女王，即伊丽莎白一世，新教（中的安立甘宗）从此在英国占据了牢固的国教地位。——译注

由于它的稀缺而昂贵，用途便自然有限。从现存的制作果脯的配方看，在17世纪之前，欧洲人一直是用蜂蜜而不用食糖的。然而，当人们有条件用上这种来自地中海的"秸秆里的蜜糖"后，它作为食材比蜂蜜更受欢迎的迹象便出现了。早在15世纪中叶，欧洲便有了在吃食中加入食糖的记录。有些记录中还提到如若不得已而求其次时，可以以蜂蜜作为替代物，颇有些今日以人造黄油代替真黄油的意味呢。一份写于15世纪中叶的奶油蛋挞的烘烤方法是这样说的："……以放入足量的食糖为宜，但也可代之以蜂蜜。"[36] 在欧洲，越来越多的厨师将蜂蜜排到了食糖的后面。1287年是英王爱德华一世①在位的一年，那一年，英国王室共耗费了677磅（307千克）蔗糖、300磅（136千克）紫罗兰糖和1900磅（862千克）玫瑰糖霜——后两种虽然都用到了有浓郁香气的花朵，但都以蔗糖为主要成分。[37]

研究甜食有专长的历史学家劳拉·梅森（Laura Mason）告诉我们，蜂蜜同样也在糖果制造业中名不见经传。[38] 用食糖制作糖果的技术是在文艺复兴时期开始繁盛起来的，蜂蜜从此便被挤到了后面。梅森给出的解释是，对于甜点制作厂家而言，蜂蜜本身尽管十分佳妙，但在搭配效果上却远不如食糖。它的化学成分与食糖不同，一是含有水分，二是果糖含量较高，制成的糖果很容易变形发黏。蜂蜜也很难像食糖那样加工到澄明剔透的程度。再说它又容易燃着，烧起来会产生一种令人不快的气味，远不及焦糖好闻。而食糖是由等量的葡萄糖和果糖结合成的晶体，无论煮沸时或冷却状态下，味道都不会受到影响，还很容易加工成各种可爱的形状。

---

① Edward I（1239—1307），英格兰国王，在他统治期间征服威尔士，又因在攻打苏格兰期间去世而未能将它纳入自己的版图。——译注

在许多种情况下，用蜂蜜做吃食，实际上是毁了这种好东西。英国著名的研究蜜蜂和养蜂学的专家伊娃·克兰（Eva Crane）指出，蜂蜜中最"招人喜爱的芳香成分"不但沸点很低，还会很快挥发掉，因此享用蜂蜜最好要趁它们刚出蜂巢不久。[39] 如果用香气最浓郁的蜂蜜制作糖果，那实在是暴殄天物。即便是大路货，这样用也未免可惜。种种使得蜂蜜成为出色的天然食品的品质——独特的芳香、美丽的色泽和丰富的滋味，使得它不适于用在大多数糖果的加工制作上。对于喜欢蜂蜜的人来说，最好的享用方式就是不加工它，一旦用来充当糖果的辅料，结果倒反为不美。只有在需要突出蜂蜜滋味的品种上，比如传统的牛轧糖①、西班牙果仁蛋白蜂蜜糖、哈尔瓦酥糖②，以及法国巴黎著名的"蜂之房"专营店制作的蜂蜜棒糖，它才能继续放出光彩。[40]

糖的味道就是最纯粹的甜。世界各地的不同文化所形成的对食糖的认知程度是不同的。比如说，孟加拉人所消耗的食糖量，就只相当于古巴人的很少一部分。不过，一旦一个民族被"甜虫"黏上了，再要摆脱可就不容易了。[41] 美国就是个突出的例子。在这个国家里，每人的年均甜味剂消耗量约可折合为75千克"高热量甜味剂"——精制糖、普通玉米糖浆和高果糖玉米糖浆约各占三分之一。自从食糖消耗量扶摇直上以来，呼吁多生产蜂蜜的对抗声浪便一直没有停息过。蜂蜜代表着本地来源、本地加工，而食糖则是工厂生产、舶来之物。19世纪的英国激进改革人物威廉·科贝特（William

---

① 牛轧糖，1441年在意大利问世。当时所用的成分为蜂蜜、扁桃仁和蛋白。目前的牛轧糖多数已经用白糖代替了蜂蜜，还增加了其他辅料如奶制品等，扁桃仁也多换为花生米。此外还有用巧克力取代蛋白的变种，称为黑牛轧糖。——译注
② 哈尔瓦酥糖，一类质地致密的甜点的统称，通常以面粉或者碎芝麻为底料，加上蜂蜜和植物油同煮制成，有些类似中国的酥糖，但通常更甜，也不似后者那样易掉渣。如今的这种酥糖，也多以蔗糖或者糖浆代替蜂蜜了。——译注

Cobbett）便号召本国的儿童们多吃本教区出产的蜂蜜，拒绝消费来自"奴隶主子"的蔗糖。[42] 这是个很好的主张，也正是现今批评"远方来食"的前驱，只可惜太不现实，既不能迎合人们的口味，经济上也没有吸引力。

味觉这种东西很是刁钻古怪。一个人可能爱吃苦瓜，却未必会喜欢黑巧克力或者苦丁茶；喜欢柠檬的酸味，却未必中意青杏的酸劲。只不过任何喜欢甜味的人，都不会不习惯食糖，因为这种东西提供的就是纯粹的、不含任何其他成分的甜感。[43] 至于蜂蜜呢，那就不好说了。也许你会喜欢，也许会不喜欢。蜂蜜的甜要比白糖和红糖都特别，除了甜味，还有其他的内容，有的是好的，有的却说不上好。在食糖登台上场之前，蜂蜜是最常见的甜味剂，比椰枣浆和浓缩葡萄汁都更常用。可一旦领略到食糖的滋味，蜂蜜便一下子表现出了新的定位——不过未必是好的定位：这种东西的通用性减弱了，代之而来的是特殊性。

对于那些坚持爱好蜂蜜的人来说，食糖简直就成了敌人。16世纪临近结束时，一些对蜂蜜情有独钟的人开始抱怨起食糖日益普及的现状来。一个名叫罗伯特·萨瑟恩（Robert Southerne）的养蜂人，可以说是将这种抱怨变成了疾呼。他在1593年对进口食糖在英格兰抢去了蜂蜜的位子大表愤懑——

> 这帮人的舌头迟钝得只能尝出灯油的味道来！蜂蜜嘛，啧啧！它太杂啦！白糖嘛，那才叫个东西！为什么呢？那还用说！因为它自远方来，价钱也高，自然够得上供淑女们消费的档次。不对，不对！英格兰是得到上帝慈佑恩赐（蜂蜜）的地方，只是英格兰人不知感恩，实在是……可恶至极。[44]

这位萨瑟恩虽说是在贬低食糖，但他也无意中道出了这种甜味剂受到推崇的实情。他所说的"蜂蜜嘛，啧啧！它太杂啦"，这个"杂"字真是说得很准，它虽然有"丰富"的意思，但又表明未必都是需要的，甚或更是不需要的，有妨碍的。这正是一些人不喜欢蜂蜜的原因：它太突出自己，太不能合群，而食糖并不这样。结果便正如萨瑟恩说的那样："有人担心，享用蜂蜜的时代已经过去。"[45]

萨瑟恩的抱怨根本没能改变局面。1633年，一位名叫詹姆斯·哈特（James Hart）的英国人认为，在受欢迎的程度上，"如今的食糖已经接了蜂蜜的班"。他的话道出了实情。[46] 蜂蜜好景不再，原因之一与医药有关。在药店里，原来用蜂蜜的药品，现在都改成了食糖。正如有人在18世纪所形容的那样："从13世纪到18世纪，食糖在医药领域中的应用是如此普遍，以至于当形容形势一筹莫展时，人们会说'就像药房里没有了糖'。"1620年，英国内科医生托拜厄斯·韦内（Tobias Venner）慨叹道："蜂蜜让不少人不舒服，特别是急脾气的人和肠胃胀气的人"；而食糖却"对任何年龄和气质的人均无不利"。[47]这也还是指出蜂蜜过于独特，过于芜杂。

不过致使食糖最终彻底胜出的是茶和咖啡。这一优势地位不但在医药界，蔗糖不再被奉为保健灵药后仍然得以长期保持着，而且即令它被指斥为有害健康之后也没有跌下宝座。蜂蜜虽然香气浓郁，却未能帮助扩展另外两种本身也有独特香气的饮料在英国的销路——一是来自阿拉伯世界的咖啡，二是蓝领阶层习惯的红茶。（许多养蜂人不这样认为，不少其他人也不这样看，不过在这个问题上，他们也同在其他许多问题上一样不占大多数。）茶和食糖是一道赢得民众喜爱的东西。由于东印度公司的兴盛贸易，到了1750年，即使是英国的穷苦劳工阶层也能饮得起茶了，而且还能

第四章　与蜂蜜有关的饮食

在这种提神的饮料中加入既甜又能提供能量的食糖。[48]在此之后，随着19世纪的来临，蜂蜜最终彻底地输掉了。失败的原因是对手价格的低廉。

  在19世纪之前，英国的蜂蜜售价一直是低于食糖的，而且往往会低很多。这是因为它的产量既高，劳力投入也少，不需要繁复的加工处理，也无须长途运输。1250年时的蜂蜜价格只有食糖的五十分之一。1600年时，它也仍比从加勒比海殖民地那里由奴隶生产出来再运到英国的蔗糖便宜，价格为其的四分之一或五分之一。然而，从约1800年到1850年的半个世纪里，在英国这个典型的喜欢甜食的国度里，食糖价格渐渐跌到了与蜂蜜持平的水平。到了1850年时，所有的食糖价格，无论是由甘蔗榨压的，还是由甜菜浸取的，都便宜到了不起眼的地步。这样一来，蜂蜜反倒成了昂贵物品。这一贵一贱的原因，主要是食糖市场在此时的开放，造成了更强的价格竞争。1806年拿破仑在欧洲大陆上实施禁运政策，歪打正着的效果之一便是，法国的普鲁士增加了本国甜菜的种植量，以对抗来自大西洋海运蔗糖所受到的封锁。与此同时，全世界出现了更多的甘蔗种植地：印度、澳大利亚、巴西，尤有古巴。这便使蜂蜜在价格上远远无法与食糖抗争。近年来，蜂蜜的价格已经是食糖的许多倍——有关来自某些国家对所产蜂蜜的安全性的考虑，更抬高了它的价格，这使得在当前人们大啖的甜食和豪饮的甜饮料中，蜂蜜的用量只占甜味剂的很小一部分。

  可话又说回来，虽说蜂蜜目前的总产量和总销量都相对不高，但人们对蜂蜜的喜爱仍然持续着，只是蜂蜜酒确实不大受待见了。在过去的十年里，全世界的蜂蜜总产量实际还是呈上升趋势的，虽非高歌猛进，却也步步攀升。[49]有机食品潮的出现，使得一些蜜源有限的蜂蜜觅到了知音。它们的地位得到提升有两个原因，一是它

图 4-7　19 世纪时的瓶装蜂蜜
图中文字
一磅装纯净蜂蜜（左）
两磅装纯净蜂蜜（右）

们作为健康食品的价值得到了认可〔根据英国当局的规定，提供有机蜂蜜的养蜂场，必须至少周边方圆 4 英里（6.5 千米）以内均为有机农田〕，二是蜜蜂对实现可持续农业的意义得到了重视。如今在一些国家里，人们仍然保持着食用蜂蜜的习惯。德国是一个明显的例子。德国人的人均年消费量仍然与中世纪时大体相当（2 千克左右）。[50]

在撰写本书期间，我见到了几位搞蜂蜜营销的人。他们时常发出抱怨，说"公众"不大注意蜂蜜在制作风味食品上的潜在能力。他们大概是希望人们仍然会像奢靡的古罗马人那样，在烤羊羔时仍然随烤随浇涂蜂蜜，露天烧烤前也会先将鸡腿用蜜浸过吧。这样做自然会增加蜂蜜的行销量，但我并不赞同。肉类本身就很有滋味，

第四章　与蜂蜜有关的饮食　　201

无须以蜜辅助。今人不再吃裘利斯·波鲁斯介绍的那种蜜涮牛脑无花果叶卷，并不值得可惜。想要在餐桌上露上一手，尽可用其他办法。不要为再也吃不到浇上蜂蜜汁的鱼唉声叹气——如果蜂蜜酒的失宠都不值得惋惜的话，蜜汁鱼就更没有资格啦。不过种种添加蜂蜜的糕饼和布丁不在我的不以为然之列。如果忘了不时享受一下传统的高黑麦姜糖饼，或者存放得住的蜂蜜糕饼，或者放入蜂蜜的法式松糕小茶点，或者添放蜂蜜的乳酪蛋糕，那实在可惜。不过就凭这几样点心的美味，相信它们是不会消失的。只是说一千道一万，享受蜂蜜的最好方式，还是直接吃它，而且要吃刚从蜂巢中取出来的。将蜂蜜抹在面包上——哪一种面包都可以，拌在酸奶、乳清酪、凝脂奶油或者粥里，浇在刚煎好的薄饼上，或者新鲜水果上，或者干脆用勺子从瓶子里舀出来，直接送入口中。

站在美食家的角度，蜂蜜更应当以特种甜味剂的身份存在，而不应当只是食糖的替代物。既然以"特"待之，价格高些也就是理所当然的了。精于赏鉴美食的人们越来越喜爱蜂蜜，正是因为蜂蜜不是食糖，也因为它天然、纯净、基本，还因为它特殊。蜂蜜之所以受欢迎，完全就在于其"杂"——它有那样多的佳妙品种。

### 多种多样的蜂蜜

优质蜂蜜的佳妙之处何在？

近年来在英国举行的蜂蜜展销会上，担任评选工作的人员往往不是将精力集中于发现展品中应当发扬的长处，而是搜寻种种可以避免的缺憾，并且做得十分苛刻。参赛方对此很是不满。他们也有抱怨，但评判方式却一如既往，参赛者也只好默默地忍受。这种"挑刺儿"的评选方式，是因为蜂蜜展销会始于19世纪，而当时举办此类活动的目的，是要遏制在蜂蜜销售中十分普遍的弄虚作假之风。在18世纪时，最常见的搞鬼方式是，在蜂蜜里掺入面粉和其他粉剂，以造成蜂蜜中出现结晶的假象。针对这种造假手段，防范的对策是选择外观澄明、能够流淌的蜂蜜产品。然而，淀粉糖浆在19世纪的出现，使得原来的判别方法不再适用了。此类糖浆是透明的，不但很容易掺入蜂蜜中，而且很难发现。有的造假商贩甚至会将一片片巢脾弄得空空如也后，浇上百分之百的葡萄糖浆，真可谓虚假到了无以复加的地步。正因为如此，当首届全英蜂蜜展销会于1874年在伦敦举办时，抱定的宗旨便是通过给进入市场的蜂蜜定下严格的标准，打击种种黑心行为。

要在这样的蜂蜜展销会上拔得头筹，就必须提供没有缺点的蜂蜜样品。这样的蜂蜜必须不得带有任何不寻常的气味，包括不得带有烟熏气，入口也尝不出任何异味；蜂蜜中不得含有来自蜂蜜以外的任何物质，所含水分也不得超标；蜂蜜不能是发了酵的，其中所含的果糖不能达不到规定比例，也不能不含蔗糖，但同时又不得过高（不久前，英国还因为琉璃苣蜜中所含的蔗糖比例较高而改变了有关标准，虽然只是稍稍提高了少许，还是惹起了一阵哄闹。不过琉璃苣蜜中确实含有高过其他蜂蜜的蔗糖比例，并非是造假掺入了食糖）；参展的蜂蜜不得装在有附着性的容器内，容器不得沾染任何杂物，标签也不能贴得不规整；蜂蜜的口感均须滑爽；无论蜂蜜是否出现结晶，倾倒时都必须非常顺畅，流淌速度也不得因结晶的存在而时快时慢。符合所有这些要求的，才有可能成为得奖展品。

凡此种种标准，起到的作用是使蜂蜜变得枯燥乏味、不具特色。比如说，规定进入展销会的蜂蜜必须先行去除所有"会成为残留的成分"。其实此类成分，虽然是些黏糊糊的东西，然而非但不是什么有碍的部分，反倒往往是些精华，其中含有不少花粉，有益于健康，蜂蜜的特有香气也多亏有它们的存在。养蜂人经常会将这些成分截留下来自己享用。参展的蜂蜜无疑可以放心食用，然而，纵观摆放在展厅中的一排排装盛着种种蜂蜜的瓶子，虽然都安全无虞，却难得出类拔萃。

要找出出色的蜂蜜中究竟含些什么是十分困难的。公元25年时，希腊医生狄亚斯科里德斯①说过这样的话——

> 最好的、最受欢迎的蜂蜜应当是甜的，口感浓厚的和有美妙香气的，而且颜色应当是淡黄的。它不应当是纯粹的液体，会表现出凝聚性，静置后会变得黏稠；用手指蘸起些许时它不会淌下，而是完全粘在手指上。蜂蜜在春、夏两季的味道都上佳，冬季时会变得十分黏稠，味道也大为减色。[51]

过了许多年后，英国的养蜂大师查尔斯·巴特勒在1623年总结出了一套"蜂蜜经"。他对好蜂蜜下了类似的考语。他认为，最好的蜂蜜应当——

> 明澄（然刚刚摇出之头道蜜会因含较多结晶而程度稍逊）、飘香，呈淡淡之金黄色，蜜味浓厚明显，味道甚甜，口感愉悦，任何时候都很匀净，用手指轻蘸，提起时会粘住，从上向下斟倒时会形成长长一股流下而不稍断……[52]

这就是说，评判蜂蜜的依据应当是颜色、气味、滋味和稳定性。不

---

① Diascorides，与盖伦齐名的古希腊名医，比盖伦更早近一个世纪，但因主攻内科和医药，因而在后世人心目中名气不如擅长外科的盖伦响亮（恰如发明切脉的扁鹊名声不如刮骨疗毒的华佗）。他写下的五卷集《药物论》被后世沿用了1500年。——译注

过除此之外还应当有些别的内容：某些类似于酿酒业里所说的"风土条件"①的东西，不妨说成是"蜂蜜风土"吧。

古人发现过很多种极好的蜂蜜，它们都与地点有关。来自西西里岛（Sicily）海勃拉山（Mount Hybla）的蜂蜜，据说"甜得无懈可击"。[53] 距土耳其海岸线不远的卡利姆诺斯岛（Calymnos），也以出产蜂蜜闻名。[54] 不过大多数人还是认为，顶级的蜂蜜是由希腊首都雅典（Athens）附近海迈特斯山区（Mount Hymettus）一带的蜂群贡献的。古希腊人留下的食谱告诉我们，那里当时出产的蜂蜜色白、清亮，黏稠度低。只是如今此地的蜂蜜却是亮棕色的，未免有些令人不解。那里松林广被，莫非白色是在深绿松针映衬下造成的错觉不成？海迈特斯山的蜂蜜成了大大的名牌。这一点在古代文学作品中得到了反映。尼禄的朝臣、引领当年时尚、后来被迫在公元66年自杀的佩托尼奥斯（Petronius），就在他的讽刺作品中，对著名的暴发户特立马乔的生活进行了描述。②特立马乔在一次炫富的盛宴中，为摆阔而无所不用其极。他以石榴招待客人，③孔雀蛋摆入银勺子里上桌。至于蜂蜜，特立马乔"是将阿提克地区④的蜂群运来雅典的住处后得到的"。[55] 这正说明海迈特斯山区的蜂蜜的地位。特立马乔看来是认为，将蜜蜂从那里搬来，自然便会连同带来山间盛产的百里香植物的芳香。

---

① "风土条件"一词源自盛产葡萄酒的法国，在法文中写为 terroir，系指农产品在其生长过程中所依赖的环境因素的总称，包含土壤、降雨量、日照、天气、气候，乃至当地人的习俗等诸多因素。——译注
② 这里提到的讽刺小说是《爱情神话》（有海外中译本），特立马乔是书中人物，是个以种种卑劣手段致富的人，因此成了为富不仁者的同义语。——译注
③ 当时希腊的石榴须从伊朗走陆路运来，行程超过 3000 千米，又得保鲜和防止水分丢失，自然非常昂贵。——译注
④ 阿提克地区，指希腊东南近海包括雅典在内的地域，也称阿提卡（Attica）。海迈特斯山便在这一地域内。——译注

第四章 与蜂蜜有关的饮食

有些古罗马人也自信是更好的蜂蜜行家。前文提到的农业达人科卢梅拉便认为，判断蜂蜜的优劣不在地域而在蜜源。他最中意的蜂蜜都来自唇形科植物的花蜜："来自百里香的蜂蜜风味最佳，稍逊一些的是希腊香薄荷、野生百里香和墨角兰。……迷迭香和意大利本地的香薄荷位列第三等，但也仍然是极好的。"[56]

人们目前标评蜂蜜仍沿用两种方式：一是根据产地；二是根据蜜源的植物种类。大家会看到，有的蜂蜜容器上仅仅标有诸如"澳大利亚""希腊"等地名字样，有的则以某种花表示最主要的花蜜来源，这就是通常所说的单花蜜；葵花蜜、板栗蜜、橙花蜜、金合欢蜜等都是此类称法的例子。在全世界最有名的蜜蜂产品专卖店、巴黎的"蜂之房"（店址在维农街24号，距离著名的玛德莱娜教堂不远），那里出售的蜂蜜是将产地和主要花源都注明的。在这家店里可以看到来自法国各地的百花之蜜：如以传统方式制取的加蒂奈蜂蜜——就连名称都沿用了现已废止的旧省名，有产自阿尔卑斯山区、色泽和黏稠程度都有如牛奶焦糖的蜂蜜，单花蜜中更有十分罕见的胡萝卜蜜、蒲公英蜜、覆盆子蜜等。不过究竟是产地更重要些，还是花源更重要些，目前仍尚无定论。

蜂蜜可以使人们对某些地方产生特别的好感。在很长的时间里，英国市场上的蜂蜜都来自中国，只是近年来因发现含有杀虫剂成分被禁止进口，从此便再也见不到注明来自这个国家的产品了，不过实际来源仍然不好说。如果见到产品标签上注明西班牙柠檬谷，或者法国普罗旺斯薰衣草田，恐怕也不无商家利用人们的好感造假的可能。

1759年，英国一个名叫约翰·希尔（John Hill）的蜂蜜商人向这种地域癖发起了挑战。这个在伦敦的科文特花园（Covent

Garden）① 开了一家蜂蜜专卖店的店主提出了一个很内行的问题，就是为何他的顾客往往认可来自国外的蜂蜜，而且特别钟情于法国南部纳博讷（Narbonne）的产品："我们从世界各地进口蜂蜜，无论它们来自哪里，统统都冠以名气最大的地名，说成是纳博讷蜂蜜。"当时英国进口的蜂蜜主要来自三个国家：瑞士、意大利和法国。瑞士产的蜂蜜外形稠厚而味道清淡；意大利的多为琥珀色，香气很浓；法国的"正宗纳博讷蜂蜜颜色纯白，几乎从不结晶，比糖浆略稠些，发出完全像百里香和薰衣草混合的芳香气味"。希尔承认纳博讷蜂蜜确为上品，不过同时也并不认为它能胜过他曾在伦敦尝到过的一种本地蜜。这种蜂蜜，他是在一处叫巴特西大开洼（Battersea Fields）② 的一处种植商用薰衣草的地方见识到的。他觉得这种蜜"看来吸收进了薰衣草精油的精华"。[57] 以希尔所见，在英国本土产出的春蜜，并不劣于舶来品，关键在于应当丢弃偏见。

然而希尔并未能说服他的同胞。英国的养蜂人至今仍继续发出同样的抱怨。对于大多数消费者无视本国对蜂蜜的种种更严格的规定而仍然钟情进口蜂蜜的现实，他们觉得很无奈。不过说实在的，人们所期待于蜂蜜的，并非严格而是情调。目前的多数英国蜂蜜简直不带任何浪漫情调。在这个国家里，蜂蜜多是食用油和妇女病药物生产的副产品。英国蜂蜜的主要蜜源来自油菜和琉璃苣。琉璃苣因花朵形如五角星，故又称星星草，是制药厂大量用来经提炼制成胶囊，用以缓解成年女性的诸般经前不适症状药物的原料。琉璃苣蜜比较稀薄、清亮，通常带些蓝色，甜度相当高，但味道平平不大有特色。油菜蜜则是一种极易结晶的品种。由于蜂巢内的温度较

---

① 科文特花园，英国伦敦西区的一处地名，伦敦有 300 多年历史的最大的果蔬市场就开设在这里。——译注
② 巴特西大开洼，伦敦市内的一个老地名，现辟为一处公园，名为巴特西公园。——译注

高，多数蜂蜜在巢内不会结晶。不过油菜蜜是例外。它在酿成后会很快就在蜂房内结晶为乳白色固态。如果养蜂人不及时取蜜，它就会与巢室糊为一体，不可能摇出来了。油菜蜜在摇出后，应当赶快搅打以将结晶颗粒打细，否则吃起来会有一种牙碜感。油菜这种植物有一个很重要的特点，就是油菜花分泌的花蜜量比其他植物多出不少，[58]这就使得它特别受到蜜蜂的欢迎。每到油菜田里开遍明亮黄花的季节，附近蜂巢里蜂蜜的积聚量也增长得特别迅速。喜欢享用蜂蜜的人们，对油菜蜜怀有亦喜亦嗔的混合情感，它的最大优点是滋味柔和，与其他蜂蜜都能很好地融合，而缺点就是闻起来有一股青菜味。

当前英国自产的蜂蜜以油菜蜜为主，这说明蜜源在城市的蜂蜜——蜂群欢欢喜喜造访大大小小的公园和富人区私人花园的结果——似乎比来自乡村的更值得注意了。不过乡村蜜中也有仍然受到重视的品种，如发出奶油焦糖芳香、口感滑爽的丁香蜜（桃金娘科），非常晶亮黏稠、通常呈果冻状，只有受到搅动后才能出现短暂滴垂性的苏格兰帚石楠蜜。

要在蜂蜜世界里找到真正的浪漫情调，还是得扩大搜寻面。同人世间的任何事物一样，品尝蜂蜜的感觉也会因人而异。在不少地区，特别是在气温偏高处，人们往往不看好出现结晶的蜂蜜，更喜欢流淌性强的。其实，同一种蜂蜜，在有结晶时和没有结晶时并无不同。不同品种的蜂蜜，在结晶的难易程度上是不同的。不论何种蜂蜜，如果在容器的热水中放置蜜罐子，结晶便会消失。蜂蜜酱——一种不透明、容易摊抹并有些许流淌性的调料——是将结晶的蜂蜜搅拌片刻使之全部成为稀糊状的结果。无论什么品种的蜂蜜，放置时间长了都会出现结晶。只是一些地方的人们形成一种习见，认为一出现结晶，蜂蜜的质量便不如先前。作者本人有一位朋友来自以色列，他刚刚来到英国时，便以为看到的有了结晶的蜂蜜，无论是英国本地的还是从法国进口的，都是"进去了脏东西的"，可英国人正是喜欢在吃热松饼时抹上这样的蜂蜜呢。

同对其他事物一样，对蜂蜜的喜好也是因人而异的。有人喜欢吃带蜜的蜂房，以体验又甜又有嚼头的口感，直接将这种东西当成了天然的口香糖，可是另外一些人尝一下就会吐出来。意大利板栗蜜会带有一股成人的体臭气味（还夹杂着一股苹果开始发酵时的气味），可有人就是喜欢将它浇在绵羊乳酪上享用。非洲卢旺达出产的蜂蜜烟熏味很重，产自越南丛林的蜂蜜呈暗棕色，并带有松香味，但它们也都中某些人的意。就作者本人而论，我最喜欢的蜂蜜是滋味比较淡雅的，如略微带些酸味的法国酸橙蜜、柔和的加利福尼亚鼠尾草蜜、又黄又亮的西班牙橘花蜜、浓稠平和的英格兰帚石楠蜜和澳大利亚的麦卢卡蜂蜜。古代欧洲人认为最好的蜜源为地中海一带的芳香植物，的确是言之凿凿。在我尝过的源自多种薰衣草属的各色蜂蜜中，就不曾遇到过我不喜欢的。不过我不甚欣赏薄荷蜜（薄荷味太重了些）。至于百里香蜜，如果是来自此属下面的某些种，就会带有较重的刺激性。再加上我性喜猎奇探险，因此也见识过产自美国佛罗里达沼泽地的多种蜂蜜，如有深琥珀色明亮色泽的蒲葵蜜。我特别喜欢有焦糖口味的水紫树蜜，这种植物多生长在阿巴拉契科拉河（Apalachicola River）、查克托哈奇河（Choctahatche River）和奥克洛科尼河（Ochlockonee River）等美国东南部河流的流域。水紫树蜜与油菜蜜正好相反，不但气味和滋味都大不相同，而且几乎从不结晶。

近年来最昂贵的蜂蜜来自澳大利亚、新西兰和美国。在英国伦敦的塞尔弗里奇百货公司①，顾客们可以找到美国加利福尼亚的蓝莓蜜，价格是其他产地蓝莓蜜的10倍——说不上便宜，不过还是比乘飞机去原产地购买划算。我想我未必会赴夏威夷（Hawaii）游历，但是会从网上购买罕见的夏威夷白蜂蜜。如今蜂蜜的销售已经跨越了文明的边界。请看这个极有代表性的例子：阿根廷出产的一种"惬蜜"（Ché honey）。在这种蜜的包装上写着这样的大气广告："本惬蜜产于阿根廷北部原始未开发的格兰查科大森林内舟车难进的特定区域，这里不存在污染，没有化学杀虫剂，不种植转基因作物，离最近的城市和工业区超过数百英里……认购此种有机酿造、有机制作的产品，同时也支持了养蜂制蜜的维齐（Wichi）部族原住民。"

　　蜂蜜的存在，既使世界似乎变大了，也使世界好像缩小了。试想一下，一个从来没去过新西兰的人，能在自己的家里打开一瓶那里出产的蜂蜜，一个连某种植物的名称都没听说过，却在每天早上用早点时都会从蜂蜜中闻到它的花朵的芬芳，这该是多么令人兴奋的体验啊！这种感觉，是不是有点类似于弄到宇航员从月球上带回地球的一块岩石呢？

　　蜂蜜给我带来的最强烈的体验，是拐弯抹角地得来的。当时的蜂蜜是一位馔食作家扶霞·邓洛普（Fuchsia Dunlop）在1998年从中国四川省省会成都的街头上买来的。这是块硬得像石头一样的东西，白兰瓜大小。她可是从来没有见识过这样的蜂蜜。"要不是它里面嵌着几只死蜜蜂和一些被压得又薄又碎的蜂房，我说什么也不会相信这是蜂蜜。"将这块东西卖给她的人是一帮"倒爷"，

---

① 塞尔弗里奇百货公司，英国的连锁百货商店，目前为仅次于哈洛德百货公司的英国第二大百货商店，以经营高端商品为主。——译注

今天卖这个，明天卖那个，像什么甲鱼之类的货都卖过。这些人告诉她，这块东西来自云南，再具体些就说不出来了。她买下了这块像石头一样的蜂蜜，可以后就再也没见到类似的东西。当时邓洛普正在成都研究川菜。她经常会在早上从这块"蜂蜜石"上弄下少许，就着大米粥当早饭。一年后她返回英国，将剩下的部分也带了回来。

买来这块罕见的"蜂蜜石"五年后，邓洛普将最后的部分送给了我。它原来有白兰瓜大，到我这里时已经小得有如苹果了。当邮差将它送来时，第一眼我竟以为是收到了一枚炸弹！我和我四岁的儿子小心翼翼地慢慢地将包在外面的气泡垫膜拿开。突然间，整个房间里都充满了一股诱人至极的蜂蜜香气。这块东西硬硬的，颜色灰中透紫，表面上布满洞眼，看上去有如一团变成化石的海绵。后来有蜂蜜专家告诉我，这应当是一块野蜂的蜂房，其中的蜂蜜以特别方式形成了结晶，再加压变硬，这才成为目前的样子。压缩的原因，可能是中国的游牧人为了长途迁徙的方便而为，也可能是经历了某种变故所致。无论它是如何出现的，它就是一个奇迹。我们对它琢磨了很长时间，简直如同研究一个科学样品。然后，我们抱着尝试的目的，弄下了小小的一粒。我们怀着天晓得会得到什么体验的期待，都抿了抿这个灰色的小颗粒。

味道的确很好！我们一时都分辨不出究竟像什么东西。突然间，我们都悟出来了——这简直就是糖嘛！

## 介绍几种有蜂蜜的吃食

打算自己动手烘烤一些蜂蜜点心吗？

且慢！如果打算用顶级蜂蜜做点心，劝君还是莫辜负这样的好东西。好蜂蜜最好还是直接享用，或者拌在酸奶里，或者抹在面包上。不过，如果你准备用的蜂蜜比较普通，又很有烤些点心的兴头，那倒不妨听听如下的建议。

由于蜂蜜比食糖更容易焦煳，因此一般来说，凡在烘烤含有蜂蜜的点心时，温度总应比不含时低一些。只是如果仅有少许的焦煳成分，倒是能给许多蜂蜜点心带来特有的风味呢——尤其在食材中同时含有香料时更会如此，这就会给初试者掌握具体温度造成困难。这里提供一条经验规则：无论什么蜂蜜甜点，都不妨将只用食糖时的用量，换成同样重量的蜂蜜后再增加1/4。（比如，若用食糖时应加100克，换成蜂蜜就应当是125克。）液体成分也要相应酌减。虽说索性根本不用食糖而完全以蜂蜜代之是个很有诱惑力的想法，但我认为，在制作大部分甜食时，还是应当放一些食糖，这样会获得更好的外观和口感。只要使用少量的蜂蜜，即可使出炉的点心表层更松软，存放的时间也更长。不要用顶级蜂蜜做点心，否则真就是暴殄天物了。用金合欢蜜之类的普通品种即可。

**蜜饯核桃**

这是一种十分美味的中世纪甜品，它原刊于法文的《巴黎人家政指南》，英译后收入埃莉诺·斯库利（Eleanor Scully）和特伦斯·斯库利（Terence Scully）所编的《早年的法式烹饪》。

蜂蜜（液态），200毫升
母丁香（整粒），15粒

鲜姜（切细丝），2 汤匙[①]

核桃仁（整颗或半颗），200 克

小平底锅内放入蜂蜜、姜和母丁香，用小火加热。让这两种香料在热蜂蜜内腌浸 5—10 分钟。放入核桃仁后煮沸，并继续在这种状态下煮大约 10 分钟，煮的过程中应不时略为翻搅。看到蜂蜜十分浓稠时，便可关火（此时的受热状态为"软球级"[②]）。用勺子将它们挖出，放在烘焙纸[③]上冷却定型。母丁香部分不可食用，而姜应当说是味道最佳妙的部分。将此蜜饯碾碎后放入冰激凌中甚是可口——不光是核桃，任何甜味的坚果仁放入冰激凌中都会是美味的。

## 粉红榅桲酱

此甜品的制法基于中世纪食谱（收入《巴黎人家政指南》一书）。红葡萄酒为榅桲加色，蜂蜜彰显出榅桲的香气。烹制此酱时，空气中会弥漫着烫热果酒的气息，造成身处圣诞节的感觉。而且此酱也确实是适合圣诞享用的甜品，特别是放入精美容器中摆上餐桌时。

---

[①] 汤匙，英语国家常用的容积单位，但彼此间有些差异。作者这里是指英国的情况，一汤匙约合 17.8 毫升。前文提到的茶匙作为容积单位比汤匙小，1 英式茶匙为 1 英式汤匙的 1/3。——译注

[②] "软球级"，糖果甜点业内人士凭经验估量被加工甜点所处温度的行话。这样的级别共有 9 档，从最低的第一档（黏丝级）到最高的第九档（焦糖级）。"软球级"为第二级，此时如将少量食材滴入冷水中，可看到会成为有弹性的软软小球体，相应的温度在 115℃左右。这种方法在糖果甜点界内早已被更精确的温度直接测量法代替，但对家庭自制甜点仍有一定的参考价值。——译注

[③] 烘焙纸，又称油纸、烘烤衬纸、家用调理纸，是一种特制的软纸，用于烘烤面点时衬在烤盘或烤模底，这种纸有不易燃和不易与烘烤食材粘连的特点。——译注

成熟的榅桲，1千克

红葡萄酒，500毫升

蜂蜜，450毫升

细砂糖，2汤匙

母丁香粉、桂皮粉、干良姜粉[①] 各一小撮

粗砂糖，3—4汤匙

将榅桲去皮除核，切成大块后与红葡萄酒同煮，注意酒要将榅桲淹没。待煮得烂软后捞出、捣烂、过筛，成为漂亮的浅紫色榅桲糊。在煮过榅桲的酒汁内加入蜂蜜和细砂糖，再次煮沸后，放入榅桲糊和香料粉继续煮。当将酒汁收干到原来的一半左右，能看到果糊有些离开锅边，呈现稠厚的果酱状时便可关火。将它倒入刷了油的蛋糕烤盘，冷却后切成小块，撒上粗砂糖即可。如果收干的时间稍短一些，得到的便是十分美味的榅桲酱，可倒入瓶中存放，供抹面包食用。

蜂蜜冰激凌

蜂蜜冰激凌是巴黎"蜂之房"店家的拳头产品之一。蜂蜜可以赋予冰激凌以美妙的外观，又能造成与《圣经》中所说的"流奶与蜜之地"关联在一起的感觉。作者本人最喜欢的是薰衣草蜜风味的冰激凌。

---

[①] 良姜，又称风姜、小良姜等，亦属姜科，但不是洋姜（鬼子姜）。——译注

香草荚，1 只

浓奶油（含脂量48%），500 毫升

牛奶（全脂），250 毫升

细结晶蜂蜜[①]（建议用薰衣草蜜），150 毫升

将香草荚剥开，将荚内的香草籽顺着荚壳的方向刮入大煎锅。向锅内倒入浓奶油和牛奶之后加热，一俟煮沸便应移开。再向锅内放入蜂蜜，搅动使之完全溶解在奶中。将锅盖上，等待锅内芳香的混合液冷却下来。将这混合液经过细筛滤出香草籽，灌入合适的容器，用保鲜膜封口后放入冰箱。静置至少一个小时后放入冰激凌器或者冰激凌机搅动，也可倒入浅盘内置于冷冻室，并不时翻搅以不使冻实。

### 西班牙果仁蛋白蜂蜜糖

这是一种与牛轧糖相近的甜品，很适宜在圣诞节期间享用。据在蜂蜜研究领域享有盛名的伊娃·克兰考证，以传统方式制作的此种糖果用的是迷迭香蜂蜜或橙花蜜。

蜂蜜，100 克

细白砂糖，100 克

蛋清（来自大号鸡蛋，搅打成糊），2 只

美国大杏仁（去皮，烤至刚熟），150 克

---

[①] 细结晶蜂蜜，又称乳化蜂蜜，是将新摇得的蜂蜜经低温灭菌过程杀死酵母菌后，再在较低温度下静置若干日的蜂蜜。这样的蜂蜜不会生成大粒结晶。其实就用普通蜂蜜也不会有很大差别。——译注

榛子仁（烤熟），100 克

糯米纸

将蜂蜜和细白砂糖放入煎锅，在中火上加热至起泡后离火搅打。当溶液开始变得稀薄时，倒入蛋清糊继续搅打，再放在中火上加热，直至呈硬奶糖状。放入杏仁和榛子仁，搅动均匀后倒入衬有糯米纸的烤盘内，再在上面盖些糯米纸。用重物压一个小时左右，之后，按个人喜好的形状切成小块。

## 俄式酸味甜面包

这种口感实在的深色面包，基本内容取自莱斯莉·张伯伦[1]的出色著述《俄罗斯食品与烹饪》，但在细节上有所改动。

精白面粉，300 克

高面筋全麦面粉，300 克

黑麦面粉，300 克

酵母，7 克

水（用时应处于烧开后刚刚止沸的状态），500 毫升

蜂蜜，2 汤匙

浓缩石榴原汁（选用），1 汤匙

藏茴香籽（选用），1 茶匙

将三种面粉合到一起，放入酵母。倒入水，放入蜂蜜（和浓缩石榴

---

[1] Lesley Chamberlain（1951— ），英国女作家，通晓俄罗斯和德意志文化。——译注

原汁），充分搅拌后揉成面团，注意面要揉透。取大容器刷上油后将面团放入，置于温暖处饧至面团体积涨大一倍为止（大约饧一个小时）。将面团取出，（加入藏茴香籽）再揉一次后，分成两块再饧一段时间。饧面时将烤箱的温度定在烘烤方式220℃上开始预热。当看到两个面团体积再有所涨大时，用手蘸水抹湿面团表面，然后放入烤箱。15分钟后将温度下调至180℃继续烘烤。续烤时间应视所用烤箱规格而定，一般来说，两段时间加起来应为40分钟左右。

## 考达发蜜汁糕

考达发是一种在中东地区相当流行的食品，放入的食材种类很多，但以古斯米[①]和乳酪为主。它与古代诗人提到的希腊式蜂蜜乳酪蛋糕不同，味道相当浓郁，特别适于在想要满足多种味觉时食用。作者对原来的制法做了一些变动，乳酪和奶油的用量都有所酌减。

古斯米，200克

沸水，400毫升

无盐纯黄油（切成小块），100克

鸡蛋（打散），1枚

食盐少许

乳清酪，250克

马苏里拉乳酪（碎末），150克

蜂蜜（无结晶），350毫升

---

① 古斯米，也称古斯古斯或者古斯面，是北非人的一种主食食材，原料是粗麦粉，加少量水后经揉搓并撒上干面粉，做成小米大小的颗粒，故其名称中有"米"的字样。国内有些超市出售盒装的古斯米。——译注

藏红花，1撮

冷水，120毫升

柠檬汁，1茶匙

开心果（1把，切碎，选用）

将古斯米倒入沸水中浸焖一小时后，边用餐叉翻搅边放入黄油、打散的鸡蛋和盐。再另将一勺蜂蜜加入乳酪内搅拌均匀。将烤箱调至烘烤方式200℃。将一半古斯米倒入圆形蛋糕烤盘（作者本人用的是直径为19厘米的）。将拌入蜂蜜的乳酪放入，再将另外一半古斯米倒在上面。预热结束后放入烤盘，烘烤10—15分钟。将余下的蜂蜜倒入煎锅，加入藏红花和冷水煮开后再继续煮5分钟，煮时注意不要发生粘锅或者结壳。离火后倒入柠檬汁搅匀。烘烤时间结束后，将烤箱改为顶炙模式继续烘烤至表面呈金黄色后取出。将煎锅内的部分甜汁浇在顶部，撒上开心果。切片后连同余下的甜汁一起上桌。

"雷电交加"

吃一块酥脆的含蜜蜂房，挖一勺浓郁的凝脂奶油，两个步骤交替进行。凝脂奶油不应当是代用品。

"神之早膳"

西瓜、希腊酸奶[①]和蜂蜜同时上桌，适于在炎夏的清晨进食。

---

① 希腊酸奶，又称脱乳清酸奶，是将酸奶通过布或者滤纸滤去乳清后的产物，其黏稠度较普通酸奶为高，依然保留了酸奶独特的酸味，但酸味更浓些，脂肪含量也较低。如果没有这种酸奶，印度酸奶也相当适用。——译注

## 蜂蜜全麦松饼

蜂蜜全麦松饼通常被归为早餐类中的健康食品，比蓝莓松饼和小红莓松饼都更有利于身体，更是一种比面里拌入巧克力酱又加上巧克力丁的双加料巧克力松饼合理的膳食。蜂蜜也加重了它作为这类食品的保健色彩。然而，此种食品中含有大量黄油，未必很适于充当瘦身者的早餐，尤其不宜供处于高蛋白减肥[1]过程中的人食用。不过这种松饼的确十分可口。

自发面粉[2]，150克

小苏打，半茶匙

食盐，半茶匙

红糖，100克

麦麸（烤熟或炒熟），50克

葡萄干（无花果干或杏干亦可，切成小粒），75克

沸水，120毫升

无盐纯黄油，75克

蜂蜜，60毫升

---

[1] 高蛋白减肥，又称食肉减肥，是美国医生罗伯特·阿特金斯（Robert Atkins）于20世纪50年代末创造的减肥饮食方法，其要求是完全不吃碳水化合物，代以高蛋白食品，即不吃任何淀粉类、高糖分的食品，而多吃肉类和鱼虾类。其核心是控制碳水化合物的摄入量，从而将人体从消耗碳水化合物的代谢转化成以消耗脂肪为主的代谢模式。这种减肥法曾颇受争议，但得到美国医学会等权威机构的支持。此种方法不甚符合亚洲人的饮食习惯，并且多吃高蛋白质食物会增加肾的负担。——译注
[2] 自发面粉，在其出售时已经预添过发酵粉和少量盐的面粉，可直接加水揉成面团后烘烤，无须加酵母或者发酵粉，比较省事，适于偶尔下厨者操作。——译注

鲜奶或酪乳①，120毫升

鸡蛋（大号，打散），1枚

将烤箱定于烘烤方式200℃。在金属松饼模（按所给的食材可烤成一打）内铺放衬纸或刷油。将面粉、小苏打、食盐和红糖放在一起。再取另一容器放入熟麦麸和葡萄干，加入沸水后搅匀。将黄油与蜂蜜一起加热至黄油熔化，变冷后边搅动边加入鲜奶和打散的鸡蛋。搅拌已经放入三种食材的面粉——凡做松饼都需搅拌面料，但无须拌得十分仔细。倒入麦麸水和果干，再搅拌片刻，然后将它倒进松饼模具，放入预热结束后的烤箱烘烤大约15—20分钟，以插入牙签拔出时不沾松饼渣为度。

## 杏仁蜜馅千层酥

查尔斯·佩里（Charles Perry），这位目前在美国《洛杉矶时报》任馔食评论员的阿拉伯饮食专家告诉我，以制作千层酥出名的土耳其，如今已经将传统的蜂蜜全部换成了以蔗糖为主要成分的糖浆。这令我再次感到失落。尽管用了食糖，如果再加些蜂蜜，虽然不再是正宗的千层酥，但仍然会相当味美，能够满足一下非阿拉伯人品尝香气浓郁的近东食品的愿望。

粗砂糖，200克

冷水，170毫升

---

① 酪乳，又称酪浆或白脱牛奶，是牛奶制成牛油之后剩余的液体（不是从鲜奶直接撇去奶油后的脱脂奶），有酸味。——译注

蜂蜜（无结晶），75毫升

桂皮卷，2根（约10克）

橙子皮（新鲜），1只橙子的量

食用玫瑰水，1茶匙

无盐纯黄油（熔化为液态），100克

美国大杏仁（打碎成大颗粒），300克

桂皮粉，半茶匙

飞薄面皮①（若冷冻保存应事先取出，在常温下放软），400克

提前数天将150克砂糖放入煎锅，加水、蜂蜜、桂皮卷和橙子皮，在小火上加热至糖分完全溶解后，继续加热至沸腾后离火。倒入食用玫瑰水后静置，等冷却后放入冰箱存放。到了做千层酥的日子，先将烤箱定为烘烤模式150℃预热。在大烤盘上涂刷熔化的黄油。再将杏仁、桂皮粉和1/4的砂糖（50克）拌到一起。将一半数量的飞薄面皮一张张对折成矩形后依次放入烤盘，每放一片都刷上黄油液。放毕后在上面均匀铺上拌好的杏仁。将另外一半面皮以同样方式在杏仁上面一片片铺好并刷上黄油液。注意尽量使最上面一张铺得齐整并用锋利的刀子划成菱形。将烤盘放入预热结束的烤箱烤成金黄色（大约需要40分钟）后取出，将早已制好的玫瑰糖浆滤去桂皮卷和橙子皮，趁烤盘还热时用调羹浇在上面，需浇200毫升左右。沿着顶皮上的菱形划痕将千层酥切成块。等上4个小时后，便可蘸着剩余的玫瑰糖浆享用，同时啜饮浓浓的黑咖啡。

---

① 飞薄面皮，源自中东和巴尔干地区的一种很薄的面皮，用以制作土耳其果仁蜜饼等多种有馅料的甜点。国内一些超市有制成品出售。——译注

✳✳✳✳✳✳

下面的几味有蜂蜜的点心，是按消化程度由难向易排序介绍的。

## 香蜜饼

此甜点的配方基本上摘自正宗的法国《拉胡斯法式烹饪大全》，只是在食糖和发酵粉的用量上小有调整。初次尝试者未必人人喜欢，但吃几次相信就会乐于接受。此甜点入胃会颇感实在，但绝对是可口甜食。蜂蜜、面粉和香料等各种成分都能相辅相成、相得益彰。

蜂蜜，500 克

面粉（小麦或黑麦均可，也可二者合用），500 克

细白砂糖，100 克

塔塔酱①，2 茶匙

小苏打，1 茶匙

茴芹籽，2 茶匙

桂皮粉，1 撮

母丁香粉，1 撮

柠檬外表皮（柠檬皮的黄色部分，刮成细丝），1 只柠檬的量

鲜奶，30 毫升

---

① 塔塔酱，也称鞑靼沙拉酱，一种以蛋黄酱为主，加上种种调料制成的调味糊，通常呈淡黄色。国内有些超市出售，也可用蛋黄酱代替（可依个人口味酌加熟鸡蛋末、芥末、柠檬汁等）。麦当劳快餐店的麦香鱼通常就会加进塔塔酱。——译注

额外砂糖（刷饼皮用）

将蜂蜜加热至沸点，撇去浮沫，拌入已经过筛的面粉。盖好并静置至少一个小时，以不超过一天为限。放入细砂糖、小苏打和除鲜奶和额外砂糖之外其他食材后揉成面团。取 23 厘米的方形蛋糕烤盘，刷上油后放入面团，在 190℃的温度上烘烤 30 分钟左右。在冷奶中放入砂糖至饱和程度，涂刷到刚从炉内取出的成品上。降温后便可上桌。

## 啃啃饼

这是姜糖饼的荷兰分支，因其有嚼头得名，不过也是很好吃的，可以说又黑又香。制作这种饼的荷兰人一直坚持传统做法，将面团长期放置以使熟透，有时放置时间会长达数月之久。本书介绍的方法取材于寓居荷兰的印度裔女作家盖特利·帕格拉契-钱德拉（Gaitri Pagrach-Chandra）的很值得一读的《炉中自有荷兰风情》，只是将制作过程简化了一下。按照传统方式，啃啃饼的制作全过程需数天完成，用本书介绍的方法只需一个下午。

黑麦面粉，250 克

普通面粉，250 克

蜂蜜，250 克

糖浆，250 克

冷水，50 毫升

桂皮粉，1 茶匙

茴芹籽粉，1 茶匙

姜粉，半茶匙

肉豆蔻核仁（擦成粗粉状），少许

小苏打，2茶匙

鸡蛋（打散），1枚

将两种面粉混合起来。在平底煎锅内放入蜂蜜、糖浆和水，以小火热至黏稠度大大降低。稍稍冷却后与面粉一起搅拌——最好是用手动或电动搅拌器进行，以拌得均匀彻底。盖上盖子静置一个小时后，加入香料和小苏打再搅拌一次。将烤箱定为烘烤模式220℃。将搅拌好的有些发黏的褐色面团塑成方形，再切成16个小方块——切成更多的小块亦无不可。将烤盘衬上烘焙纸后放上这些小方块，每块上都刷上打散的蛋液，放入预热结束的烤箱内烘烤大约7分钟，从炉中取出后彻底放凉。如能放入加盖的严实容器中存放，啃啃饼可以存放许久。

### 俄式砂仁蜜饼

这里提供的加工过程也取法于莱斯莉·张伯伦的《俄罗斯食品与烹饪》，并有所变化。据该书的作者说，加入香料的俄式蜜饼在俄罗斯人的食谱上占有重要的一席之地，而且很早便出现了，"至晚也晚不过9世纪，最初只用黑麦面、蜂蜜和浆果汁，到了中世纪时又加入了种种香料，制作方法也定了型"。这一型"极甜、很黏、特实"的传统式蜜饼，直到19世纪末才因俄罗斯人口味出现了变化而有了变化。厨师们对蜜饼进行了改良，加入了奶或鸡蛋，有时也会两者都放，于是便得到了"介于小甜面包和海绵蛋糕之间的比较松软、清淡的吃食，带上了舶来品的味道"。张伯伦女士提供的做法是比较现代化的后一种，我又进一步使它易于消化了些，酌减了红糖用量，鸡蛋也多加了一枚。不过我说的“进一步”也是相对的，虽然它算是比较“易消化”的，但习惯于海绵蛋糕的人请注意，它仍然还是姜糖饼族的成员哦。

蜂蜜，500 克
红糖，100 克
黑麦面粉，100 克
精白面粉，400 克 185
砂仁粉，半茶匙
桂皮粉，1 茶匙
八角粉，半茶匙
柠檬皮（细碎），2 茶匙
发酵粉，半茶匙
食盐，半茶匙
鸡蛋，5 枚
法式酸奶油，200 毫升
鲜奶，100 毫升

烤箱在烘烤模式下定为 160℃。将蜂蜜、食糖和黑麦面粉放入大煎锅，搅拌均匀。再放入精白面粉、各种香料、柠檬皮、发酵粉和食盐。另将鸡蛋、法式酸奶油和鲜奶一起打散后倒入前者。再次搅拌后，倒入底部已经刷了油的 23 厘米见方的烤盘，放入预热结束的烤箱烘烤 45 分钟。出炉后切成小方块食用。

犹太蜜糕

此种蜂蜜甜点是犹太民族在他们的新年期间[①]食用的传统糕点。它比各种姜糖饼都容易消化，而且因对蜂蜜的加工程序和用到黑咖啡两点，使它略略地带上了两种美好的苦味。

普通面粉，300克

桂皮粉，1茶匙

母丁香粉，半茶匙

橙子外表皮（橙皮的橙色部分），1只的量

小苏打，1茶匙

发酵粉，1茶匙

细白砂糖，200克

鸡蛋（大），2枚

蜂蜜（无结晶），225克

橄榄油，120毫升

黑浓咖啡，125毫升

金黄葡萄干，一小把（选用）

核桃仁，一小把（选用）

烤箱在烘烤模式下定为180℃。将面粉、香料、橙子外表皮、小苏打和发酵粉一起过筛。将食糖和鸡蛋一起搅打成稀糊后，加入蜂

---

[①] 犹太新年非但不是公历每年的1月1日，而且并不属于公历系统。一是它系根据犹太人传统的阴阳合历式的希伯来历法而定，因此每年的犹太新年相对公历是浮动的，并不在公历纪年的同一天；二是在时间上与耶稣无关（犹太教众是不庆祝圣诞节的），具体是在从公历9月5日到10月5日中的某个秋日。——译注

蜜、橄榄油和咖啡。将筛好的面粉一点一点地加入混合糊料，细细搅打均匀。如果喜欢，可再加入选用的葡萄干和核桃仁。将加工好的食材放入两个各为 1000 克容量的金属面包立式烤听，也可放入一只 23 厘米见方的面包深烤盘，放入预热结束的烤箱烘烤，具体时间会因所用烤具的不同和烤箱的具体情况而异，当在 40—90 分钟之间，是否烤好可依糕顶触摸时是否已经形成硬壳而定。

**蜂蜜多香蛋糕**

此加工方法取材于澳大利亚著名面点师与美食作家丹·勒帕尔（Dan Lepard）及理查德·惠廷顿（Richard Whittington）合著的《出众的面包与糕点》。这是一种非常出色的甜点，黑麦面粉和香料带来了古色古香的意境，而黄油、蛋和食糖的使用，再加上现代的加工手段，又赋予它松软的口感。

蜂蜜（以无结晶、黏稠性低为宜），175 克

无盐纯黄油，140 克

黑糖（甘蔗制糖过程的第一道产品），50 克

鲜姜（刮去表皮），2 厘米长的一段

鸡蛋（大），2 枚

黑麦面粉，40 克

自发面粉，100 克

发酵粉，半茶匙

桂皮粉，半茶匙

多香果粉①，半茶匙

将烤箱定为烘烤模式的160℃。在容量1千克的金属面包立式烤听内铺上烘焙纸。平底煎锅内放入蜂蜜、黄油和黑糖，用微火加热至黄油将化未化时，投入擦成细丝的鲜姜。用电动搅拌器或者电动打蛋器翻搅2分半钟后，加入鸡蛋再搅动同样长的时间。将面粉和其他干粉料一起过筛后放入前一混合物。再行搅拌后置于烤听内，放入预热结束的烤箱。最好在烤听下垫一只金属盘子以接盛可能因膨胀从听内溢出的部分。加热至黄中透棕色时取出（时间应为40—60分钟）。

## 法式松糕茶食

这一甜点恰为姜糖饼"家族"的对立面：清淡、膨松、糖分充足。它们也用到蜂蜜，但只是为了添加香气和使其更松软。为了增加风味，还可以加入其他食材，如食用玫瑰水或橙子外表皮等。不过我倒是觉得，有黄油和蜂蜜两样就足够了。所用的蜂蜜最好用香气浓郁而滋味淡雅的，酸橙蜜或橙花蜜等来自柑橘属花蜜的品种都极相宜。

黄油（熔化，供涂刷模板用）
鸡蛋（大），2枚
蜂蜜，75毫升

---

① 多香果，一种原产于美洲热带地区的植物，其种子又称牙买加胡椒，干燥后是一种颇有特殊风味的调料，具有母丁香、胡椒、肉桂、肉豆蔻等多种香料的味道，但更辛辣些。——译注

细黄砂糖，50 克

普通面粉，150 克

无盐纯黄油（熔化后稍稍放凉），190 克

将烤箱定为烘烤模式 200℃。将金属制的松糕模板（此种模板有两种，一种上面冲有 12 个模印，另一种有 9 个，两种都可以用）刷上熔化的黄油，再扑上些许面粉。将鸡蛋、蜂蜜和食糖放在一只碗内，以热浴方式将碗壁置在微微沸腾的开水上达到一定的温度后拿离，用打蛋器搅打成泛白的稠厚糖浆。这一步骤用时在 10 分钟左右。放入面粉和黄油搅拌。当完全搅匀后，用勺子将混合面糊舀入模板的模印内，注意只应注到七八成满。如果只用一块模板，面糊是不会用光的。将模板放入预热结束的烤箱内，烘烤至面糊从模印里膨起为有弹性的固体，用时约为 10 分钟。将烤好的这些法式松糕小茶点轻轻取出，置于金属格架上冷却。将模板刷干净后，再重复从刷黄油起的全部过程。最后还可在冷却了的松糕上撒上些糖霜，不过就是不加，味道也已足够美好。

## 法式加香蜂蜜杏仁松糕茶食

这一甜点的做法是根据英国电视上主持过馔食节目的厨师塔玛辛·戴-刘易斯（Tamasin Day-Lewis）在《好吃得没得说》一书中提供的食谱有所变化后给出的。在我本人所尝试过的所有蜂蜜点心中，要属这一种特别黏，但味道也特别好，是我最中意的甜点。戴-刘易斯女士很喜欢用蜂蜜，她的父亲塞西尔·戴-刘易斯（Cecil Day-Lewis）是一位诗人，还英译过维吉尔的《农事诗》——从这后一点来看，女儿的蜂蜜情结大概是来自父亲的遗传吧。本人

将原书中所用的金黄色葡萄干换成了深色的，还将蛋清改为全蛋，此外还将所有的食材用量都加了一倍——因为我实在是吃不够呀。

> 深色葡萄干，50克
>
> 面粉，30克
>
> 细白砂糖，130克
>
> 美国大杏仁（磨碎），30克
>
> 姜粉、桂皮粉、母丁香粉、肉豆蔻种皮粉，各1撮
>
> 无盐纯黄油，100克
>
> 蜂蜜，2汤匙
>
> 鸡蛋清或者鸡蛋（大号，打散），前者4枚，后者2枚

将烤箱温度定为烘烤模式的180℃。用热水将葡萄干浸泡20分钟。把除葡萄干以外的所有干食材放入碗内。另取黄油和蜂蜜一起加温至黄油熔化，稍放置片刻后也与干食材放到一起。用电动搅拌器搅打，边打边不断倒入打散的蛋清或者全蛋液。按照原来的食谱，全部食材彻底搅打均匀后，须放入冰箱置放半小时，不过我发现，即便省去冷藏步骤，也不会有什么影响。将在冰箱内冷置的松糕模板（有12个模印或9个模印均可）取出，刷上熔化的黄油并撒上些许面粉，之后注意将多余的面粉抖掉。将葡萄干沥去水分后放入搅好的面糊，用勺子将其一半分舀到模印内，放入预热结束后的烤箱内烘烤15—20分钟。注意在10分钟后开始检查，看到松糕呈金黄色并触碰时觉得变硬即可取出，再同样烘烤余下的一半。

## 第五章

# 与蜜蜂有关的生与死

"死啊,你的毒钩在哪里?"
——圣保罗(St. Paul)《哥林多前书》(Ⅰ Corinthians 15∶55)

在英格兰一处安宁的乡间,有一座静谧的教堂;在教堂的一个沉寂的角落里,几名故去的伯爵在蜂蜜中安静地长眠着。其中的一位是南安普敦伯爵三世亨利·赖奥斯利(Henry Wriothesley)。他当年是莎士比亚最大的保护人之一,莎翁的两首诗《露克丽丝遭强暴记》和《维纳斯与阿多尼斯》[①]便都是题献给他的。在《维纳斯与阿多尼斯》中有一句"我准定奖赏你,要让你品尝到一千种美妙的滋味"。而这位年轻时很是英俊、蓄着棕色长发的伯爵,自己也同美妙的滋味有关。这就是他和亚历山大大帝[②]和《奥德赛》中的阿喀琉

---

[①] 这两首都是叙事性长诗,《维纳斯与阿多尼斯》是以奥维德的《变形记》为素材写的爱情悲剧诗,创作于1592年,写成并题献给亨利·赖奥斯利之后,又应后者要求于翌年写了更有以史为鉴意义的《露克丽丝遭强暴记》,此诗也以奥维德的另一著述《岁时记》中的传说为来源,写出了私人恩怨导致历史大变革的可能性。这两首诗均有不止一种中译本,本书中引用的《维纳斯与阿多尼斯》诗句,转引自译林出版社的中译本《莎士比亚全集》第八集,孙法理译,2015年。——译注

[②] Alexander the Great(公元前356—前323),是古代马其顿国王,世界历史上著名的军事家和政治家。他在确立了全巴尔干的统治地位后,又在欧亚两个大陆上挺进,建立起一个西起古希腊、马其顿,东到印度恒河流域,南临尼罗河,北达里海的大国。他还在所征服之处推行希腊文化成果,促进东西方文化与经济的交流发展。他在33岁时得急病死亡。后文提到他死后,尸体被放入灌满蜂蜜的灵柩。——译注

斯[①]一样——如果有关传说都属实的话——愿意在死后与蜂蜜为伍。[1]

这一支南安普敦伯爵是文艺复兴时期在蒂奇菲尔德（Titchfield）起家的。蒂奇菲尔德地处英格兰汉普郡（Hampshire），如今以出产草莓闻名，当年可是个相当闭塞的地方。既然闭塞，富贵人家对身后事便格外看重。赖奥斯利家族随着财产的增加与地位的步步上升，对将来如何流芳的关注也日益加重。他们选中了蒂奇菲尔德的一处名叫圣彼得的教区教堂，将它辟为家族的专用陵墓。这一安排是亨利的父亲、南安普敦伯爵二世在1581年做出的。根据他的要求，教堂内应立起"两座优美的纪念碑"，碑上要安放"白色雪花石膏的雕像，一尊是我父母双亲的，另一座是我自己的"。[2]不过到头来只立起了一个，墓室倒是足够宽敞，可以安放下四代人。第一代伯爵的棺椁是从最初的下葬地起出移来的。第三代的亨利于1624年死在低地国家[②]。他的儿子死于1667年。结果是四代伯爵在这座陵墓里相聚了，而且都浸在蜂蜜里——不但四世同堂，而且四世同享甜蜜了。

这样的做法恐怕未免过于另类——埃及风情甚浓，至少英国人，特别是以保守出名的汉普郡人是这样认为的。在蒂奇菲尔德的圣彼得教堂内外走上一走，在四下都是灰色的清冷氛围中，感受到的尽是英国国教的中庸气氛，看到的尽是诸如托儿广告和本地学社消息的布告栏，语言也写得中规中矩，这样一衬托，在蜂蜜中浸放尸体的做法颇显得荒诞不经。多少年来，蒂奇菲尔德的居民说起用蜂蜜埋葬伯爵的事情来，都并不怎么相信确有其事，往往只把它看

---

[①] Achilles，古希腊神话和文学中的英雄人物，被称为"希腊第一勇士"。有关他的传奇，在古希腊盲诗圣荷马的经典长诗《伊利亚特》和《奥德赛》中都有叙述。后文会再次提及阿喀琉斯与蜂蜜的关系。——译注
[②] 低地国家是对欧洲西北沿海地区的称呼，广义包括荷兰、比利时、卢森堡，以及法国北部与德国西部，因这一地区地势低平，历史上归属又多有变化而得到这一笼统的称法。——译注

成一条当地的逸闻，并不比苏格兰尼斯湖水怪的传闻更可信多少。不过，到了20世纪初，人们对这处陵墓进行了修缮。在移动棺椁时，其中的一口出现了开裂，从里面淌出了黏糊糊的黑色液体。一名工人也没有动动脑子，便用手指蘸了些放进口中——他尝到了甜甜的味道。

此事是否确凿，我不得而知。亨利·赖奥斯利的官方传记中不曾提到此事。不过，圣彼得教堂在有关本教堂的建筑记事中，倒是对赖奥斯利家族记下了"用蜂蜜保存"几个字。伊娃·克兰博士这位研究蜂蜜史和蜂蜜考古学的顶级专家很肯定地告诉我，她认为这的确是一桩史实。

真的也罢，假的也罢，这一做法不免让人们觉得不大自在。这是因为将吃的东西放到与死亡之人靠得很近的地方，实在不好令人接受。对人们来说，吃是属于活在人世的行为，死则是与这一动作不再有任何联系的状态。在我们如今的这个世界里，蜂蜜与尸体是不搭界的。然而，在以往的岁月中，蜂蜜的确一直是将生者与死者联结在一起的纽带。

## 蜜　棺

蜂蜜是一种效力很强的液态防腐剂，这是因为它有很出色的杀菌能力。蜂蜜具有吸湿性，能像食盐一样吸收空气中的水汽（见到过在不小心泼洒的红葡萄酒上撒些食盐的情况吗？盐会将酒吸过来，结果自己变成粉色）。细菌的存活多少都需要水的滋养，而蜂蜜会将它们体内的水分抽干，使其枯水而亡。此外，蜂蜜在与动物体组织发生接触的过程中，会形成一种叫作过氧化氢的东西，这是一种化学物质，有防止腐败的作用。这就是说，如果手头有什么东西刚死去不久，而人们想要保存一下不使其腐烂的话，不妨就用蜂蜜全面浸泡起来。

以蜂蜜防腐的做法至少已经有4000年的历史了。远在比公元前1100年还要早的时候，巴比伦人便已这样做了，以后又被希腊人，特别是斯巴达人学了去。当重要人物在远离家乡的战场上死去时，蜂蜜就能派上用场。当希腊处在阳光炽烈的季节时，死者的遗体会很快腐烂发出异味，来不及送回故土。据色诺芬所记，当斯巴达这个城邦国的一位国王于公元前371年死于遥远的亚洲后，便被"卧入蜂蜜"，然后"送回家园"。[3]

古时的埃及人也为防腐大量地使用蜂蜜，其中就包括保存尸体。英国的埃及学大专家沃利斯·巴奇（Ernest Alfred Wallis Budge）就从一个埃及人那里听到了后一情况的亲述，听起来实在不是滋味——

> 有一次，他和几个人一起在金字塔群附近探宝时，看到了一口陶瓮，瓮口是封着的。打开一看，里面是些蜂蜜，他们便吃了起来。其中一个人告诉他们说，他在将面饼蘸进蜂蜜时，觉得蜜里有根像是毛发的东西缠在了他的手指上。他们将它向外拉起，结果拉出来一个小孩子，四肢都很齐全，全身保存完好，穿着很考究的服装，身上还有许多饰物。[4]

罗马帝国犹太行省的统治者大希律王（Herod I）[①] 据说在下令

---

[①] 大希律王（公元前73—前4），罗马帝国犹太行省的从属王。有关他最著名的传说载于《圣经》中的《马太福音》，说他知悉伯利恒（Bethlehem）有个未来的犹太人之王诞生，便认定这个王将会取代自己，于是下令将该城及其周边地区两岁以下的所有男婴杀死，而刚刚诞生的耶稣却因随母亲先行离开而得幸免。——译注

将王后、美人玛丽亚姆内（Mariamne）①杀死后，将尸身放在蜂蜜里保存了七年，"即令是死了也还爱着她"。[5]

此类记载未必都很可信，不过仍能表明蜂蜜确实是保存尸体的重要成分，在保存被认定尤其值得这样做的大人物时更是如此。亚历山大大帝的蜜棺就是最有名的例子。这位最后是否入土为安并无定论的杰出人物，在公元前323年于巴比伦物故，遗体最终被运回亚历山大城（Alexandria）。除了这几点，有关他的死亡的其他情节，都因当时的希腊文史料全部散佚搞得其说不一。据晚些时的罗马地理学家斯特拉波②说，亚历山大大帝的遗体是根据他本人的遗嘱放入一口金棺，然后注入白色的蜂蜜；另外一种说法告诉人们，他是被"全身浸入海勃拉花蜜"——海勃拉花蜜系指西西里岛上著名的海勃拉山区出产的蜂蜜。还有人认为，这位大帝下令自己死后要放入铅棺，里面注满蜂蜜、没药树脂和玫瑰油。[6]其实这种种细节，无非只是充溢着诗意的礼赞，其中的任何一种——每一种都有蜂蜜在内——都配得上亚历山大大帝的英雄身份。只是他没能享受到其中的任何一种。很可能他的遗体远远未能得到上等蜂蜜的待遇，而是在粗暴的争夺中，部分被火化，只有部分残躯回到了亚历山大城。至于更准确的下落，我们恐怕是永远无从得知的了。其实这并不十分要紧，要紧的是持这些说法的人都相信，像亚历山大大帝这样的人，遗体就应当在蜂蜜中保存。蜂蜜是此类亡者有资格得到的礼遇。

---

① 玛丽亚姆内，因后来又有两个同名的著名女子而亦称玛丽亚姆内第一。她是大希律王的第二任妻子，生年不详。大希律王虽然贪恋她的美色，但更爱权力，因担心妻子母家的势力坐大，将她的哥哥等亲族先后赐死，最后又于公元前29年将她杀害。——译注
② Strabo（公元前64/63—约前24），古罗马地理学家和历史学家，生于土耳其（当时属罗马帝国），著有《地理学》17卷（有中译本）。——译注

## 蜂蜜与丧仪

在古人的丧葬仪式中，处处都会用到蜂蜜——除了用于保存尸体，还会用于镇邪、飨鬼、宴宾、祭神等各种场合。据《梨俱吠陀》①所记，祭司会在葬礼上向主死亡的神明敬献蜂蜜。[7]在印度，蜂蜜因其被视为"生命之质"而成了丧礼仪式上供奉给神明的适合祭品。正如《夜柔吠陀》②上所说的："他们说要用蜜蜂的蜜，因为蜜蜂的蜜代表着牺牲。"[8]当年的一些希腊人会将蜂蜜与食油拌上饭食涂抹到坟茔上。在这种种做法中，蜂蜜究竟有多大的成分代表着灵食，有多大的成分用于防腐，又有多大的成分起着象征作用，实在是无法说清楚的。蜂蜜这种既与生存有关又同死亡搭界的性质，使它成了丧仪中的重要部分，不过究其根本原因，还在于它是非常宝贵的吃食。

蜂蜜作为食物所表现出的美好，使得它被人们认定，无论阴间所在何处，都希望死后能将这种东西带到那里去。从古代埃及的时代起，人们便会在死人下葬时，连同埋入盛有蜂蜜的容器，为的是供死者在去往冥界的漫漫长路上享用。[9]在荷马的史诗《伊利亚特》中，阿喀琉斯在生前挚友帕特罗克洛斯③的火化仪式上，将蜂

---

① 《梨俱吠陀》，旧译《歌咏明论》，印度教和婆罗门教经典四大吠陀经中最早出现的一部，成文于公元前16世纪到公元前11世纪，分10卷，收入1028首诗；除颂神的诗歌之外，还有世俗诗歌（部分有中译本）。——译注
② 《夜柔吠陀》，旧译《祭祀明论》，是四大吠陀经之第3部，内容着重于礼拜及牲礼等的宗教仪式，成文于公元前8世纪到公元前6世纪，有不同的版本，章数和内容均各有不同。——译注
③ Patroclus，希腊神话中的英雄，阿喀琉斯的好友（一说是同性恋人），在特洛伊战争中被杀。阿喀琉斯叮嘱后人在他自己死后将两人的骨灰合葬在一起。——译注

蜜和橄榄油倒在柴堆上，希望好友能在死后继续享用生前喜欢的食物。①、10 在给逝者送上的供品中，蜂蜜几乎总是以这种或那种的形式出现，有时是与奶掺在一起，有时是同食油拌和着，有时是和酒共同献上。古希腊哲学家琉善②在其著述中提到，当有人死去后，他人会在地上挖出一道槽，向里面倒入葡萄美酒和上等的蜂蜜，为的是"地下的逝者会被召来飨之。他们会在焚香的烟气里盘旋，饮下槽中的供物"。11 出于同样的原因，俄罗斯人也有类似的古老传统，就是在葬礼过后，在家里将窗子打开，在近窗处摆上些蜂蜜和点心，为的是让死者的魂灵返回家中，再次享用活着时曾经体验过的甜蜜。

在丧仪中用到蜂蜜，部分原因是比较随意的。希腊人用蜂蜜给死者上供，原因之一是家里经常会有这种东西。而如果手头所有的却是果酱或者椰枣浆，只要是死者生前喜食之物，倒也一样合用。只是蜂蜜在丧仪中有一个滋味之外的、无论果酱还是椰枣浆都不能替代的特殊作用，就是它有一层神圣的含义。蜂蜜来自蜜蜂，而蜜蜂是圣洁的，这才配得上圣洁的灵魂。

许多养蜂人直到今天都还相信，如果自己家中有人亡故，就一定得"知会"蜂群，不然蜜蜂就会将噩运带来，甚至会蜇刺亡灵。"知会"的方式是在养蜂场悄声通告，也可以在每个木制的蜂箱或者草编蜂巢上轻拍三记。德国人的习惯则是由家里的一名长者通知蜂群说："咱家有人亡，外出莫悲伤。"12 长期以来，欧洲到处

---

① 这一内容是《伊利亚特》第23卷中一段文字的简述，中译文如下：然后，他将双把的坛罐妥放伴友身边，贴依尸床，分装着油和蜂蜜，将四匹颈脖粗长的骏马迅速扔上柴堆，大声叫喊哭泣。高贵的帕特罗克洛斯曾在桌边豢养九条好狗，他抹了其中两条的脖子，放上柴堆。（陈中梅译，译林出版社，2000年）——译注

② Lucian of Samosata（约120—180），又译卢奇安，罗马帝国时代以希腊语创作的讽刺作家。他的部分作品有中译本。——译注

都有基督徒相信，蜜蜂会因有人逝去感到悲痛，致使它们不再发出嗡鸣，就是有些动静，声音也会变得哀伤悲凉。无论蜂群有什么行为——多产蜜、少产蜜、大批死去、正常生存，都会被理解为蜂儿们在表达悲伤的情绪。就连蜂巢本身，有时也要蒙上黑布或挂上黑色带子以志哀。种种奇特的做法，其实都源于人们在基督教产生前便已萌生的信念，即蜜蜂为人的灵魂所化，故而会在有人死亡时有所感觉。

在一些古代墓葬的遗迹处，人们往往会在石棺内外发掘出小小的金属蜜蜂，有的是用黄金打的，有的是用青铜铸的。克里特岛(Crete)、克里米亚半岛 (Crimean Peninsula)、伊特鲁里亚地区和撒丁岛（Sardinia）等地都发现过此类文物。[13] 在古希腊人心目中，这些亮闪闪的小东西不仅仅是些好看的饰物，还代表着人的魂魄。他们认为，蜜蜂是一种跨越阴阳两界的生物，与冥府存在着联系。这就是说，它们能够以某种方式将人的精神带离尘世。[14] 人死以后，魂魄便会离开人的躯壳，附到蜜蜂的身上，去天上飞舞。[15] 波菲利这位公元3世纪的希腊哲学家与作家便认为，魂魄是月亮女神阿耳忒弥斯以蜜蜂的形式撒播下来的。这些蜜蜂的希腊名称是墨利萨。它在今天只表示一个常用于女子的好听名字，当时可是符合希腊人相信灵魂不灭的理念，指代着行将转世投胎，再次为人的灵魂。此外波菲利还说，并不是任何一个灵魂都能现身为墨利萨的，只有够格者才能得到这一待遇，用他的话来说就是"以正当的为人和公允的行事得到神明认可的一部分"，才能作为特殊的灵魂"来生便即再回归世间。蜜蜂正是这样的，它们从哪里来，就会回到哪里去。它们无疑行事正当，从不胡作非为"。[16]

能来必也擅去。这就是说，既然生可以死，自然死也可以复生。有不少人相信，在蜂蜜里溺亡的人，还会自动活转过来。有这样一则关于克里特王米诺斯①的儿子格劳科斯的传说，说这个孩子因跌进了一大罐蜂蜜而死，不过后来又活了过来。[17]蜂蜜是丧仪上受到重视之物，恐怕不单单是因为它给生者以滋养和享受，也未必只是因为人们自出生之始便受到蜂蜜的款待。大概还有一个原因：毕竟我们在来到这个世界上时，身上都是湿湿的、黏黏的、滑滑的，那么不少人兴许也愿意在这种状态下告别这个世界吧。更何况蜂蜜也以其特别功效，缓解了从生入死的悲哀哩。

## 蜂蜜与幼婴的诞育

说小孩子淹死在蜂蜜罐里，既不是警示我们蜂蜜有将人溺毙的危险，更不是让我们来尝试蜂蜜是否有使死人复生的奇妙本领。以古时的情况而论，装蜂蜜的容器都是不大的陶器。按现时的标准，多数出售的蜂蜜容器上，都会贴着警示的标签，上面写着"不宜不足12个月的幼婴食用"。不宜的原因是，蜂蜜中有可能含有一种叫作肉毒杆菌的细菌的芽孢②，而幼婴的肠道还没能形成消化它们的能力。虽然只是些微的可能，但的确是应当防范的。不过对于成人，这种东西并无危害可言。只是在西方的文化环境里，有些人未免总愿意将自己当小娃娃那样娇惯，又是皮肤上涂护肤油，又是在喝咖啡时猛放牛奶什么的。这样一来，听说有什么蜂蜜会导致幼婴肉毒杆菌中毒，自己便一辈子再也不敢沾蜂蜜的边了。其实真不该这样

---

① 克里特王米诺斯，古希腊神话中天神宙斯与凡人女子的儿子，被派往爱琴海上的克里特岛上为王。在他的治下，克里特变得强大，甚至迫使希腊臣服纳贡。——译注
② 芽孢，旧称芽胞，是一些细菌具有的特殊构造，在不利条件下，细菌的生命会留存在这里并进入休眠状态，一旦条件适宜，便又会恢复为正常的生存状态并进行繁殖。芽孢对冷、热、酸、碱甚至放射性的耐受能力通常都比正常状态下的细菌强得多。——译注

过度防范。事实上，幼婴肉毒杆菌中毒的病例只是从20世纪70年代才得到报道的，不过却已彻底颠覆了人们给幼婴喂食蜂蜜的观念。有一家为父母开设的网站上便打出警示说："娃娃若太小，蜂蜜并非宝。"其实，多少个世纪以来，蜂蜜一直是以最纯净食物的身份存在着，婴儿自一出生便食用它，而且往往还先于吃第一口奶呢！

为什么现在的人们这样怕它呢？可能是由于"肉毒杆菌中毒"这个名称听起来颇为吓人之故。其实，肉毒杆菌中毒是分为两类的。[18]一类是所谓古典型，表现为急性食物中毒，有记载的第一例发生在200年前，是由于食用了未能保存好的肉类食品。此种中毒会在进食后数小时内发作，病人有可能会悲惨地死去〔弗朗西斯·艾尔斯①在他写于1931年的《鬼蜮肚肠》一书中有精确描述〕。另一类就是幼婴肉毒杆菌中毒，罪魁也是同一种细菌——拉丁学名是 *Clostridium botulinum*，但情况却与前一种不同，而且极少会致命（死亡率约为1.3%，只为前一种的1/10），病情的发展也是缓慢的：中毒的婴儿先是便秘，然后会表现出精神不振、不能正常吸吮奶水、哭泣声微弱、面部表情不明显、全身肌肉的反射出现异常，等等。其实它们往往与幼婴罹患的其他任何疾病的通常症状相近。肉毒杆菌中毒作为独立的病例是在1976年发生的。美国加利福尼亚的医学界对种种食品进行鉴定，以期找到这种细菌的藏身之处，结果只在蜂蜜中找到了，不过并非普遍存在。肉

---

① Francis Iles，英国推理小说和心理悬疑小说作家安东尼·伯克利·考克斯（Anthony Berkeley Cox, 1893—1971）的笔名。他发表过多部作品，为推理小说开创了新的领域，其中的《毒巧克力命案》以多重解答闻名。他有数种著作有中译本。译名多为安东尼·伯克莱或安东尼·柏克莱。但正文中提到的《鬼蜮肚肠》目前尚无中译本。——译注

图 5-1 一幅宣传蜂蜜有保健功效的广告画，图中的胖娃娃驾着一辆由蜜蜂拉着的飞车

毒杆菌的芽胞在自然界中无处不在，但本身并无毒性。只是当它们在缺氧环境中恢复活性时，潜在危险便出现了。而蜂蜜所具有的杀死其他细菌的本领，恰恰给肉毒杆菌的芽胞让出了宽敞的生存地盘。

对幼婴罹患肉毒杆菌中毒的担心，使得儿科医生们极力主张根本不能让婴儿摄入蜂蜜。其实，只要出生满六个月，罹患肉毒杆菌中毒的可能性便微乎其微了，即便在幼婴罹患肉毒杆菌中毒比例高于其他各地的加利福尼亚，情况也是如此——而在英国，迄今为止通共只出现过六例。而且在中毒者中，因摄食蜂蜜导致的还不到五分之一。有的婴儿中毒，是因为大人想止住小家伙的哭叫，在假奶嘴上抹了些蜜塞进孩子嘴里造成的。还有的可能是假奶嘴掉出来，落到地上沾了肉毒杆菌芽胞的结果。而在多产蜂蜜的加利福尼亚，在抽检的蜂蜜样品中，也只有10%至13%的蜂蜜是受到肉毒杆菌的芽胞沾染的。不过，事关婴儿和食品，可能性哪怕再低也是不容许的。既然不要给小孩子哺喂蜂蜜几乎是目前可以控制幼婴罹患肉毒杆菌中毒的唯一可行途径，严严地把住这道关口还是必要的。

不过请想一想，是不是我们当心得有些不理智了呢？我的女儿在很小的时候常常会感冒。我注意到当她生病时，经常会眼巴巴地看着放在桌上的蜂蜜，盼着我要么给她在粥里放上一勺，要么在苹果泥泥里掺上一些，或者索性就直接赏她一口。但出自极端的谨慎——也许更应当说是怯懦，我哪一样都没有做。如今的婴儿置身于人造食品的世界，又是放入大量植物油的酥脆饼干，又是放了好多蔗糖的酸奶，就连药片里也掺进了人工甜味剂，同时却要将蜂蜜这种最天然、最美味的食物打入另册，是不是有些冷酷无情呢？倘若先人地下有知，是不是会觉得无法理解呢？

"必有童女怀孕生子，给他起名叫以马内利。到他晓得弃恶择善的时候，他必吃奶油与蜂蜜。"①、19 看来，圣婴耶稣只是在受胎上特别，吃喝其实与常人无异。犹太民族的传统之一就是，在婴儿降生后，要在吃头一口奶之前，先使之接触一下蜂蜜和黄油的味道。这一做法远非只为犹太教徒遵循。蜂蜜早在被视为圣物之前，便在很多地方被用来施之于新生儿了。[20] 大约写于公元前1600年的埃贝斯纸草卷②，便提到蜂蜜可用于哺喂婴儿。这一做法延续了许久，只在不久前才因加利福尼亚医学界的研究结果受到影响。"在西印

---

① 以马内利（Immanuel）这个名字的含义为"神与我们同在"。——译注
② 埃贝斯纸草卷，迄今为止发现的最古老的古埃及医学文献，因德国考古学家格奥尔格·埃贝斯（Georg Ebers，1837—1898）发掘、研究并购买下来带回德国，而以他的姓氏命名。——译注

度群岛①，婴儿会被哺喂一种用蜂蜜、橄榄油加上香料拌成的食物，而此种吃食得名为'好运'。在南太平洋岛国萨摩亚（Samoa），新生儿出生的头一周内会吮吸甘蔗的榨汁。在上缅甸地区②，人们会用细棉布蘸上蜂蜜让婴儿舔食。在巴基斯坦，做母亲的会用手指蘸上酥油、食糖和蜂蜜的混合物给孩子吮咂。"[21] 在旁遮普地区③生活的穆斯林有一个习俗，就是当婴儿可以吃固体食物时，要由家族中的最年长者亲自喂食一次，所哺喂的东西叫作"顾啼"，系把蜂蜜拌在香料、水果干、植物块茎和菜叶里，被认为有驱鬼避邪的效用。

给婴儿们喂食蜂蜜，原因往往与驱妖避邪有关。苏格兰、芬兰、希腊、高加索地区、印度还有非洲，都存在着心同此理的习俗。一旦婴儿的小小双唇沾上蜂蜜，就算是得到了上天慈佑、可以继续存活的正式认可。在现今德国北海沿岸的弗里斯兰地区（Friesland）④，古时候便有这样的法律，就是新生儿在尝到第一口蜂蜜之前，当父亲的是有权将其弄死的——但也只在尝到之前。希腊神话中也有这样的内容：众神之王宙斯有两个哥哥和三个姐姐，但出生后都被父亲克洛诺斯吞吃掉了。宙斯出生后，他的母亲瑞亚极力要保住这个儿子，便将他藏进克里特岛上的一个山洞里。小宙斯靠野生动物提供的食物存活了下来。至于这些食物，有的版本说是山羊前来以自己的奶水喂他，有的说是蜂群自动飞来送上蜂蜜，有的说是化身为蜜蜂的小仙女群墨利萨送来蜂蜜。结果是这口洞穴有

---

① West Indies，处于大西洋及其属海加勒比海及墨西哥湾之间的1200多个岛屿，牙买加、古巴、巴哈马等国均为其一部分。它和东印度群岛（印度尼西亚一带）及印第安人一样，都是欧洲殖民者误以为找到了印度而错误命名的结果。——译注
② Upper Burma，指缅甸的中部与北部。——译注
③ Punjab，南亚的一个地区，现分属巴基斯坦的旁遮普省和印度的旁遮普邦。——译注
④ 欧洲有两个弗里斯兰，除了书中提到的这个现属德国下萨克森州（Lower Saxony）的地区，荷兰也有一个同名的省份。——译注

了法力，无论什么人想攫取蜂蜜，只要一进洞，全身的武器及其防护都会脱落。有了蜂蜜，小宙斯便活了下来。

人们还相信，蜂蜜又能给小娃娃以另外一层保护。这种保护是属于人世间的，那就是给孩子们以健康。罗马帝国时代的医生盖伦，便撰文建议给出牙和换牙不顺利的孩子吃拌上黄油的蜂蜜。他还推荐让腹泻和营养不良的孩子也吃这种混合食物。到了12世纪上半叶时，面对儿童摄入食糖过多的不良效果开始突显的状况，又有一批医生建议用蜂蜜保障婴儿的健康。在这批医生中，特别应当提一下博多格·贝克（Bodog Felix Beck）。他是匈牙利人，第一次世界大战期间为奥匈帝国效力，战争结束后便由战败一方移民来到得胜一方的美国。他非常相信蜜蜂提供的甜味剂优于来自甘蔗和甜菜的同类产品，而且在宣传这一对比上也像蜜蜂采蜜一样不辞辛劳。"在喂养婴儿方面，"他这样写道，"奶水要占第一位，接下来便当数蜂蜜最为重要"。以他之见，摄入食糖过多的小孩子，会"营养不良、肌肉松软、脾气急躁，而且过分好动——在夜间表现得尤为明显。他们还经常会有尿床行为。此外，他们的牙齿会坏掉，又会不时交替地出现便秘和腹泻，还容易患上风湿、舞蹈病、更会一再发作胸膜炎和喉炎"。

在他看来，美国人眼下成为消耗食糖的冠军，实在不是件好事。在从19世纪30年代到20世纪30年代的一百多年里，美国人的人均消耗量从每天的45大卡上升为550大卡，增长了11倍还多，[22]已经是使人侧目的了。然而目前的情况更令人瞠目，与之相比，当年的数字实在算不得什么。从20世纪70年代到90年代的二十几年里，含大量食糖的软饮料消耗量扶摇直上，到了1995年时，美国人的这一数字更达到了800大卡，高到了足以维持全天所需全部能量的地步。[23]还在1938年时，贝克便发出了很有预见性的警告,认为"山姆大叔"面临着失去"矫健身材"的危险,去步"大腹便便的约翰牛"的后尘。他建议说,如果所有的美国家庭都在餐桌上"放置一只随倒随出的蜂蜜壶",无限制地摄入食糖的状况便不会继续下去。他还说,家长们应当将蜂蜜与黄油搅拌到一起,让孩子们吃饭时抹在面包上,蜂蜜的存在会防止黄油变味,还能使味道更加美妙。据他表示,适量地摄入蜂蜜,孩子们会有更旺盛的精力,表现也更正常:"蜂蜜中不含任何有害的化学物质,会被肠道完全吸收利用……蜂蜜的甜是天然的,未曾经过人为的摆弄,而通常从甘蔗中得到的食糖,却是被浓缩的、不复天然的、受到沾染的东西。……以工业方式提供的甜是有悖生理的甜、害人的甜。老实不客气地说,简直是被恶毒地毁掉了的甜。"[24]

这一通议论未免有些过分——此人并不知道蜂蜜会引起幼婴罹患肉毒杆菌中毒,不过并没有说错。蜂蜜不但孩子们喜欢吃(当作者本人为写这本书,往家里搬进了无数只装着黏糊糊蜂蜜的瓶瓶罐罐以及大块小块的蜂房时,我儿子的反应就像是中了彩票似的),还对他们的身体大有裨益,既有益于健康,又能迅速消化吸收,对柔弱的肠胃也是如此。1931年,芬兰的一位萨卡里·拉赫登苏(Sakari Lahdensuu)医生发表了一篇长达91页的研究报告,指出若在婴儿所吃的奶里掺入少量蜂蜜,宝宝们的成长就会更好,消化也更顺畅;反之,摄入食糖的婴儿,尿里会含有较多的糖分——糖尿病的最早征兆之一。[25] 贝克本人也列举了蜂蜜对治疗小儿营养不良的功效。[26] 在美国从大萧条发生前的四分之一个世纪里,以及在整个大萧条期间,美国新泽西州公众服务部的保健主任欧戈尔曼(M. W. O'Gorman)为营养不良孩童的康复做了长期努力。具体做法之一,就是给孩子们吃蜂蜜。为了不让他们虚弱的肠胃负担过重,一开始时只喂半茶匙,然后一点一点地加量,效果基本上都不错。

博多格·贝克相信儿童进食蜂蜜的功效，原因除了是一名医生外，还与他曾致力于史学研究有关。他从史实中知道，古时候蜂蜜曾被比喻为"会流淌的金子"。他觉得"蜂蜜中还藏着种种珍宝，有待于科学前来发掘"。他明白，上千年来用蜂蜜喂养孩子的历史，以甜蜜之物见证着爱，这种爱绝对不是以甜言蜜语的方式说出的爱可相比的，特别不是——这是贝克自己举出的例子——当妻子们为想让丈夫给买什么"新皮草、新汽车或者新首饰"时说出的。[27] 据《圣经》记载，所罗门王便给过儿子劝告，说"我儿，你要吃蜜，因为是好的"，而所罗门王说的话通常是不会错的。[①、28]

## 来自蜂巢的药物

拳王穆罕默德·阿里[②]是美国人，原名叫卡修斯·克莱（Cassius Clay），出生于盛产蜂蜜的肯塔基州（Kentucky）。他本人对自己的拳击本领的评价是"步法轻捷如蝶舞，出拳迅猛似蜂蜇"。1978年时他36岁，被许多体育界人士认为已经"过了气"。为了再造自己如蜂蜇的出拳，阿里服用了若干蜂产品。这一年的9月是世界重量级拳击锦标赛的日子，届时他将在新奥尔良（New Orleans）迎战25岁的利昂·斯平克斯[③]。在此之前，阿里服用了一

---

① 所罗门王，《圣经》和《古兰经》上都有记载的人物，以色列大卫王的儿子，后接续大卫做王。他有超人的智慧，大量的财富和无上的权力，做过许多为臣民感激和传颂的事。他最有名，也特别表现出智慧的事迹，便是在两名都宣称为一个婴孩的母亲的妇女中，正确地判断出真正的母亲。——译注
② Muhammad Ali（1942—2016），著名美国职业拳击运动员、颇有影响的社会活动家、引起拳击场内外广泛争议的人物。——译注
③ Leon Spinks（1953—    ），前美国职业拳击选手。在1978年2月的比赛中他战胜了阿里。随后在本书所提的又一次比赛中被阿里战胜。——译注

种药剂以求再造。这种药剂是一位年逾古稀但依然精力旺盛的医生阿尔弗尼亚·富尔顿（Alvenia Fulton）发明的，成分之一为蜜蜂花粉，即蜜蜂采蜜时带回的花粉团，在蜂巢内经过储藏和发酵后的产物。将蜜蜂花粉与维生素E、含镁化合物、叶酸和卵磷脂混合后，同蜂蜜和橙汁一起服下。看来此物很管用。阿里在比赛中表现得越战越勇，最终赢了对手，破天荒地第三次夺得"金腰带拳王"的封号。他在返回家庭所在地芝加哥（Chicago）后，以一向的谦逊方式赞许了自己服用的富含蜜蜂产物的药剂："这一合剂真是很棒，它让我像蜜蜂般地飞舞不停，把斯平克斯给绕输了。"[29]英国报界将阿里的这次胜利渲染成带有魔法气味的过程。《星期日镜报》报道此战的标题是"阿里的灵药"，将他的成功归功于他服用的"秘密"合剂。[30]其实，蜂巢会提供健身强体之物，早就不是什么秘密了。这位拳王的同名老前辈、被尊称为"穆圣"的先知穆罕默德，早就在《古兰经》中告诉人们说，蜂蜜是"应对一切疾病的良药"。[31]

在古代埃及，蜂蜜是最常见的医药，被广泛应用在许多地方。在当时的900种已知病症中，就有500种在疗法中提到了它，[32]堪称"最古老的万应药"，而且"比医药的历史更为久远"。在吞服苦涩的草药时，连同一勺蜂蜜一起咽下去，就会觉得好过一些，而且蜂蜜本身也被认为有一定的治疗效果。亚里士多德的弟子亚里士多塞诺斯（Aristoxenus）便认为，每天早饭时若同时进食一些蜂蜜和青葱，一辈子都会百病不侵——只不过未必有人认真实践过。[33]公元前5世纪的希腊名医希波克拉底（Hippocrates）——据信欧美医生在开始行医前都要宣誓遵守的希波克拉底誓言就是他撰写的——便建议人们饮用稀释的蜂蜜水以清火化痰，还相信服用此物可"使身上温热，消除口唇溃疡，化解酒刺，愈合化脓的疮口"。[34] 只不过希波克拉底同时也注意到，当时流行的让病人大量服用蜂蜜的结果，是到头来让不少人厌恶了它的味道，还将其与死亡联系到了一起。由于蜂蜜几乎被用到了所有的病人身上，致使一些人怀疑生病其实原本是由它导致的。因此希波克拉底又说"它得到了会使人加速死亡的恶名"[35]——如今不也是有人以这样的眼光看待医生吗？

古人用蜂蜜治病，最多的是用来应对几种胃病。公元1世纪时，科内里乌斯·凯尔苏斯①就建议以未经过任何加工的"生"蜂蜜为润肠剂，又用煮沸过、因此"除去了戾气"的"熟"蜂蜜治疗腹泻。古代印度的医生也以"生"蜂蜜治疗便秘。圣安布罗斯认为蜂蜜对"肠溃疡和胃溃疡"颇具疗效。大普林尼更相信若在蜂蜜中将蜜蜂也加进去，对肠胃的不适会更有效："将蜜蜂碾碎，加入鲜奶、葡萄酒或者蜂蜜，肯定能治好水肿，化解结石，打通尿道，疏通膀胱。将蜂蜜和蜜蜂一起捣成糊状，能够医治腹部的绞痛。"[36]

用蜂蜜和蜜蜂能够医治肠胃病的观念，多少个世纪以来一直为人们所信奉着。查尔斯·巴特勒在1623年宣称，"蜂之蜜可疏浚体内各道关口，舒缓肠胃，涤清积秽，促进排尿。它能将胃内的滞留物收集起来带出，令此脏器恢复因滞留物减损之功能"。这番话颇有那个时代医学研究的想当然的味道，不过蜂蜜的确具备纠正肠胃功能紊乱的功效。在12世纪里，确实有几名医生用蜂蜜治疗胃溃疡和肠溃疡，事后宣称有些人就只靠吃下适量的蜂蜜得以痊愈，无须进行任何手术治疗，[37] 但这样的记载少之又少。不过就在不久之

---

① Cornelius Celsus（约公元前25—约公元50），古罗马帝国的一位集当时知识之大成的作家，曾撰写过一套大部头作品，但只有其中关于医学的8卷得到流传，被后人称为《医术》。——译注

前又有报道说，新西兰出产的麦卢卡蜂蜜有杀灭幽门螺杆菌[①]的效力，而正是这种细菌会诱发溃疡。

蜂蜜被认定有减缓咳嗽、感冒和痰症的功效，已有悠久历史。前文曾提到过的英国蜂蜜商人约翰·希尔，曾在1759年写了一本《蜂蜜的益处》的书。他在书中谈到了"以蜂蜜应对顽固痰症"的办法。他告诉人们，随着老龄的到来，不少人会为"顽固的黏痰"所苦，一到早上便会"咳嗽连连，有痰却咳不出"，起床后才会有所好转。希尔认为，这种毛病可以服用本地蜜蜂在春天酿出的优质蜜来应对。将蜜放在床头，临睡前服用一汤匙，醒时再来上一汤匙，坚持一段时间，病情就会好转。他还诫说，服用就应当服用上品，如果用了掺假的"西贝"货，喉咙里就会觉得有如糊上了一层"干干的生面粉"。此外，希尔又建议教师、歌剧演员、布道的神职人员和哮喘病人，都应服用"甜度高、香气浓"的蜂蜜。[38] 今天的医学界大概是会认可他的推荐的。请看，如若喉头发痒，经常会被建议喝一些含有蜂蜜的饮料；市面上出售的咳嗽药和止咳糖浆中，也都有蜂蜜的成分在内。[39]

类似地，在民间偏方中，也可以看到以本地产的蜂蜜应对枯草热的做法，而且越来越受到重视。枯草热是老叫法，正式的医学名称是过敏性鼻炎，而花粉是最常见的过敏源。这一做法的根据是，

---

[①] 在很长时间里，人们都认为胃溃疡和胃炎等疾病是因胃酸过多、吃辛辣食品和心理压力等因素造成的。1982年，两名来自澳大利亚的科学家约翰·鲁宾·华伦（John Robin Warren, 1937—  ）和巴利·马歇尔（Barry Marshall, 1951—  ）发现幽门螺杆菌在胃液中的繁殖才是真正的病因。这在全世界掀起了一股研究幽门螺杆菌的热潮，但仍然有许多医生不相信这个发现，马歇尔的导师还认为他的观点是错的。为了证明致病机理，马歇尔喝下了含有这一病菌的溶液，结果造成严重的胃溃疡（后来又杀死这些细菌而将溃疡迅速治愈）。2005年，华伦和马歇尔因此获得诺贝尔生理学或医学奖。——译注

病人发病的原因系接触了某种花粉，而本地蜂蜜——如果是来自当地蜂巢的蜂房块，而且连巢室的封盖还没有打开便更理想——则应当含有引发该过敏的植物的花粉。定时服用这样的蜂蜜或含这种蜜的蜂房，就会形成对有关花粉的免疫力，吸入空气中的同类花粉时，眼睛便不会发痒，也不会喷嚏连连了。虽然正规医学中目前还没有对这一偏方是否可靠下任何定论，不过即便是最保守的医生也不得不承认，服用本地蜂蜜总不至于对枯草热病人有害，倒是可能"有所裨益"哩。[40]

不幸的是，在以往为蜂产品叫阵的呐喊中，的确有许多无稽之谈和骗人的伎俩。在医学领域里，有道理和无道理之间，界限从来就不很分明。就是那位建议用蜂蜜治疗肠胃病的查尔斯·巴特勒，也推荐过另外一种他叫作"蜜华"的东西，是蒸馏蜂蜜得到的产物。他说此物有溶解黄金的神力。如果喝将下去，只要饮下1—2个打兰①的含金"蜜华"，哪怕是垂死之人，也会立即转危为安。在中世纪时期，欧洲一些地方流行过一种叫作酸蜜酒的饮品。这种从古罗马人那里传下来的饮料，其实就是蜂蜜、醋、水，以及其他一些选加的灵活成分，但它却被加上了种种非凡的功效，还得到了一个响亮的名头"克辛美"，说此物"主治坐骨神经痛、痛风及相类病痛，百试百验。还曾有人说'含而漱之，可医猴蛾'"[41]——我想他指的是通过漱口医治喉蛾（急性扁桃体炎）吧。对于用蜜蜂和蜂蜜治疗男人谢顶，人们更是说了不少废话。盖伦便坚信将死蜜蜂碾成粉后掺上蜂蜜抹到呈现秃相的部位，头发就会再长出来。这个方法又在16世纪末得到了托马斯·穆费的首肯[42]——不过此人更大

---

① 打兰（dram），源自古代希腊的重量和容积单位，在英国用于称量液体，1打兰约合3.6毫升。——译注

的名气得自他写的一首儿歌《穆费小姐妞》。① 还有人说这两样东西可使盲人复明，这就更不着边际了。

就在刚刚过去的这几十年里，蜂巢里又有一样东西被说成了对保健有神效的奇物，同样被不着边际地捧为包治百病。这一次登台的是蜂王浆。蜂王浆又称蜂王乳、蜂乳，是为蜜蜂的幼虫短期提供的幼儿特餐，又是蜂王一生的特供食物。早在18世纪时，人们便知道了这种东西的存在，不过作为商品进入市场，却只是从20世纪50年代才开始的。[43] 法国的养蜂人发现，如果给蜂群提供花粉和糖浆，即便在因花朵稀少难以产蜜的地区和季节，工蜂们还是会分泌出蜂王浆来的。在每只蜂窝里放入40只至50只生活在王台内的幼虫，让它们受到工蜂的特别照顾，吃清一色的蜂王浆。工蜂将蜂王浆吐入幼虫所在的王台里面之后，人们就会将它们一点点地汲取出来，不断地进行了一段时间后，再将其冷冻做成胶囊，就可以卖给那些愿意掏腰包的冤大头，让他们重蹈一下当年盲信巴特勒那"蜜华"的覆辙了。只吃蜂王浆的幼虫，体重会在区区6天里增长1300倍，生命期望值也从不长的数周延长为好几年。向人们推销蜂王浆的想法，是以蜜蜂可与人相提并论为前提的：既然蜂王浆能够将普通的蜜蜂提升为蜂王，那么施之于人岂不……可惜得很，实际上并没有什么"岂不"可言！[44] 种种冠之于蜂王浆的美言，医生们发表的却无非诸如"胡扯"和"花冤枉钱"之类的评论。在蜂王浆中，水占了67%，若干蛋白质占了11%，蔗糖有9%，脂肪酸为6%，还有1%的灰分，余下的就是些维生素什么的。没有什么人们不知道的神奇物质——至少没有对人而言的此类东西。[45] 尽管如

---

① Thomas Muffet（1553—1604），英格兰博物学家和内科医生，注重从医学角度研究昆虫。《穆费小姐妞》是他为自己的继女写的一首很流行的儿歌，歌词如下："穆费小姐妞，草地翻筋斗，正想吃糕饼，爬来大蜘蛛。妞妞看见了，吓得腿抽抽。"——译注

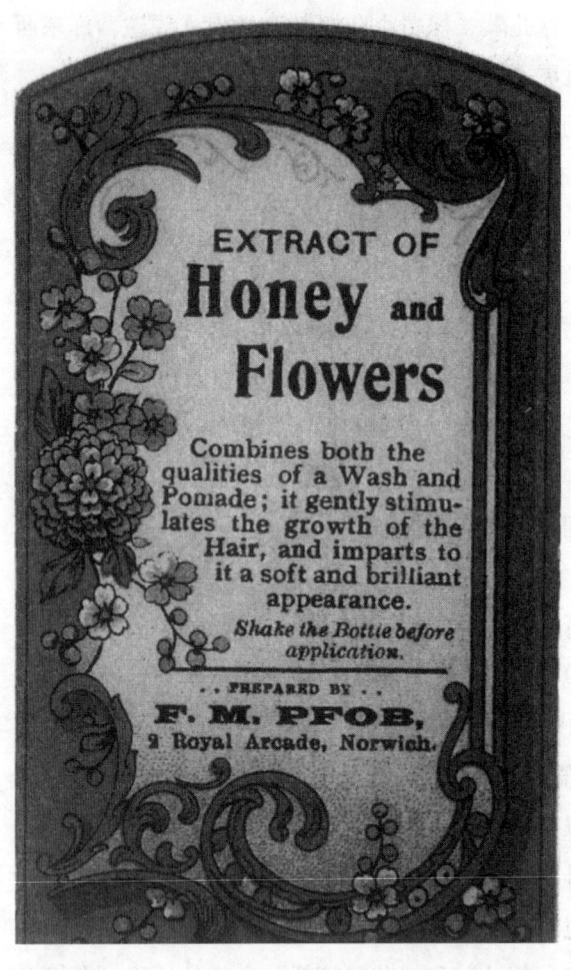

图 5-2 旧时蜂蜜美发油上的标签
标签上的文字：
蜂蜜与鲜花精油
本品合洗发与护发功能为一，具有促头发生长、柔软与亮泽之功能，用前摇动

此，蜂王浆还是在市场上大量出现，尤以日本为最。以焕发青春为招牌，日本人开辟出了可观的蜂王浆市场。

也是出于心理上的原因，从古至今的许多人相信了蜂蜜和其他蜂产品的美容功效。凡是出名的美女，容颜很少有不同蜂蜜挂上钩的，至少有部分的关联。埃及艳后克娄巴特拉（Cleopatra）是用驴奶兑上蜂蜜洗浴的；声名狼藉的法王路易十五（Louis XV）的情妇杜芭丽伯爵夫人（Madame du Barry）每天早上都会以蜂蜜敷面；当代美人、电影明星凯瑟琳·泽塔－琼斯（Catherine Zeta-Jones）据说也有以蜂蜜和盐揉搓全身的美容诀窍。的确，蜂蜜和蜂蜡都在化妆领域中占有合法的一席之地。蜂蜜是一种天然的吸湿剂，能够从空气中吸收潮气，因此若敷到身上，会起到保持皮肤润泽的作用，附带还会散发出香气。蜂蜡更是对唇炎有明显的舒缓效果。只是商家在从美容角度推销蜂蜜时，总是将功效扩大到润泽能力之外，直要夸到能使"肤嫩如婴"方肯住口。经营化妆品的制造与销售的跨国企业露华浓公司，在1972年推出了一种以苜蓿蜜（"纯天然的润泽剂"）和脱脂奶为主要原料的香膏。该公司的创建人查尔斯·莱夫伦①就在介绍这一产品时声称："我相信自己已经找到了一种出色的天然美容来源，其中含有绝对无脂的鲜奶，并添加多种蛋白质……和润泽皮肤的蜂蜜。这种种纯天然的有机成分合为一体，给皮肤带来的细柔鲜嫩感是我前所未见的。"[46] 这套吹嘘全无根据可言，事实上也并没能带动露华浓公司美容产品的总体销售。商家们也将诸如此类的"致靓"产品推介到了互联网上，输入"美容品"或者诸如此类的字眼，肯定就会冒出一大堆产品和厂商的名目来，相信其中会有来自新西兰的、能够"遏制衰老"的蜂王浆奶液，价格自然是不菲的。[47]

　　蜜蜂花粉也是被做足了吹捧文章的东西，吹捧者通常是意在推销。1979年，颇有健康食品权威名头的莫里斯·汉森（Mauric Hanssen）——就是后来又写了一本十分畅销的《欧洲人吃进食品添加剂》的食馔作家——写了一本书，将花粉赞誉得着实了不得。

---

① Charles Revlon（1906—1975），美国实业家。"露华浓"这一美容护肤著名品牌即为他首创并以他的姓氏命名——英文都是 Revlon，只是在翻译成中文时将产品名的翻译向美容角度有所靠拢。——译注

第五章　与蜜蜂有关的生与死　　253

图5-3 "欧舒丹"名牌蜂蜜香皂。产品设计者精明地将待推介的蜂蜜的美容功效与巢室的形状结合到一起

他告诉人们,花粉"令人惊叹",是"神奇的滋养物"。[48] 花粉为蜜蜂提供了它们生长所需的蛋白质,也含有让人们"健康和幸福"的秘密。此人又亲自推销起若干种花粉制品来,都是索价可观之物,商品名称也十分做作,什么"美宝霞""花粉酿""花粉-B""花之贡""魄力得"等。照汉森的说法,天底下就没有蜜蜂花粉不能攻克的病症!感冒了?吃些花粉!胃里折腾?花粉可以搞定!经期不适?没有问题,再吃花粉!疲劳?消渴?心神不宁?更年期反应?活腻了?……还用我再接着说吗?总之,花粉在此,诸病退位!

汉森还话里话外地透露出花粉的另外一种能力,就是使人们的潜质得以充分发挥。看嘛,多产得简直像是眨一下眼睛就写出一本书来的女小说家芭芭拉·卡特兰①,就是位花粉的忠实信徒呀(她是

---

① Barbara Cartland(1901—2000),英国创丰产纪录的言情小说女作家,一生共写出723部小说。目前有《土耳其之恋》等数部中译本。——译注

服用"美宝霞"的常客咧），结果"不但容光焕发、魅力十足，工作起来更是无比奋发"，仅在一年里便写出了24本书，而且是在她76岁高龄时哟！因此，英国公众怎么能置花粉于不顾呢？为开导公众，汉森还开列了长长的一串姓名，都是为花粉的效力做证的幸福快乐的顾客们。名单中有纽约长岛（Long Island）的C. J. 先生。据他说，他的女儿从英国给他送来了一些"花粉 –B"，服用后令他"雄风强劲"，"恰为本人所需"（看来，此公的女儿思想着实开放啊）。还有一位苏格兰的J. B. 博士，他夸赞"美宝霞"是男人之宝，使他"不顺畅"的性生活得到改善。又据苏格兰珀斯（Perth）的R. T. 太太表示，汉森看来为"挽救一场婚姻"立了一功，因为她在丈夫的劝说下服用"美宝霞"后，身心都发生了"巨变"，从一开始时觉得吃这种药是在"烧钱"，变为如今的"实在幸福"。尤其值得一提的是，恩菲尔德（Enfield）一所豪宅的女管家R. N. O. 小姐。她自述身体上有一处令自己"极度自卑"的缺陷，那就是没有女人应有的丰胸。"后来我看到了对'美宝霞'的介绍，便试用了一个疗程，结果实在太妙了。我的前胸膨起了两个英寸，而且既坚实，形状也美好。同时，我的心情也大为舒畅，整个人都觉得好多了。"[49] 面对铺天盖地的赞语，难道还有人会反对不成？谁会忍心宁可让这位R. N. O. 小姐仍然心情不得舒畅呢？不过话又得说回来，诸如此类的证词，可是难得说服正经八百的医生们，让他们相信蜂窝中自有神物在啊。

　　对蜂产品的种种不实的噱头，以及硬说它们对蜜蜂与人有神奇功效的宣传，给它们造成的最大危害，或许当属医生们对蜜蜂真能够为医学做出贡献的忽视。蜂蜜用于外伤包扎是其中之一。在古代埃及，蜂蜜是广泛用于处理外伤伤口的。即便在现代社会的初期，它也被承认具备"能使不好对齐的伤口保持良好贴合"的效能。[50]

只不过多少个世纪以来，外科医生们一直忽略了这一点，[51] 直到20世纪30年代，才得到了一些医务人员——主要是在中欧和苏联——的重新关注。[52] 有个人在一根手指被砂轮机打断后，被送到一位瑞士外科医生那里急救。[53] 送到医生那里时，此人的这根手指除了还有一块皮肤连在手掌上，其他部分都分离开了。不过，在将断指对接整齐并糊以蜂蜜后，它竟然又长回到手掌上，简直像发生在魔幻世界里一样！看来还是古埃及人有水平。人们现在已经很清楚，蜂蜜确实能够"防止伤口感染，并且消除炎肿，加速愈合"。[54] 道理也同用蜂蜜处理尸体一样：它被利用的一是它的吸湿性，二是它的杀菌性（产生过氧化氢）。只不过虽说人们已经了解到这两种特性，在伤口处理时使用蜂蜜的做法还远远没有成为主流方式（不过也正在向这一方向前进，特别是在澳大利亚）。今天的医生们仍然不愿加入古人赞美蜜蜂的阵营。

前面提到的那位博多格·贝克医生看到他的同事们对以蜂蜜治病的态度，最常见的是嘲讽，这使他悲哀而无奈。在他看来，原因是与既得利益有关的——

倘若医务界接受了蜂蜜，用来充当防护和治疗的药物，那么，这种认可势必会形成乱局——不仅在医疗界，还会在制药界、批发系统、药店、电台广播系统中普遍出现，甚至还会影响到丧葬人员。至于炼糖业、糖果厂、甜点店、冷饮柜等，那就更不在话下了。这将给经济带来真正严重的灾难。轻泻药、消化药、头痛粉、小苏打、开塞露……诸如此类的药品也有可能完全停产——更说不定还包括止痛片、咳嗽药、祛痰糖浆、喉炎含片、漱口水等一大批常备药哩。[55]

现代人不愿意接受以蜂蜜治病的原因，很可能还与蜂蜜这种东西太过天然有关。希波克拉底曾说过，所有的食物都带有药性。如今的人却要将食物与药物分开，也就是说，病从口入——疾病多起因于饮食，那么，对付引起疾病的药就不应当也是食物。这样一来，对于像蜂蜜这样的"天然"药剂，就得再以人为方式注明其作为医药的新资质。正因为如此，这才出现了将新西兰的麦卢卡蜂蜜装盛在深色玻璃瓶内，弄得失去了食品包装的外观，倒像是装鱼肝油的瓶子，而且往往还添上 UMF 标号，即该产品的"麦卢卡独特因子"参数。这么一煞有介事，似乎就是在告诉人们说："一分钱、一分货；东西好，价自高"——确实不低，在英国的市场上，一瓶 500 克的麦卢卡蜂蜜，一度曾卖到 13.99 英镑，当时约合 25 美元。这个麦卢卡独特因子是对此种蜂蜜的等级标号，是新西兰的怀卡托大学的彼得·莫兰博士①在 20 世纪 90 年代初的发明。[56]这位莫兰博士发现，所有的蜂蜜都有杀菌功能，但程度不尽一致。而其中尤以蜂群采自新西兰的一种名叫麦卢卡的灌木的花蜜酿成的蜂蜜，有特别强的杀菌功效——最好的能强上 100 倍。结果人们发现，细菌杀手麦卢卡蜂蜜对治疗静脉曲张性溃疡、胃溃疡、牛皮癣、湿疹、痤疮、肠躁、真菌感染和结膜炎等都有很好的效果。所有这些功效，都得到了某家官方"蜂蜜研究组织"的承认。麦卢卡蜂蜜无疑是个极好的东西，味道极佳妙，口感极滑软，但它仍然是蜂蜜，只是近几年来却被鼓噪得使人们几乎忘记了这一点，倒觉得它是一种医药了。在对麦卢卡蜂蜜推介时，总是不忘了加上一条"业经实验室验证"。是啊，验证过，而且多方验证过，结果竟像是人工产品而非

---

① Peter Molan（1943—2015），新西兰生化学家，率先介绍麦卢卡蜂蜜有重大药效并参与组织此种蜂蜜的生产与行销。——译注

蜜蜂的造物了。

我们到底该将蜂蜜划归为哪一类呢？尸体保存剂？幼婴杀手？救命仙膏？祛病神药？药厂产品？要不然还可以归入一个新类——毒药？

## 毒蜂蜜

1790年时，美国的首都是费城。这一年的秋天，在这座都城的一个地段里，出现了不少人突然接连死去的怪事。此事发生在有"兄弟之爱"之称的城市，[①] 使此事更显得恶劣。刚刚成立不久的美国政府开始调查此事，结果发现原来是蜂蜜造的孽。所有病倒死去的人，都是吃了一种特别种类的蜂蜜，源自一种名叫山月桂，当地原住民称为"勺子木"的灌木。此种植物并不常见，由它的花蜜酿成的蜂蜜，人是不能吃的。[57] 原来蜂蜜竟然可以引起中毒！

奥维德当年也曾提到过一种毒芹蜜。[58] 还有一些植物的花蜜，也会酿出对人有毒的蜜来。这其中就有矮踯躅和马醉木[②]。古人早就知道，含有较多马醉木花蜜的蜂蜜是不宜供人食用的。如今我们知

---

[①] 费城这一美国最老、最具历史意义的城市，最初的格局形成于英国房地产开发商威廉·潘恩（William Penn, 1644-1718）的设计规划。他按照自己贵格派信仰的理念，希望这个移民城市能够在基于自由与宗教融合的原则下发展，故将此城市定名为希腊文的 $Φιλαδέλφια$。此词由"兄弟"（$Φιλα$）和"友爱"（$δέλφια$）两词缀合而成，转换成英文即为 Philadelphia——音译成中文为费拉德尔菲亚，又简译为费城。——译注

[②] 这两种植物以及上文提到的山月桂，都属于杜鹃花科。杜鹃花科为一大植物科，下有一千三百余种，其中七百余种生长在中国。并不是所有此科植物的花粉都有毒性，有毒性的，其毒性也强弱不一。国内市场还可见到杜鹃花蜜，据说还有一定的医药价值，但也有食用此种蜂蜜后中毒的报道。据中国农业科学院蜜蜂研究所提供的信息，我国的有关科研人员正在对中国的各种杜鹃花蜜——鉴定，将于近期公布鉴定结果。——译注

道，这种花蜜中含有一种有毒成分，叫作木藜芦毒素，又称梫木毒素或八厘麻毒素。古人虽然不知道这一点，但清楚食用此蜜后，会觉得极不舒服。对此种中毒的最翔实的记录来自色诺芬的《长征记》[1]。据他在书中说，他所参加的这支希腊大部队有一万名官兵。他们在来到濒临黑海（Black Sea）的特拉布宗城（Trebizond）一带时，一些官兵偷食了当地出产的蜂蜜，这一来——

> 完成上山行动之后，希腊军队驻扎在好多村庄里，他们都有充分的给养供应。这里一般没有发现什么真正奇特的事情。但左近地区蜂群很多，吃了这蜜的士兵都感觉狂晕、呕吐、腹泻，没有一人能够站起来；吃了少量的人就像大醉一样，而吃多了的人就像疯狂的人一样，或甚至有时要死一般。他们很多人躺在那儿，好像军队吃了败仗，情绪低落。可是，次日并无死亡；约在前一天吃了蜜的同一时刻他们才开始醒过来，在第三天或第四天时他们起来了，好像经过一场药物麻醉。[59]

对这一记载进行过研究的人多数认为，特拉布宗那里的有毒蜂蜜应当是源自某种杜鹃花，它所引起的中毒称为狂蜜病。据传在同一地区还存在其他种类的有毒蜂蜜。从特拉布宗向北不远便是科尔基斯（Colchis），那里有一种人称"疯癫蜜"的蜂产品，吃下后会令人表现出狂乱症状，不过并不特别严重。在小亚细亚半岛（Asia Minor）西北部的赫拉克利亚-本都卡（Heracleia Pontica）也有一种蜂蜜，人吃下后会难受得在地上打滚。不过，色诺芬所记载的官

---

[1] 《长征记》有中译本，崔金戎译，商务印书馆，1985年，2013年。本书中的引文摘自第4卷第8节。个别文字有调整。——译注

兵中毒事件，也可能是由于吃了尚未酿熟的蜜，而且引起的反应特别严重。没有完全酿熟的蜂蜜处于还未经蜜蜂扇动翅膀蒸发透的阶段，其中含有的水分仍然较高，因此很容易发酵，吃了这样的蜂蜜，是有可能引起痢疾的。这样的情况今天也仍会发生。如果蜂房中的蜜已经酿熟，工蜂就会用蜂蜡将蜂房密封起来。如果在从蜂巢中取蜜时，有些巢室还没有封上，就会得到未熟透的蜂蜜。这么说，色诺芬所记载的这些人中了毒，其实正是偷盗者所遭的惩罚——谁让他们在还不能吃的时候不管不顾呢！

在各种食物中毒的症状中，蜂蜜中毒似乎是比较怪异的。中毒者的脸上会现出一种像是冷笑的神情。在英语中有一个形容此种表情的词 sardonic，本是指意大利撒丁岛——英文为 Sardinia——上的人在吃了岛上的有毒蜂蜜后，脸上会现出的一抽一抽的古怪表情。据英国历史学家与政治家麦考利勋爵（Lord Macaulay, Thomas Babington Macaulay）考证，但丁[①]脸上时常会现出的忧郁表情，看上去很像是"撒丁岛上的有毒大地。那里的地是苦的，就连蜂蜜也是苦的"。[60] 其实这位勋爵搞错了。这座岛上的土并不是苦的，倒是岛上有一种野生的欧芹，花蜜被蜂儿酿成蜜后，会给食用的人带来严重的肠绞痛呢。

通过对毒蜂蜜的大量研究，可以认为蜂蜜对人有危险的观点是有失公允的。这样美好的东西，怎么会是危险之物呢？《圣经》上说"我儿，你要吃蜜，因为是好的"时，并没有再加上"不过先得知道它是不是会使你呕吐"啊。不过毒蜂蜜之说，倒是从侧面衬托出人们的确认为蜜蜂是危险的，而这种危险来自它们的蜇刺。

---

[①] Dante Alighieri（1265—1321），意大利诗人，欧洲文艺复兴时代的开拓人物之一，以长诗《神曲》被誉为意大利最伟大的诗人。——译注

# 蜇 刺

对于一心要将蜜蜂推举为造物主创造的最完美生灵的人来说，蜇刺一直是个滞碍。公元前5世纪的希腊诗人品达（Pindar）就发出过这样的吟咏："漂亮的蜜蜂，难忍的疼痛！何等虚假……居心不诚。"一方面会酿出甜美的蜂蜜，一方面又生着有毒的螫针，这两者的结合令人难以统一到一起。蜜蜂身上所带的不是区区一根针刺，而是一套复杂的武器系统，有锐利的刺尖，两侧是易进难出的倒钩，还有蜂毒——由肽和酶为主要成分的刺激性很强的毒液。这套系统是由昆虫的排卵器官经漫长进化最后形成的武器。[61] 对于热爱蜜蜂的人来说，委实很难不将挨到蜜蜂的蜇刺看作对自己的辜负与背叛。"这是怎么啦？我是你们的朋友嘛！我正在写一本关于你们的书呢！"这正是我在养蜂场第一次惹火了一只蜜蜂受到攻击时心中所想的。

有一种说法认为，蜜蜂与人类是一对绝配。然而它们——有人称之为"活匕首"——身上的螫针，给这种看法打上了问号。其实应当说明一点，蜜蜂对人的攻击，对它们自身是极为不利的。蜜蜂在蜇刺敌对的昆虫时，刺后是能够将自己的武器收回的。但倘若攻击的是人或其他包覆有弹性皮肤的哺乳动物时，结果便不同了："在力图从哺乳动物身上抽回螫针时，它们的整套攻击装备往往会被自己扯出体外，结果造成对自身的致命伤害。与此同时，螫针还仍会继续作用一段时间，加剧对被蜇刺者的伤害。"[62] 人被蜜蜂蜇刺，便有如遭到了自杀式炸弹的袭击，只不过"炸弹"的威力往往不是很大而已。受到这种袭击的人，通常的反应先是"皮肤上鼓起白泡"，继而白泡变红、发热及肿胀；此种状况会持续一天或者两

第五章　与蜜蜂有关的生与死　　261

图 5-4 美国俄亥俄州奥伯林（Oberlin）的一位养蜂人不幸挨了蜜蜂蜇刺后的模样

天。如果被蜇到的是昆虫，结果便会是失去行动能力和死亡。人若被蜜蜂攻击后，最稳妥的对策便是遵照查尔斯·巴特勒在1623年所提供的建议，"马上将自己身上的蜜蜂螫针和其余所有部分抹除干净，然后用唾液清洗被蜇刺之处"。[63]

不过，蜜蜂的蜇刺有时也会严重损害人的健康甚或使人殒命。16世纪初时，在如今德国的沃尔姆斯镇（Worms），有个小男孩被蜂群蜇刺身亡。此事恰发生在马丁·路德（Martin Luther）——被传讯阐述自己的宗教改革观的——著名的1521年神圣罗马帝国议会<sup>①</sup>召开之前。悲剧发生后，镇政府决定对蜂群严加惩处，下令将本镇广场上的蜂巢连同蜂群全部焚毁以儆效尤。然而此举未能阻止蜇刺的继续发生，而且仍不时使人身亡。多数严重事故都是蜇刺在面颊、耳部、鼻子、眼睑、口唇、咽喉和颈部。咽喉处受到攻击的情况最为可怕，因为该处的软组织在受到蜇刺后会发生肿胀，结果会导致窒息，而且是慢慢发生的。有一桩攻击特别可怕，是一个富有的地主喝了一杯苹果汁，而果汁里不巧有一只活蜜蜂。蜜蜂蜇了他，但他当时却没有感觉到——如果当时感觉到并马上想办法，还不是没有获救可能的——又接着大啖了一顿。等到他察觉出喉咙肿胀时，为时已晚。[64] 蜇刺造成的死亡通常是受到多次蜇刺所致，其中又以受伤部位在面部居多，但也有一蜇丧命的情况发生，遇难的都是健康的成年人，他们都被刺到了脖颈处。

法国生理学家夏尔·里歇<sup>②</sup>在20世纪一直进行着对过敏反应的理论研究。一些不幸的人对蜜蜂的蜇刺极端过敏，即便被刺到的不是身体的敏感部位也会过敏得一塌糊涂。[65] 特别令人担心的是，这种极端过敏会在任何时候发生，甚至会突然发生在曾经多次受蜇刺而一直安然无恙的养蜂人身上，致使有些人因担心逢此遭遇而放弃养蜂。对于会极端过敏的人，蜜蜂的蜇刺所造成的不单单是"局部不适"，而是"对机体功能的深度影响"。[66] 对蜜蜂蜇刺的过敏也同其他类型的过敏一样，会导致人体内形成过量的应对外来异物的抗体，由是引发严重的反应。蜜蜂蜇刺引起的过敏反应表现为：昏厥、呕

---

① 1521年的神圣罗马帝国议会是神圣罗马帝国1521年1月至5月在沃尔姆斯举行的议会。会议由查理五世主持。虽然在会议中有很多的议题，但最重大的是召见马丁·路德，听他阐述宗教改革的观点，并裁定他是否违法。——译注

② Charles Richet（1850—1935），多种研究领域的早期建立者，例如神经化学、消化作用、恒温动物的体温调控，以及呼吸作用等。1913年因对过敏反应的研究获得诺贝尔生理学或医学奖。——译注

吐、神志不清、麻痹、眩晕、头昏脑涨、睡眠不安、出汗不止、起水疱、感觉跳痛、皮肤蜡黄、眼球刺痛、唾液呈泡沫状、气息中带异味、嘴唇肿胀、听力减弱、关节僵硬、脉搏加快、心悸、没有食欲或只想喝奶、肠胃绞痛、腹泻、暴躁、肾区疼痛、尿频；男人还会出现睾丸肿胀和长时间勃起，妇女则会感觉卵巢疼痛、乳房肿痛、痛经加剧，孕妇还可能流产；最严重的结果是死亡。在美国，每年因受昆虫蜇刺导致的死亡案例在40例至50例之间，英国为4例至5例。可以看出，过敏反应症状之多，不亚于蜂蜜的妙处之众呢！

好在对这种过敏反应并不是没有对策，只不过需要的时间较长。办法还是来自蜂儿自身，这就是给蜜蜂——还有马蜂——"挤奶"。当它们受到带电网栅的电击时，就会不由自主地做蜇刺动作，同时将体内的毒液排出。（受到这一对待的蜂群可是会炸了窝呀！）挤光210个蜂巢，才能采集到一克蜂毒。制药厂在将毒液冷冻干燥后，便可送入市场，以免疫注射的方式提供给需要的人，其中以养蜂人为主。具体方法是定时多次注入人体，开始时剂量很小，然后不断增加，等到接受注射者能够忍受相当于两次严重蜇刺的蜂毒量时，就可以遵医嘱接受蜜蜂的现场蜇刺，以克服看到蜜蜂的恐惧心理。[67]倘若他们在这种体验后仍然没有过敏，如果愿意的话，就可以再回到养蜂场工作。此种方法叫作免疫疗法，目前已得到美国食品药品监督管理局的认可和医疗界的承认，成为合法的医药手段。[68]

蜂毒并非只可以用于医治对它自身过敏的对象。多少个世纪以来，蜜蜂的"粉丝"们一直希望将这种东西用来派更大的用场。神圣罗马帝国的奠基人查理曼大帝（Charlemagne, 742—814）据说就以挨蜜蜂蜇刺的办法治疗自己的痛风和关节炎。[69]19世纪末时，这种疗法——有人叫蜂针疗法，有人叫蜂刺疗法，还有人叫蜂毒疗法，受到了德国和奥匈帝国一批医学研究人员的重视。菲力普·特尔什（Philip Terč）医生是其中特别积极的一位。他在该世纪的70年代和80年代里，用活蜜蜂在病人身上做蜇刺实验，前来接受实验的病人着实不少，估计效果应当不错。1879年，一名女子前来求医，自述为严重的神经痛和失聪所苦。特尔什决定冒一冒险，用99只活蜜蜂蜇刺她的头部，然而未见成效。（至于这名病人受了多大的罪，没有病历记录可查。）特尔什接着再试，这一次的蜇刺部位是在颈部和肩部。被全部15只蜜蜂扎过后，可怜的病人肿得连眼睛都睁不开了。不过除了肿胀，这名女子表现得"乐不可支，神经痛一丝也不见了"。她告诉特尔什说，她还听到了教堂的钟声。[70] 这位医生在自己的行医生涯中，前后共在500多名病人身上施用了这一蜂针疗法，蜇刺总次数达3.9万下。[71]

即便到了今天，也仍然有人坚称蜂毒可以医治关节炎和风湿症。问题是这些说法从不曾得到严格临床试验的检验。[72] 不少养蜂人信誓旦旦，说自己多次受过蜜蜂的蜇刺，因此老来仍然行动自如。但经常挨蜂蜇，夏天高峰时有时一天会被蜜蜂蜇刺30下之多的人，却仍然还因关节炎发作而不得不仗拐以行的人也是有的。在患过关节炎并接受过蜂针疗法的人中，确实有人摆脱了这一疾病，而却有可能只是事出偶然，即恰好在受到蜇刺的前后因另外的原因得到好转。来自蜜蜂的蜇刺，有时候也会起到类似针灸的作用。无论真正的原因为何，对蜂毒作用的期待，又给出了一个人们喜爱蜜蜂的例子。在发现蜜蜂并非总会对人类友好后，蜂针疗法的发现，不啻提供了对抗这一失望心结的新的动力。这也可以说是失之东隅，收之桑榆了吧。

在人类尚武精神更强的往昔年代里，蜜蜂的蜇刺曾是引来敬意的行为。有一句谚语也说："不挨蜂刺，焉得蜜浆。"人们也意识到，蜜蜂是应当长有蜂刺的。一切生物都应当有自己的武器，目

第五章　与蜜蜂有关的生与死

的就是保卫自己的生存。英格兰农业作家、同时也是养蜂人的约翰·米尔斯（John Mills）就在1767年说过这样一句话："蜂蜜和蜂蜡是许多贪婪而又懒惰的昆虫觊觎的目标，因此工蜂必须要有螫针，既为了防卫，也为了进攻。"[73] 生活在同一个世纪的约瑟夫·沃德也说，蜜蜂的螫针是它们"主要的作战武器"。[74] 在我们先人的心目中，蜜蜂的螫针并没有拉大它们与人类的距离；倒是相反，这种东西的存在，表明蜜蜂也和人一样，骨子里是好战的。

## 蜂群与战争

时常有人形容说，置身于枪林弹雨的战场，感觉就如同处在养蜂场嗡嗡翻飞的蜂群中。一名参加过美国南北战争的军人便这样回忆说："子弹的呼啸有如蜂群的轰嗡，被它们蜇中便是死亡。"[75] 以蜂群比喻军队，早在《圣经》中便出现了。《旧约全书》里便形容亚摩利人"如蜂拥一般"[76,①]地追赶以色列人。在人类的交战中将蜜蜂比作热敏导弹的说法也不止一次地出现过。它们也多次被用作先发制人的威慑力量和特殊的大规模杀伤性武器，两者的作用都足够恐怖。

从古代起，人们便以蜂巢为作战武器——进攻时和防御时都会用到。古罗马军团就曾在进攻城池时，用弩机将蜂巢射入对方的工事，以造成伤害和混乱。同样的手段也可能反方向进行——既然能够将蜂巢射入城池，自然从城中抛向攻城部队也会有效。公元908

---

① 与这一形容有关的全句话为："住那山地的亚摩利人就出来攻击你们，追赶你们，如蜂拥一般，在西珥杀退你们，直到何珥玛。"（《旧约全书·申命记》1：44）。古代史学家认为，亚摩利人是生活在中东沿海地区的游牧人群，是巴比伦国的建造者。西珥和何珥玛是《圣经》中提到的两个地名，具体位置迄今尚无定论。——译注

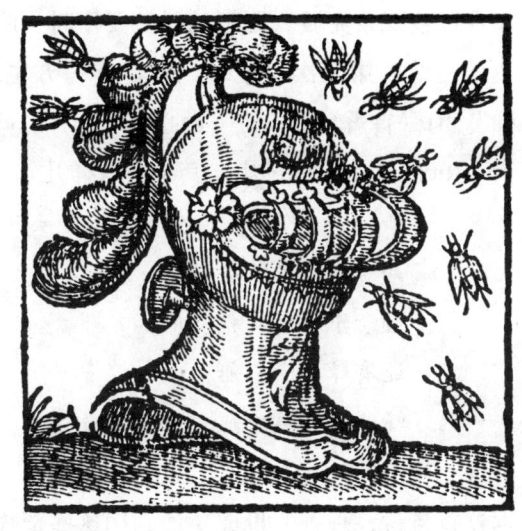

图 5-5 一群蜜蜂从武士的头盔中飞出,以象征征战得胜。摘自 16 世纪一本介绍纹章的书

年的英格兰正处于盎格鲁-撒克逊英格兰时期[1]。一群丹麦海盗在他们的头领兴加蒙德(Hingamund)率领下,向切斯特(Chester)城发起进攻。形势起先对海盗们有利,但后来英格兰一方在埃塞尔弗莱达[2]率领下,将整巢整巢的蜜蜂掷到攻城者的头上,结果打退了进攻,逼退了肿头涨脸的海盗群。在有关十字军东征[3]的史料中,也可以找到若干"军用蜂巢"的记载。在第一次东征中,十字

---

[1] 指英格兰从 5 世纪罗马帝国统治的退出,到 1066 年来自欧洲大陆的诺曼王朝取得统治地位之前的历史时期。——译注
[2] Ethelfleda(870—918),英格兰的一位公主,出生在丹麦占领了英格兰大片土地的时期,后嫁给反抗丹麦统治势力的英格兰地方领主埃塞尔雷德(Ethelred),并在丈夫死后继续领导反抗外来势力的军事抗争。——译注
[3] 十字军东征(1096—1291),在罗马天主教教皇允准下进行的一系列征战,由西欧的封建领主和骑士对他们认为是异教徒的国家(均处地中海东岸)发动的持续近 200 年的宗教战争,前后共发生十多轮。参加这场战争的士兵配有代表基督教的十字架标志,故称为十字军。书中提到的第一次十字军东征始于 1096 年,以 1099 年十字军攻陷耶路撒冷收尾。第三次十字军东征(1189—1192)由神圣罗马帝国、英国和法国联合发动,神圣罗马帝国和法国中途退出,只剩英国军队孤军力战埃及人。双方互有胜负,最终达成停战协议。——译注

军在进攻安条克城①附近的马拉要塞时，便得到了穆斯林人飨以蜂巢的招待。第三次东征时，基督徒一方也装备了自己的"蜂巢导弹"。有一首著名的长诗《狮心王理查》②，吟诵了英格兰国王理查一世（Richard Ⅰ）的神勇。其中有这样几句——

> 两百艘战船装备精良，
> 锁子甲再加剑戟刀枪，
> 还有蜂巢十三船，
> 蜂儿满满巢中藏……

据这首诗说，理查一世成功地利用这些蜜蜂打垮了撒拉森人，③又说这些人被"他的蜂群叮得心惊胆战"，纷纷躲进了深深的地窖。[77]至于诗中所说是否属实，那就另当别论了。

理查一世和他的"叮人蜂"是中世纪军事宣传的一个例子。就此诗写于交战之后200年而论，也许更应当说成是树碑立传的一个例子。将蜜蜂用于战事，前提是蜜蜂须忠诚、有威慑作用和强大的杀伤力，犹如一支由真正士兵组成的敢死队。类似的例子在中世纪的基督教传说中不止一个，其中最有名的当属圣女高纳特（St. Gobnat）。这位修女大体上生活在公元6世纪，是一位爱尔兰人，在科克郡（County Cork）巴利沃尼（Ballyvourney）的一座修道院

---

① Antioch，安条克城为西亚一著名古城，现已不存在，遗址在土耳其城市安塔基亚（Antakya）附近。——译注
② 《狮心王理查》，一篇记叙英格兰国王理查一世生平的长诗，作者不详。狮心王是中世纪著名的英格兰国王、十字军统帅理查一世的绰号，得因是他在战争中总是一马当先，犹如狮子般勇猛。——译注
③ 撒拉森人一词，源自阿拉伯文的"东方人"。西方的历史文献中经常以这一词语笼统地泛称游牧的阿拉伯人。——译注

清修，并在该院养蜂，后来被封为圣女和蜜蜂的守护神。民间流传着种种她和蜜蜂以及战争的故事。[78] 其中的一则是这样说的：一个强大部落的首领在与另一个部落开战前，得知本部族的士兵健康堪虞。他偶然在田野上的一只蜂巢附近见到了高纳特，便向她请求助佑。这位圣女答允后，将一群蜜蜂变成了训练有素的武士，在这个首领的率领下作战并取得胜利。战事结束后，心存感激的首领返回当初圣女应允他的请求之地，却只见当初那只蜂巢已经变成了一只青铜头盔。据信这只"蜂巢头盔"成了一件文物，被一支姓欧赫雷（O'Hierley）的爱尔兰望族长期收藏。还有人相信，用它盛水喝下，只需一滴，便能在战事中得到护佑。

这个有关圣女高纳特的传说无疑是编造的，倒也有招人喜爱之处。蜜蜂的螫刺一直是它们不招喜爱蜂蜜者待见的唯一表现，而这一传说正好将它们谁都可能去螫刺的现实，变成了只是惩罚坏人坏事的举动。这样一来，蜜蜂的螫刺举止便不再是出自害怕或感到威胁，而是以优秀的道德识见和爱国情操站到了正义阵营一方，以高尚的公理之友的身份向恶人和劣行开战——堪称美妙的梦幻。

不过进入 20 世纪后，这个编织成的梦境便不复美妙了。蜜蜂仍然会偶尔参战，只是由于其他远为强大的杀戮手段的出现，使得蜂群的杀伤威力大为逊色。美国南北战争期间的安提坦战役① 是在 1862 年 9 月 17 日开战的。这个日子被称为美国历史上最血腥的一天——甚至超过了"9·11"恐怖袭击，也给出了现代战争惨烈前景的最早预示。在这一次战役中，双方共战死 7753 人，另有 18440 人受伤。最惨烈的一幕发生在一个叫鲁莱特农场（Roulette

---

① 安提坦战役，又称夏普斯堡战役，因发生在美国马里兰州夏普斯堡（Sharpsburg）附近的安提坦河（Antietam Creek）一带而得名。——译注

Farm）的地方。南军在遏制北军的推进攻势时，火力惊动了农场的养蜂场，而北军正位于此地。面对蜂群的攻击，北军官兵无计可施，一片慌乱。战役结束后，有700名官兵被埋葬在这块地方。面对这片坟茔，怕是很难生出任何浪漫的想象，也无从觉得吃这里酿出的蜂蜜会是一种享受吧。

进入现代社会后，人们对蜜蜂参战的兴致并没有消减，只是带上了更阴沉而冷酷的新色调。中世纪时，人们将蜜蜂编造为站在"正义"一方的角色，而现代人则开始将蜜蜂视为危险的、不可信任的生物。当前的蜜蜂，是以恶毒而非良善的形象出现的，它们非但不是爱国者，反倒是一群拿不准会在什么时候反水的宵小。

坦噶（Tanga）战役是第一次世界大战期间发生在德属东非[①]的第一次较大规模的军事冲突，发生在1914年11月。圣诞节将至，不少天真的人还希望能在节前结束这场争战。这场战役因发生在坦桑尼亚的港城坦噶而得名，同时也被称为"蜜蜂战役"——这是因为在此战役中败北的英军，失利的原因部分地源自于战场上出现了一群为德国人誓死效力（当时有许多人确实这样相信）的蜜蜂。英军发起的这场倒运的水陆两栖战事，使英国大大地丢了面子。英军一方的高级将领阿瑟·艾特肯（Arthur Aitken）将军被委以该战役的最高指挥权，但参战的英军部队准备得很不充分，结果死伤官兵共847人，而德军方面只有148名。战后的头几个月里，英军战败的消息一直被掩盖着不让本国公众知晓。直到大战结束后——而且是事隔许久的第二次世界大战结束后，《泰晤士报》才在1953年1月16日刊载出一封信，以期多少洗刷掉一些这次战败的耻辱。信

---

[①] 德属东非是德国在非洲东南地区的殖民地，其领土约为现今的卢旺达、布隆迪、坦桑尼亚，以及莫桑比克北部等地区，初建于1885年，第一次世界大战德国战败后分别成为比利时、葡萄牙和英国的殖民地。——译注

中说，德军在战场的树丛里放置了许多蜂巢，又从蜂巢那里拉出绊索，埋设在丛林中的小径上。而进入战场的英军只穿着热带装束：清一色的短裤和薄薄的衬衫。他们因碰到绊索惊动了蜜蜂，蜂群便向众多的裸露白皮肤大行蜇刺。多么邪恶的行径！心思单纯的英国人，又如何能够应对如此卑劣的伎俩！

不过只过了一个星期，《泰晤士报》上又冒出了一个设想，认为那次蜂群攻击并非德国人搞的鬼。蜇刺之战未必是用绊索引发的，倒可能是密集的机关枪火刺激的结果，蜜蜂并无偏颇，对交战双方同样蜇刺，只是英军的军服糟糕，受到的苦便更多些。威廉·博伊德[①]便在他的小说《冰激凌之战》（1982）中想象了这样的混乱场景。他描写一名英军士兵陷入了"疯狂呼啸着的黑压压一大群小点的包围"，他自然认为这些黑点都是飞行中的子弹。他身上被击中了。"我的天！没打在脖子上。他踉跄了一下，不过仍继续跑动。他将一只手按到疼处，好给伤口止血。黑点还在呼啸着从他耳边掠过。不对！他想。它们并不是子弹，是蜜蜂呀！他停下脚步，转过身来，看到战友们有的又蹦又跳，有的躺倒在地上翻滚，活像是一群犯了羊角风的人。原来是遭到了好大一群蜜蜂的攻击。"[79]

现代战争一旦有蜜蜂加入，形势便会越发恐怖。如今的人们已经不再相信蜜蜂也会有十字军将士的冲动，能够听从狮心王理查的指挥，为着爱国的目的而大行蜇刺。今天的人们知道，它们的攻击本是出自恶毒多于高尚的动机。这是由于如今更多了一种非洲化蜜蜂所致。这种蜜蜂又称"杀人蜂"，是从南美来到美国的。这一

---

① William Boyd（1952— ），苏格兰小说家和影剧脚本编写人。《冰激凌之战》是一本以第一次世界大战期间的非洲战场为背景的黑色幽默小说。小说的得名是因为一名校官预言说，在非洲的战事不会长过两个月，理由是非洲太热，再长一些，欧洲来的军人们"都会像太阳下的冰激凌一样融化掉"。——译注

极富攻击性的物种并非纯粹的天然造物，而是人类在科研事业上所犯错误的结果。此大错铸成于20世纪50年代。巴西的一队昆虫学家将欧洲蜂与更凶猛的非洲蜂杂交，意在培养出适合本地湿热气候条件的新蜂种来。等他们发现自己的错误时，为时已晚。[①] 众多凶猛的非洲化蜂群，压倒了比较温驯的蜂种，而且一路在全南美洲泛滥，又在1990年进入北美，抵达美国的得克萨斯州（Texas）。这种蜂被形容为"对美国养蜂业的最大危险"。[80] 这是由于此种非洲化蜜蜂的脾气要比其欧洲同类暴躁得多。当一只"杀人蜂"发起攻击时，会同时释放出一种气味很像香蕉的信息素，它会使整个蜂群一连躁动好几天。遇到这种光火的蜂群，逃开是可以的，但躲入水下可行不通——它们会在水面上等着，一见露头就行攻击。

"杀人蜂"败坏了人们对蜜蜂的整体印象，给灾难影片提供了新的角度，还成了惊悚文学艺术作品的主题，让它们一怒之下占领了全世界。特别值得一提的是，1978年上映的好莱坞电影《杀人蜂》[②]。电影明星迈克尔·凯恩（Michael Caine）饰演了一位昆虫学家。他竭力想说服美国军方不要消灭暴怒的蜂群。"我绝对想不到蜜蜂会这样做，"他慨叹说，"它们可一直是我们的朋友哇！"现如今，即使在尚未受到"杀人蜂"威胁的欧洲，也已经有人构想出了

---

[①] 在这里要为这些科学家辩解几句：非洲化蜜蜂缘起南美洲的巴西。该国养蜂业所引入的欧洲亚种蜜蜂对热带气候不很适应，巴西圣保罗大学的一队昆虫学家受命解决此问题，他们认为引进热带地区的亚种应该更能适应巴西的气候，所以于1956年从坦桑尼亚将35只东非蜂的蜂王带回巴西。这些科学家清楚东非蜂性情凶猛，于是在蜂巢出入口安装隔离栅以防止逃逸，但不知情的警卫在一个周末移除了隔栅，致使25群东非蜂连同蜂王飞入附近的丛林，随后又与当地蜂和欧洲蜂杂交，导致攻击性强的杀人蜂大量繁衍并向北扩展，现已为害美国南部。但此物种的产蜜量高过欧亚种的蜜蜂，故人们也正在研究如何安全利用它们的手段。——译注

[②] 《杀人蜂》，由小说《蜂群》（*The Swarm*）改编成的电影，讲述杀人蜂袭击美国得克萨斯的故事。——译注

对蜜蜂的新态度：蜜蜂危险，蜜蜂不可靠，蜜蜂经常碍手碍脚。这种态度是通过"小熊维尼"①的经历表现出来的。我们也同小维尼一样，觉得蜜蜂委实有些不对劲。从自私的角度看，人们还是想要蜜蜂也站在人类自身的立场上，这未免有些异想天开。对于蜜蜂蜇刺的歇斯底里，人们忽略了一个事实，就是蜜蜂对人类的伤害，其实远远不及人类对它们的戕害。

## 蜜蜂之死

看一看养蜂史便可知道，在养蜂人的工作中，有一项就是每年都会杀掉自己的大部分蜂群。这并不像为要吃肉而杀猪那样无法避免，而是养蜂人想不出既可得蜜又能保全蜂群的两全其美之策。于是乎，草编的蜂巢——多数人在提到蜜蜂的家园时会在头脑中浮现的、看上去令这些小昆虫十分舒服地安家的好所在，便成了特别的祭坛。原来它们并非蜜蜂的美好居所，尽管表面上象征着幸福的私密小天地，其实是走向全体毁灭的修罗场，是不久后会积尸遍布的陵墓。

当夏季结束时，也就是在圣巴托罗缪纪念日前后，以草编蜂巢方式经营的养蜂人，便会决定只将几窝蜜蜂留下来，其余的便统统杀掉以取得蜂蜜。②被决定灭绝的都是蜂蜜量较足、因而蜂群存在

---

① 小熊维尼，英国作家艾伦·亚历山大·米尔恩（Alan Alexander Milne, 1882—1956）的系列配画儿童故事书中的主角，是一头活泼可爱的熊宝宝。它最喜欢的食物是蜂蜜，并因之惹出不少乱子。后来这套丛书由美国迪士尼公司改编为动画片，使这头小熊成为世界知名的卡通角色之一。——译注
② 圣巴托罗缪纪念日是每年的8月24日。圣巴托罗缪为基督教圣徒之一，这一天是他殉教被剥皮残酷处死的日子。历史上还有一场有名的宗教暴行，因发生于1572年圣巴托罗缪纪念日的前夜而得名圣巴托罗缪大屠杀，恰好在时间上与杀蜂取蜜相合，因此作者特用来与"屠蜂"相扣。——译注

的时间也较长的部分。对此种草编蜂巢的屠蜂过程,一位研究养蜂的历史学者是这样叙述的——

> 养蜂人会在地上挖个坑。傍黑儿时在坑里燃着硫黄,将草编蜂巢放在坑口。巢里的蜜蜂很快就会被硫黄烟熏死。除去死蜂很容易,只需将蜂巢逐个摇抖一番,它们就会纷纷掉出来。这样便可将巢内的蜂蜜控入大陶罐内存放。将罐内的蜂蜜静置一段时间,等蜜中的蜡渣等杂物都浮到上面后,将它们撇去,得到的便是头道蜜。将蜂房取出后压榨,也会得到一些蜜。这种蜜叫作榨蜜。之后再将榨过的蜂房浸入水中以酿制蜜酒。[81]

养蜂人用硫黄熏蜜蜂的原因,一是避免受到蜇刺,二是认为除灭旧的一窝后,来年蜂巢里入住新的一窝时,蜂群的增长会快过先前的一群。其实后一种想法并无根据。多数用草编蜂巢养蜂的人,似乎都对这种杀蜂取蜜的方式习以为常。前文提到的那位约翰·莱维特,还在1634年对一年一度向蜜蜂大开杀戒的行为加以肯定。他表示说,在所有获取蜂蜜的做法中,要以杀掉整窝蜂群的方式"最好不过,效益也最高不过,对养蜂人和蜜蜂数量的增长来说都是如此"。如果养蜂人取蜜而不杀蜂,蜂群便会因缺少口粮而去附近的其他蜂巢打劫。在莱维特看来,有人觉得"蜜蜂为我们如此辛勤付出,到头来却要被杀死,实在是件可悲的事情",其实是一种"愚蠢的、自作多情的自欺欺人"——

> 上帝造出诸般生物来,不就是为了供人类受用吗?难道人类就不能为了达到受用的目的,以各种对自身有益的方式实现吗?我们知道,有那么多别的生物,每天都会被杀掉,数量

多得无法计数，或者是为了我们的生存，或者是为了我们的快乐。而这些生物对我们都比蜜蜂更重要。那么，难道我们将蜜蜂这种愚蠢的生物，以最能带来收益的方式处理，从而实现上帝创造万物的目的，却居然是不应当的吗？[82]

莱维特的观点并未能得到同代人的一致赞同。1655年，也在前文提到的塞缪尔·哈特立伯便反对说："我们的前人便一直不曾除灭蜂群，但同样也得到不断的收益。"[83]他说的是实情。古希腊人和古罗马人都传下了种种与蜂群共享蜂蜜的方法。科卢梅拉建议的做法是在大清早蜂儿尚未"被热天气搞得脾气暴躁"时，去蜂巢刮削掉一部分蜂房供人享用。[84]大普林尼推荐的方式是只取走蜂巢里最外缘的部分，给蜂群留下足够的剩余。[85]

斗转星移，养蜂人渐渐地考虑起如何在获取蜂蜜的同时无须除灭其制造者的办法来。进入18世纪后，杀蜂取蜜的方式已经日益招致普遍的反感。养蜂专家约翰·基斯便表示说："我的天！蜜蜂啊，你们是何等的不幸！你们的勤劳，换来的是自己的死亡！"[86]托马斯·怀尔德曼也对杀灭蜂群会有助于新蜂群"更快地增长"的说法表示怀疑："如果说杀鸡有助于取蛋，宰牛有利于挤奶，屠羊有益于剪毛，大家都会马上看出这些都是适反其道的做法。然而正是同样的做法，却年复一年地以不人道、不理智的方式施之于蜜蜂。"[87]苏格兰大诗人詹姆斯·汤姆逊（James Thomson, 1700—1748）更是在他的著名组诗《四季》中，慨叹着蜜蜂的不幸——

224

唉！在那夜幕将至的时分，
　　坑里的蜂儿还在抽搐阵阵，

> 硫黄夺去了它们的生命,
> 辛劳所积也荡然无存……
> 人啊人,残暴的你们,
> 用暴行压制天然已有多久,
> 不知何时能有新政来临?
> 难道你们的天性就是毁灭?
> 能否改涓滴不留为共享,
> 让蜂儿有机会盼来明春?[88]

只是说时容易做时难。当年人们也曾试过让蜜蜂"搬家"。最常用的办法,是先以有节奏地拍打蜂巢,给蜜蜂造成一种类似催眠的作用,然后将蜂群引入一只空窝。[89]有些养蜂的村民还会举办搬蜂竞赛。只是蜜蜂们非常恋家,让它们搬家往往劳而无功,结果是多数蜜蜂仍会死在取蜜时。

要想拯救蜜蜂,唯一的出路在于给蜜蜂设计出新式的家园来。进入18世纪后,一些有科学意识的养蜂人便开始向这一方向努力。得到的结果,便是如今被称为"活板式蜂箱"的东西。在这种蜂箱里,每一片巢脾都独立地垂在一根支棒下面,这样便可以分别取出和放进,操作起来不会造成对整体的毁伤。在种种活板式蜂箱中,又以弗朗索瓦·于贝发明的"书页式蜂箱"格外出众。这种蜂箱可以像一本书似的打开,打开后的蜂房便会分开为一页页的巢脾。进入19世纪30年代后,美国流行起一个口号,号召养蜂人"绝不虐杀一只蜜蜂"。[90]1838年,英格兰一位自称"保守养蜂人"的传教士威廉·查尔斯·科顿(William Charles Cotton),写了一本题为《保守养蜂人给乡民的一封短信》的小册子,归纳出若干养蜂的道德规范和实施标准,并简单地署名为"爱蜂者"。而前文提到的那位蜂巢营造大师托马斯·纳特的呼吁更是直言不讳。前文提到的他于1832年写的那本与养蜂有关的书，书名就叫作《对蜜蜂施仁慈》。

不过对蜜蜂施仁慈的理念，直到19世纪中期才真正蔚然成风。这股风是美国牧师洛伦佐·洛兰·兰斯特罗思（Lorenzo Lorraine Langstroth）的发明带来的。他对已有的活板式蜂箱进行了改良，使之臻于完善。以往的活板式蜂箱有个缺点，就是一片片巢脾往往会粘连起来。这种粘连有的是巢脾增长造成的，有的是黑乎乎、黏糊糊的蜂胶导致的。兰斯特罗思的出众贡献是，使蜂巢中形成"蜜蜂夹道"。所谓蜜蜂夹道，是指在相邻的巢脾片中间留下一道间隙。间隙应开阔得令蜜蜂无法在此处加筑巢脾，同时也狭窄得使蜜蜂认为无必要用蜂胶粘接为一体。这个既不宽也不窄的距离——大约8毫米真是妙不可言。兰斯特罗思发现，如果所有的巢脾都以这一距离精确隔开，它们便都可以成为活动的。他悟出这一点时，真的可以称为"尤里卡瞬间"呢！〔兰斯特罗思后来也告诉人们说，他当时也确实产生了一阵有如阿基米德（Archimedes）的感觉，而且也有跑到大街上宣布的冲动哩。〕据信自1851年后，所有的活板式蜂箱便都造成留出这种蜜蜂夹道的式样了。[91]在今天的此种蜂箱中，还将蜜蜂的生活空间与贮蜜空间分隔开。具体做法是将这两种空间用一片格栅将体形较大的蜂王限制在生活空间。这样一来，人们在取蜜时，便无须非将蜂卵和幼虫同时杀死不可。一位养蜂人士对这种蜂箱赞扬说，它们的出现使养蜂人突然有了"对蜂群的全面掌控"。[92]只要养蜂人愿意，蜜蜂便可生存下去。

只不过这种"全面掌控"对蜜蜂而言，结果也是有好有坏的。现代水平的蜂箱所能实现的效能，使得养蜂人对蜜蜂的或生或死操起了更强的控制权。用老式草编蜂巢的养蜂人在熏杀蜂群时，尚且可以用别无选择的理由为自己开脱。而现代社会里讲理性的养蜂人，似乎有了在蜜蜂面前扮演上帝的资格，就连英国"皇家学会保护动物部"（RSPCA）之类的机构都奈何他们不得。美国女诗人西尔维娅·普拉斯[①]在她写于1962—1963年的短诗《蜂箱的临到》中，描述了在收到一组邮购蜂群时的感觉——

> 它们可以退回，
> 它们可以死去，
> 我不必喂食它们，
> 我是买主。[93]

持这种感觉的人并不罕见。当代瑞典诗人与小说家拉尔斯·古斯塔夫森[②]就在一部以养蜂人为主角的情调低沉、抑郁的小说《养蜂人之死》中，写出了这个人主宰蜜蜂命运的可怕权力——

> 养蜂人会表现出拿破仑征候。[③]在这一点上，很少有别人能赶上他们。这样的人，并不会对马匹残酷，也未必愿意看到有人离世，但他却会对整窝蜜蜂的死去处之泰然——正是类似于拿破仑的心理。[94]

在很大程度上，蜜蜂的命运取决于它们碰到的究竟是什么样的人。

---

[①] Sylvia Plath（1932—1963），美国女诗人与小说家。本书所摘引的她的几段诗作，均转引自她的中译本诗集《精灵》，陈黎、张芬龄译，广西人民出版社，2015年。——译注
[②] Lars Gustaffson（1936—2016），瑞典诗人与小说家。——译注
[③] 拿破仑征候，又称拿破仑情结，因在拿破仑身上表现得特别明显而得名，也因为此人个子矮小（不足160厘米）而又称矮子征候群——尽管也有人考证出拿破仑并非这样矮小。这是指一种特别愿意用暴力行为压过他人的心理状态和行为表现。——译注

## 几张用到蜂蜜的治病偏方

这里列出几张偏方。是否确有疗效,作者并无把握,仅供有兴趣者钻研之用。如果万一生病,万望就医为盼!

### 铁线蕨[①]糖浆

此偏方为18世纪的一种咳嗽药,摘自约翰·希尔的《蜂蜜的益处》——

采摘4盎司[②]新鲜铁线蕨叶片,注意只采叶片中还未结籽的嫩叶。用1夸脱沸水浇烫过,静浸18小时后以纸过滤。在滤液中加入4磅纯净蜂蜜。煮沸数分钟后以法兰绒滤清。得到的液体便可以服用。[95]

### 蜂神蜜糊

此方也来自约翰·希尔,据信可用于"腹痛胀气"和有类似症状者。蜂神是指罗马神话中的驯蜂之神阿里斯泰俄斯——

---

[①] 铁线蕨,一种多年生的草本蕨类植物,因其茎细长且颜色似铁丝而得名,俗称铁丝草。它喜湿而畏强烈阳光,具药用与观赏价值,并有一定的净化空气作用。此种植物在我国多省均有分布,特别是在东南沿海一带。——译注
[②] 盎司(ounce),英制重量单位,1盎司约为28克。——译注

将 4 丝[①]阿魏脂[②]细切后放入大理石磨臼中碾碎。加入 4 盎司优质蜂蜜。将它们置于平底锅内，再将锅置于装有水的大容器上徐徐加热，加热时应不时搅动，直至脂末完全溶解后，以粗麻布过滤。磨臼中放入数克桂皮（可按个人口味有所增减）、2 丝姜粉、1 丝豆蔻籽（去荚），也一起碾磨成细粉。为增强碾磨效果，可同时放入四分之一盎司糖霜。研磨得十分细碎并完全地混合后，将它们倒入滤好并尚有余温的液体中，搅动多时以期均匀。倒入有盖容器封好保存。用时打开取服。

据希尔说，每次服用 1 茶匙即可，其中的阿魏脂含量只有 2 格令至 3 格令[③]，但效果却可达到满意度的 10 分呢。[96]

## 蜂蜜柠檬感冒汁

在大茶杯内榨入半只柠檬汁，榨好后放入两茶匙蜂蜜和几粒母丁香，然后注满热水。边嗅边把它全部喝下。放入母丁香 1 法，是一位波兰女士告诉我的，很能加强效果。

## 威士忌热蜜酒

此偏方适合歌剧演员和所有喉咙感觉不适者。在 2 汤匙威士忌内掺入 1 汤匙蜂蜜，按自己的习惯加入适量热水后服下。

---

① 丝（scruple），英制药量单位，1 丝约为 1.3 克。——译注
② 阿魏，一种伞形科多年生草本植物，又名熏渠。我国新疆有产。阿魏脂为其根茎的浆液干燥后凝成的有弹性的块状物。——译注
③ 格令，英制中很小的重量单位，1 格令约为 65 毫克。——译注

## 舒肤蜂蜜水

此方摘自伊娃·克兰的《一本谈蜂蜜的书》。向 1 升温水中放入 2 汤匙最优等的蜂蜜。待全部溶解后再添加 3 倍量的温水。用此水淋洗面部和颈部 5 分钟。淋洗后再用温热的清水洗涤，然后轻轻拍打洗浴部位直至干爽。

## 蜂蜡唇油

蜂蜡（擦碎），2 汤匙

杏仁油，4 茶匙

上好蜂蜜，2 茶匙

将上述原料放入蒸锅，锅内放水，用文火烧至原料完全熔化。从火上移开，搅拌均匀后倒入小容器里，等到冷却后再加盖保存。如果喜欢，也可以在冷却后滴入几滴香精。

## 蜜奶浴料

此方摘自斯特凡妮·罗森鲍姆（Stephanie Rosenbaum）的《蜂蜜：从花朵中到餐桌上》一书。据罗森鲍姆女士说，此方是埃及艳后克娄巴特拉当年所用奶浴配方的"现代版本"。

奶粉，90 克

蜂蜜，4 汤匙

将这两种材料搅拌成糊状，然后掺入浴缸里放进的温水中。

## 护发膏

马尔伯勒公爵夫人萨拉·邱吉尔（Sarah Churchill, Duchess of Malborough）生有一头美发，即令在1744年死时还被誉为"能够想象得到的最靓丽的秀发。她那以蜂蜜水养护的头发，始终不曾被岁月改变颜色"。[97] 读者如属意与这位公爵夫人一较高下，不妨也在温水中掺入几匙蜂蜜，每次洗发时润上一润吧。

## 蜂蜜浴盐

> 海盐（粗粒），200克
> 蜂蜜，75毫升
> 橄榄油，1汤匙至2汤匙

将这三种原料拌到一起，洗澡时搓身用，特别应在肘部、膝部和踵部多多搓揉。皮肤娇嫩或敏感者须尽量轻柔。

## 维多利亚润手油

这里再从伊娃·克兰的《一本谈蜂蜜的书》中摘录一段：我的用意并非想推介读者们也向自己的身上涂抹猪油，而是想证明将炊厨之物用作美容实非"美体小铺"之类商家的首创。此润手油闻起来与杏仁糖相仿，但用于润手则不是十分方便。油中的蛋黄不能久存，因此制得后应尽快使用。

    猪油，100 克

    蛋黄，2 枚

    蜂蜜，1 汤匙

    美国大杏仁粉，1 汤匙

    杏仁香精，半茶匙

将上述各种原料搅拌成均匀的稠厚糊状，足量涂敷在手上。

# 第六章
# 养蜂人

"独立住着,荫阴下听蜂群歌唱。"
　　　　——威廉·巴特勒·叶芝[①],《茵纳斯弗利岛》(1888)

今天的养蜂人大多是些关爱蜜蜂的业余人士。他们喜欢以养蜂为消遣,而且不喜欢对此爱好大吹大擂。人们会在乡间的展销会上见到这种人。他们穿着便鞋,在摊位上出售自己种的果蔬。这些人热爱大自然,愿意通过侍弄几窝蜜蜂体验季节的交替,还喜欢摇出几瓶蜂蜜来款待喜欢吃甜食的朋友——不过不一定总会这样。我知道有人不喜欢油菜蜜,故而会在朋友提供这种优待时以减肥为借口婉拒。不少业余养蜂人都是脾气随和的人,甚至往往带些忧郁;他们也许对社会持有负面看法,但不会轻易表现为行动,一如他们所侍弄的有刺但轻易不用的蜂王。这些人习惯于在气冲冲的环境中保持自身的冷静。既然干的是养蜂,自然就应当有敏感的心,即能够体会身边这些小家伙们的敏锐感觉,能够察觉天气的细微变化和蜂群气氛的改变。在这些人中,有不少还将这一爱好说成是"自讨苦吃",并引用著名英国养蜂人和发明家罗伯特·曼利(Robert Orlando Beater Manley)的话来自我揶揄——"蜜蜂狂:一种得了

---

[①] William Butler Yeats(1865—1939),著名的爱尔兰诗人,1923年诺贝尔文学奖获得者。此句诗文转引自中译本《叶芝诗选》,袁可嘉译,外语与教学研究出版社,2012年。——译注

就永远不会去根的魔怔"。听口气似乎是在表示歉意，但实则更像是故作谦虚的自矜。

性格沉稳的人适合干养蜂这一行。喜欢待在自己的小天地里的人，会在社会性最强的小动物围绕中感到快乐。自然，养蜂群体中也难免会出现不招人待见，只因为没有别的话头而侈谈他摇得的迷迭香蜂蜜是何等佳妙的家伙。另外一类养蜂人则是不善交际的角色，他们在养蜂场里才会觉得如鱼得水。其实，不管养蜂人的性格有多么落落寡合，他们的头上都似乎顶着超人的光环。这与他们的装束不无关系。他们的穿戴显示出一种战斗在即的气氛。在18世纪里，养蜂人的穿着很像是击剑装，今天的装束则更接近宇航服。女诗人西尔维娅·普拉斯在《养蜂集会》的书中，写到自己第一次前去参加一群乡间养蜂人的聚会时，因为没有意识到应当穿上能起些防护作用的衣裳，只以一袭"无袖夏季洋装"赴会，结果觉得自己"赤裸如一根鸡脖子"。而前来赴会的养蜂人，可都又戴着"古旧帽子"，又蒙着面网，看不出谁是谁来——

> 哪位是教区牧师？是那个黑衣人吗？
> 哪位是助产士，那是她的蓝外套吗？
> 每个人都点着黑色的方形头，
> 他们是戴着面甲的骑士，
> 腋窝下捆扎着粗棉布做成的胸甲。[1]

我第一次参加本地养蜂人协会组织的聚会时，也有类似的体验。那是7月里炎热的一天，空气中弥漫着一股雷雨将临的气息。我穿的衣服实在不妥至极——衣服是大花的，脚上是一双凉鞋，裤子宽松肥大，给昆虫创造了不少游荡的空间。我初次进入养蜂场时，只要看到有蜜蜂在我的裤腿周围盘旋，心就会突突猛跳。我意识到，周围这些戴着白色宽檐帽的沉稳养蜂人，与我真是有很大的不同。他们的古怪装扮，更是增加了自身具有神秘力量的印象，而这样的印象并不都是错的。那一天我看到的蜂群，因感到暴雨在即而颇不安分，直像一群黑色的子弹狂飞乱舞。我借来一顶面网，却被一只蜜蜂闯了进来，就冲着我的脸发出嗡嗡的声响，弄得我觉得自己马上就会尖叫起来了。一位在场的人将手伸进面网，将它拢在手心里拿了出来，神定气闲得有如采摘一枚浆果。他的神情让我意识到，麻烦的源头不是那只蜜蜂，而是我本人。

养蜂人都有一种控制畏惧的本领，甚至可以说是有一种喜爱本应畏惧之事物的能耐。据一些养蜂人说，他们不会像别人那样容易挨蜜蜂蜇刺。还有一些养蜂人说，在经受过夏天里会频繁至一天挨上30次上下蜇刺的锻炼后，对此已经习以为常了。受蜇刺也好，不受蜇刺也好，反正养蜂人在蜂群中会觉得比在人群中自如。这些人知道沉静安详的力量。在人群之中，不事张扬会导致淡出，但是在养蜂场，同样的态度却会造成强势。（正如西尔维娅·普拉斯在她的《养蜂集会》一书中所说的："我若站立不动，它们会以为我是峨参①。"）² 一旦养蜂人将行头卸去，谈论起蜂群、比较起巢脾来，他们就会是普通人——就如同电影《超人》那样，从上天入地的英雄，恢复为戴眼镜的报社雇员。只是在蜂群的心目中，养蜂人似乎表现得坚如磐石。他们掌握了蜂巢中的秘密，由是解悟出造物本身的奥妙，并因而成为高人。

---

① 峨参，与芹菜同属的植物，但植株高大，最高可达170厘米，正与成人的身高相当。——译注

养蜂人是"从野草里采来了蜜"①,³的魔术师,是被风吹日晒打造出来的农夫,也是从简朴生活中找到了幸福的普通人。这样的养蜂人形象,在1997年的一部美国影片《尤利西斯的黄金》中得到了很好的体现。彼得·方达②饰演一名佛罗里达州的养蜂人,名叫尤利西斯,擅长在水紫树花蜜丰富的地方养蜂酿蜜。这种优质蜂蜜呈金黄色,影片片名的"黄金"即由此而来。彼得·方达本人就会养蜂,在影片中干起抽提巢板、检查孵化蜂房的事情来,自然有角色需要的那种稳健自信的气度。尤利西斯在片中说了这样一句话:"蜂群和我彼此有相互的理解。我照管它们,它们也照管我。"他信守着传统的行事准则。这些准则是从他父亲那里接受下来的,而父亲又是从他自己的父亲那里领悟到的。"年轻人有自己的一套",哪怕是逼他们干搬蜂箱、扛蜜桶等重活,也无法让他们改变。影片中的几个年轻人——尤利西斯的有前科的儿子,染上毒瘾的儿媳,叛逆精神强烈的孙女,都将这位家长视为一如雄蜂的无能累赘。然而到头来,却是这个"累赘",以自己成为出色养蜂人所必须具备的勤快辛劳、洁身自好和不惹事但也不怕事的秉性,战胜了一班行事龌龊的宵小。"面对蜂群,你们一定得保持镇静。"将年华投入养蜂的人们或许会有些怪脾气,但他们也特别有自制能力。

本书要在这结尾的一章里,介绍一下三种类型的养蜂人。这三种类型都不同于以养蜂自娱,并以酿得些优质蜂蜜为目的的普通养蜂人,每一类都是在与大自然结成的特定关系中形成的。第一类是

---

① "从野草里采来了蜜",莎士比亚的戏剧《亨利五世》中英王亨利五世在第4幕第1场中对他的两个弟弟所说的一句台词,译文引自《莎士比亚戏剧集·亨利五世》,朱生豪译。——译注

② Peter Fonda(1940—    ),美国演员,父亲亨利·方达(Henry Fonda)和姐姐简·方达(Jane Fonda)都是著名电影演员和奥斯卡最佳演员得主。他本人也因此片获得奥斯卡最佳男主角提名。——译注

蜂房:蜜蜂与人的故事

科学家，他们与蜜蜂打交道，是为了见识和了悟自然。第二类是艺人，他们通过蜜蜂控制自然，并以这种控制显示自己的勇气，博得人们的敬意。第三种是贤哲，他们不贪婪、不奢求，相信人类到头来并不能改变一切，只是引领着人们去享受平静的生活；而蜜蜂就是他们顺应自然的象征。

不过在一一介绍这三类养蜂人之前，还是应当了解一下人类养蜂的历史。

## 养蜂人地位的变化

养蜂是四千多年前从埃及开始的。从那时起，与养蜂有关的许多做法基本上便没有什么改变。比如，养蜂人在与蜂群打交道时，总会注意不使身上有令蜜蜂不快的气味。这一预防措施，早在公元前200年时就被另外一位也叫阿里斯托芬[①]的学者这样记录在案："蜜蜂会蜇刺和驱赶身上涂了芳香油的人，似乎认定此种油是它们的敌人。正因为如此，人们在走近蜂窝时，身上都不涂抹任何东西，埃及人甚至还会将须发刮净，免得有香气残留。"[4]至于古人向接近蜜蜂的人发出的身上不得带有洋葱味、汗味、酒味之类强烈气味的告诫，就更是数不胜数了。今天的养蜂人在去养蜂场之前，也都注意不吃带蒜味的食物。此种传承至今的劝告是很有道理的。刺激性的气味的确会招来蜇刺，而在蜂群特别容易受到刺激时，就连沾在手表表带上的些微汗渍，都足以惹来蜜蜂群起攻之哩。

另一种防范蜇刺的做法是烟熏，也是沿用了许久的。在打开蜂

---

[①] 此位与前文第一章中提到的更早200年的同名剧作家并非一人，他因其出生在拜占庭，被后人称为拜占庭的阿里斯托芬（Aristophanes of Byzantium，约公元前257—前185）。他是位学者、评论家和语法学家。——译注

巢前，先向里面喷放烟气，可以使蜜蜂老实下来。路数不变，但烟的类型还是有所变化的。古罗马人和古埃及人烧的是置于陶制器具中的干牛粪；维多利亚时代的人是用破布掺上烟草；1877年，一位姓宾厄姆（T. F. Bingham）的美国人发明了手压喷烟熏蜂器，可以控制烟量，使之令蜜蜂老实下来，但又不致将它们弄死。今天的养蜂人多使用小巧的金属熏蜂器，发烟物可以是木屑、秸草或者树叶。不过无论烧的是什么，原理都是同一个，只是该原理至今尚未真正明了。熏烟为什么能使蜜蜂规矩起来呢？莫非烟能唤醒已经被存储入蜜蜂体内的对远古林火的恐怖记忆，结果只顾着赶快去多吃些蜂蜜以应对不虞？抑或烟气会掩盖蜂巢里示警信息素（alarm pheromones）的气味？养蜂人多是比较务实的，只要法子管用，能让蜂群安分守己即可，并无意刨根问底。

至于其他方面，养蜂人的做法可是有了很大变化，变得古时的养蜂人要是见到了，只怕未必会辨识出自己其实也曾做过同类操作呢。

从古至今，由东到西，人们对蜜蜂都持有敬意，也都热望得到蜂蜜，不过负责将蜂蜜弄到手的人，身份是经过一系列变动的。蜂巢也并不始终如一：最早是泥巴捏成的圆筒，后来是秸草编的弧线形锥体，然后又成为复杂的木质结构。在蜂巢发生改变的同时，养蜂人的地位也起了重大变化。

在罗马共和国时期（公元前509—前27），养蜂被视为高雅之举，是有公民地位的人从事的行当，为当时的诗歌所讴歌，为植物学著述所点赞。维吉尔笔下的共和国时代的理想养蜂人，是一批有条件自给自足的人。他们知道如何用玫瑰和葡萄酒让蜂群恢复活力，会用百里香去熏治蜂群，还下大气力研究如何将蜂巢弄得适合蜜蜂的习性。然而，在这位诗人生活的期间（公元前79—前19），他虽然写出的是这样的文字，其实养蜂人的生活已经不那么如意了。也正因为如此，维吉尔才将《农事诗》写得那样诗意盎然——他着意颂扬这样的生活方式，是因为看到此种方式正在消亡。当罗马共和国被罗马帝国（公元前27—公元15世纪）取代后，蜂群便不复为养蜂人所有，养蜂成了奴隶的贱役，没有独立人的身份，被称为蜂奴，要服从蜂群拥有者的驱遣。[5]而拥有者并不关心天晴天阴，不在乎用什么烟气熏治蜂群，也不在意蜜蜂智商的高低。他们只要求蜂奴能送上足够主人享用的蜂蜜，而蜂奴哪怕干得再聪明，也不可能得到应有的认可。在王公贵族治下的英国，直接与蜜蜂打交道的人，地位也同样低下。《末日审判书》①上将养蜂人称为"蜂倌"，地位与猪倌同等，虽然不是奴隶，但在自由民中位于最低一级。在中世纪的俄国，有一种人，是专门从事在树上获取蜂房，然后一桶一桶地奉献给贵族享用的役使。这种人被称为"蜂佬"。[6]地位的低下，决定了养蜂人没有获取更多养蜂知识的动力。因此在整个中世纪时期，欧洲的养蜂事业一直裹足不前。[7]

不过，到了文艺复兴时期，先前对养蜂的敬重态度，也同许多传统知识一起得到了恢复。在此时期，养蜂被归为农业中的一项，与果树嫁接等同属家舍农业一类，是实用而受到尊敬的行业。也是在这一时期，人们在改造蜜蜂上动起了脑筋，为的是使蜂群更合乎自己的要求。在16世纪和17世纪的英格兰，人们将驯化蜜蜂放到了重于获取蜂蜜的优先位置。英国第一本完全以蜜蜂为题的书，就是在这一期间问世的。此书由欧洲大陆传来，由

---

① 《末日审判书》，英格兰在诺曼王朝期间，于1086年完成的一次大规模调查的记录。此次调查类似于后来的人口普查，主要目的是清查英格兰各地人口和财产情况，以便征税。为强调此调查的权威性以利于推行征税行动，记录名称中用了基督教中流行的"末日审判"一说。——译注

图 6-1 文策斯劳斯·霍拉为《农事诗》的英译本所作的版画插图,反映的是古罗马时期的养蜂场景。图中的几名养蜂人正试图用敲击声将新分群的蜜蜂引入为它们备好的蜂巢

一位名叫托马斯·许尔（Thomas Hyll）的占星术士译成英语，书名为《管好蜂群多得收益》（1574）。不久后又出现了一本《蜂群的正确管理及利用》（1593），作者是爱德蒙·萨瑟恩（Edmund Southerne）。1634年时，约翰·莱维特也写出了《让蜜蜂听命》一书，以家长式的命令口吻，告诉人们应如何监管蜂群和利用蜂群。蜜蜂固然在昆虫界或许是最出色的，但总归与人并不在同一个层次上。莱维特并不觉得屠杀蜂群有什么不妥，因为大自然毕竟是人类的舞台，为"我们的欢愉"而造。上帝是为了"我们的好处"创造出蜜蜂来的。[8]

不过，就在这个17世纪里，一种有关大自然的新观念形成了。这一观念对人在创世中处于优势地位的看法提出了质疑。一部分质疑者指出，"以道德而论，人并不比动物高尚，甚至可能还不如动物"。另外一部分人则怀疑基督教所信奉的肉体与灵魂共存的二元论，认为人也好，鸟兽也好，都"一样会一死百了"。还有一部分人更进而觉得，动物有着与人不同的理念系统。于是便有人相信，蜜蜂具有"一种近于能够理解人类的智慧"，而且说不定还超过了人类。[9]这就导致养蜂人的作用得到了重新考量。考量的结果是，人们不能如莱维特所说的那样"命令"蜜蜂，既没有这样做的权力，也没有这样做的本领。人们所能实现的，充其量也只是达到在尽量理解的基础上侍弄好它们，一如园丁侍弄好果园而已。以这样的认识，养蜂便成为农村经济中的一种经营，而养蜂人的存在，也首先是为着实用的目的。正因为如此，18世纪出现了好几种养蜂手册，标题都是同一个：《务实的养蜂人》。在此期间，以女读者为对象的养蜂书籍也多了起来，养蜂成了与烹调比肩的家务事，有关的书里也写进大量蜜蜂理应得到悉心照料的理由，以及如何多多获取蜂蜜和如何让蜂群过得适意的诀窍。

第六章　养蜂人

进入19世纪后，养蜂技术的长足进步，再次将养蜂人卷入变革的大潮，使养蜂兼有了艺术和科学二者的特质。垂放式单层蜂巢，以其易于取出放回的框板结构，取代了整体化的草编蜂巢。许多其他类型的蜂箱也纷纷登场，如多层蜂箱、转轴式蜂箱等，其中也不乏艾哲腾教授①式的发明。进入这一科学养蜂新阶段的养蜂人，也一改原来的"蜂师傅"称呼，成了"养蜂家"。有关养蜂的一切，都带上了"新型"和"改良"的形容词：人造的新型巢础片出现了；新型的熏蜂器问世了；新型的蜜蜂亚种也培养成功了。此期间的俄罗斯迈进了"理性"养蜂的时代，农夫养蜂的传统方式得到扬弃，蜂巢起到了实验室的作用。[10] 出现了样板养蜂场，办起了养蜂学校，还出版了有关的学术刊物。养蜂人破天荒地得到了应有的职业地位。养蜂人与蜜蜂之间的关系也日益接近生物学家与他们的实验动物。

　　只是在此期间，在一些不肯或者由于其他原因没有同科学一道前进的养蜂人中，出现了向其他若干方向的分化，其中之一便是走向慈善事业。蜜蜂一向被描述成很有人性的昆虫，此时更是找到了新的表现方式。[11] 人若爱蜜蜂，便说明他们在一定程度上也爱自己的同类。19世纪时，社会上出现了一股风潮，就是以经济自立为目标，吸引穷苦人家来学习养蜂知识，并加以严格的训练。这种做法至今仍被"养蜂自立会"②之类的慈善组织采用着，目的在于教会第三世界的民众学会养蜂，了解蜂蜜。此类组织的成员以坚持不懈

---

① 艾哲腾（爱折腾）教授，英国儿童作家诺曼·亨特（Norman Hunter, 1899—1955）的系列故事书中的主人公。他热衷于发明创造，但往往异想天开，复杂而不实用。——译注
② "养蜂自立会"，一个国际性慈善组织，总部设在英国威尔士，目前主要在非洲的若干贫困地区帮助当地人通过养蜂脱贫。——译注

图 6-2 19世纪一名戴着面网悠闲自在的养蜂人。他戴的面网叫作球形罩网

的热情,在让非洲人不要劫掠式地盗蜜方面取得了良好的成绩。这些人怀着维多利亚时代的精神,相信自己可以通过蜜蜂实现对蒙昧者的教化——当然,他们所用的词语都是更新过的。

19世纪还是养蜂成为新的商业活动的时代。1851年在英国伦敦举办的第一届世博会,给养蜂的商业化带来了巨大的促进。附带一提,这届世博会上万头攒动的会场,也被形容为一个巨大的蜂巢。兴办养蜂业的企业家知道:蜜者,币也;只是这种认识是完全违背以往蜂师傅的观念的。蜂师傅有一种迷信观念,认为从蜂巢里拿来的东西,只能用于以物易物,绝对不能直接卖钱。商业化使这种意识变成了冬烘看法。

在此期间,养蜂也成为一批人为着全然不同的目标进行的活

图 6-3　1890 年爱尔兰利斯莫尔（Lismore）的一名养蜂女郎。她正在养蜂场用碗和勺子取蜜

动。养蜂在走向科学化和职业化的同时，也第一次走上了完全业余的方向。面对新兴的享受生活的时尚方式：休闲，一些中产阶级锁定了养蜂。英国和美国的儿童文学中，也出现了不少以蜜蜂为主题的作品，如《忙碌蜜蜂的奇妙世界》之类。种种养蜂人协会和学会也纷纷出现，友好的蜂蜜评比也搞了起来，介绍蜜蜂的书刊更是变得有了生活气息和富于人情味。威廉·查尔斯·科顿的《我来写写蜜蜂》（1842）和阿莫斯·艾夫斯·鲁特[①]的《蜂文化大全》（1877）都是带有此种特色的著述。

---

① Amos Ives Root（1839—1923），美国企业家，对改进养蜂方式和使养蜂业进入多种商业领域均有贡献。——译注

随着工业化社会的发展，随着人们的食糖消耗量扶摇直上，养蜂这个行当便日益带上了装点风情的色彩，也成了一条连接往昔以栉风沐雨换来自给自足这一古老生活方式的情感纽带。他们虽然也可能用上了新的养蜂装备，但仍然通过蜂巢表现出真正的、隽永的智慧。1898 年，前文提到的那位英格兰牧师蒂克纳·爱德华斯，写出了一本销路奇佳的《瓦利娄的养蜂奇才》一书，将古往今来不断积淀而成的养蜂人形象，通过一个虚构人物，在这本书中典型地表现了出来："大胡子，筋肉发达，动作轻捷。60 年的风吹日晒，弄得面孔黝黑粗糙，却掩盖不住锐利的目光。走起路来，步伐有如山羊般矫健。"读上不多几页就会认识到，书中的这个养蜂奇才无论走到何处，都不可能不引起注意。他说起话来，"一口浓重的苏塞克斯（Sussex）腔"，骨子里也同维吉尔笔下的养蜂人一样，既深谙植物知识，又有诗人的情怀。只消咂上一口，他就能说出蜂蜜的来源，就连同属但不同种的很小差别都能辨识得出。"要是蜂蜜中混进了蚜虫分泌的讨厌东西"，虽然后者也有甜味，也不可能逃过他的舌头。他会看蜂而预知天气，"蜜蜂就是他的气压表加温度计"。他应当说是属于"另一个世纪———一个更好的世纪"的人，而且似乎具备与造物之奥秘打交道的本领。"'蜂儿的关窍可海了去啦，'他说，'不到真发生时，任谁也都说不准的。'"[12]

即便到了今天，养蜂人和他们的蜜蜂，仍然一如既往地给人们以既仁义又卓尔不群的神秘印象。最出色的养蜂人，仍然在哪里"都不可能不引起注意"。他们今天似乎仍属于一个更古老的、更和善的世界，也似乎还能观蜂知天。只是有一点变化，那就是哪怕是最业余水平的养蜂人，哪怕从来不出远门，也都比那位皮肤黝黑粗糙的养蜂奇才更了解蜂窝里的内情。原因就在于在 20 世纪里，人们对关于蜜蜂的科学知识有了突飞猛进的了解。对此应当特别感谢一个人，他叫卡尔·封·弗里施，是他发现了蜜蜂之间能够进行交流。

## 养蜂人中的科学家

卡尔·封·弗里施在 8 岁时，最感兴趣的东西并非蜜蜂，而是一只翠绿色的长尾鹦鹉，还和它建立了"亲密持久的友谊"。这位出色的生物学家 1886 年出生在维也纳（Vienna），是父母的小儿子，上面还有 3 个哥哥。卡尔从小就喜欢动物，弄得家里总是住进了形形色色的此类特邀来宾。卡尔的父亲是一名泌尿外科医生，伯伯叔叔都是科学家。生性规矩、做事认真的卡尔自然而然地也走上了学术研究的道路。这一家奥地利人亲密地生活在一起，又都酷爱音乐，颇像是电影《音乐之声》中的那一家人。卡尔特别崇拜母亲，母亲也很关爱他，每年都会给这个小儿子买些蓝冠山雀来让他放生，以此令他懂得尊重生命。这位女性是虔诚的基督徒，生性开朗活泼，教育儿子明白自然界是个"充满奇迹的大园林"。卡尔出生前，她因为已经生了 3 个儿子，本希望这次能生个女儿。不知道是否与这个愿望有关，这个幼子性格温文尔雅，颇带了些女孩儿气。弗里施一家在上奥地利州（Upper Austria）沃尔夫冈湖（Wolfgangsee）湖畔的布伦斯温克村（Brunnwinkl）置有一处房产，供全家人度假之用。卡尔给自己办起了"一座博物馆"，收藏了种种蝴蝶、飞蛾和其他昆虫，而且"馆藏"还不断增加。当别的男孩子忙着盘弓射箭时，卡尔却将时间花在观察活着的生物上："我就是喜欢看它们发挥种种功能，喜欢动脑筋琢磨它们在各个发育阶段上与发展状况有关的表现。"须知这时他才只有 8 岁呀！卡尔长大后去了德国，在慕尼黑大学搞起了科学研究。他选择的课题是鲦鱼在不同的光照下鳞片会变色的原因。他对蜜蜂的研究是从1912年开始的，时年26岁。他一旦"闯入这个诱人的研究领域"，便将研究蜜蜂定为自己的终身事业，并因之得到1973年的诺贝尔生理学或医学奖。[13] 对于蜜蜂，弗里施一直怀着深切的感念。

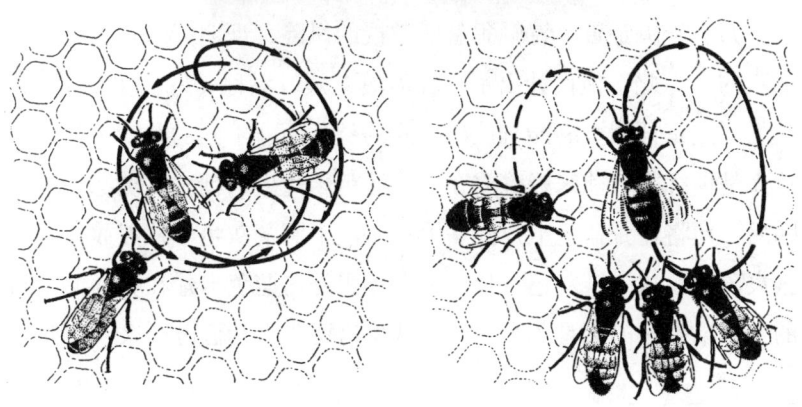

图6-4　卡尔·封·弗里施和他发现的著名"蜜蜂摆尾舞"示意图

第六章　养蜂人

当年弗里施的学位研究课题是有关鱼类对色彩的感觉，这使他开始对蜜蜂的色彩感知能力发生了兴趣。在这一研究中他意识到，卡尔·冯·赫斯①所下的结论未必正确。这位赫斯有着教授头衔，又是慕尼黑眼科医院的名医，其人粗暴而傲慢。他根据在强光条件下所做的若干观察的结果，在1910年发表观点认为，蜜蜂绝对是一群色盲。彼时的弗里施虽还不曾开始进行详细的研究，却仍觉得这种说法极不可能。如果蜜蜂当真都是色盲，那花朵又为何会带上种种艳丽的色彩呢？——

研究花朵的植物学家提出的理论认为，花瓣的种种鲜艳的颜色，起着吸引蜜蜂和其他授粉昆虫注意的作用。这些色彩相当于客栈门前花花绿绿的招牌，表明此处有花蜜，请以授粉换来享用。这是相互适应的极好范例。对此理论，任何不带先入之见的观测者都应当是相信的。难道这种互利关系竟然并不成立？花朵的美丽，居然只是向色盲的昆虫作出的毫无意义的卖弄？[14]

弗里施决定冒一冒触犯赫斯教授的风险，证明蜜蜂是能感受到色彩的。为此，他设计出了一种简单有效、堪称美好的实验。[15] 关键的一点是证明蜜蜂能辨认出不同的颜色而非不同的灰度。弗里施首先是训练蜜蜂前来吸吮放在一张蓝色卡片上的糖水。训练一段时间后，便将这张蓝色卡片同一大堆深浅不同的灰色卡片混放在同一张桌子上。这一堆灰色卡片中，有一张是与蓝色卡片在亮度上相同的。如果蜜蜂的确是色盲，就无从将这两张卡片区分开来。让弗里

---

① Carl von Hess（1863—1923），德国眼科医生，视觉生理学权威。——译注

施满意的是，蜜蜂的确能认出这张蓝卡片来，而且即便将它换到桌子的另一处位置上，再进一步连糖水也不放，蜜蜂都能确认无误。这样，弗里施便证明了蜜蜂是能够分辨不同的色彩的。这一结果令赫斯教授大为光火，掀起了一场与弗里施的"敌意十足的鏖战"，非但完全不承认这一发现的真实性，还若隐若现地指责弗里施弄虚作假。[16]据弗里施事后回忆，"这往往让将读过他和我的文章的人都觉得茫然，不知道应该相信谁"[17]。德国的学术界有很强的注重学术地位和等级关系的传统，惹恼了地位高的人物，往往下场会是学术前程就此断送。弗里施本人其实是很尊重这一传统的，与赫斯卷入这样的争议，在他是很痛苦的经历。

不过，追求真理的意愿，在他心中胜过了不敢得罪权威的担心。赫斯损害他的名誉，更令他"心中愤懑"。他勇敢地继续自己的研究，将实验范围扩展到了其他颜色：橙色、黄色、绿色、紫色，等等，都取得了很好的成果。对这些颜色，蜜蜂都能与灰色区分开。然而，在他对红色卡片进行同样的实验时，蜜蜂却突然表现得茫然起来，好像区分不出红色与灰色来。这样一来，弗里施又做出了一项重大发现——

蜜蜂是红色盲。这实在十分有趣。这让我们明白了，为什么蜜蜂很少会光顾大红色的花朵。就以美国的情况为例。那里有很多花朵是红色的，但都是靠鸟类传粉的。鸟类的眼睛对红色有很敏锐的感觉。在欧洲也有一些植物开红花，只是除了少数例外，它们的授粉要靠某些蝴蝶进行，而只有这几种蝴蝶不是红色盲。蜜蜂只光顾一种大红色的花朵，那就是罂粟。原因是这种花虽然是大红色的，但会反射大量的紫外线，而蜜蜂是能够感受紫外线的。对于它们，紫外线也是一种颜色，而且看上去与蓝色等种种颜色都不一样。很显然，花朵的色彩是植物对来访者的色彩感受能力进行适应的结果。[18]

这一发现证实了花朵的色彩的确具有生物学上的意义，因此是一项重大突破。弗里施的科学家地位得到了确立，霸道的赫斯落了个不光彩的下场。

在解决了蜜蜂对色彩的感觉后，弗里施便转向了研究这种昆虫的其他感觉。通过对味觉的研究，他证明了蜜蜂广为人知的对甜味的喜好，其实是"挑三拣四"的。如果提供的蔗糖水的浓度只有5%，它们尝过后并不会接受；提高到10%时，一些蜜蜂会接受下来，但一些嘴刁的仍然不感兴趣；到了20%时才会被所有的工蜂接受，不过仍然表现得不如对花蜜那样热情——花蜜的含糖量为40%。通过类似的实验，他又发现蜜蜂对盐分的感觉比人类敏锐，但对苦味则相当无感觉："让蜜蜂吃一种加有奎宁①的糖水，这种糖水对人简直是无法接受的，而蜜蜂却仍然吃得津津有味。"[19]

弗里施的工作是建立在他对蜜蜂的深切情感之上的。这种情感使他不断地成就自己，随后竟也成了蜜蜂的切身感觉。这种感觉来自他年复一年地在夏日里去布伦斯温克的乡间，进行长期系统的辛勤研究。不过也如他本人所说的，他的发现，其实无非就是证实了其他养蜂人靠正常认识所能猜测到的事实。其中最明显的例子就是，他本人所写到的这一事实："任何有着观察能力的养蜂人"都会注意到，蜜蜂肯定具备彼此之间进行沟通的本领。这些平常"有着观察能力的"养蜂人会发觉，一瓶蜂蜜，可能会敞着瓶口在露

---

① 奎宁，又称金鸡纳霜，是一种生物碱，分子式为 $C_{20}H_{24}N_2O_2$，它和它进一步生成的盐类是治疗和预防疟疾的药物，其中的一些味道极苦。——译注

天里放上好几天都没有蜂群理会,而一旦被一只蜜蜂发现了,"只过一小会儿,就会有同一只蜂巢中的几十只甚或上百只蜜蜂前来此处大拿特拿一番。它们一准是在自己家里提到了此事的!"只是蜜蜂们究竟如何能彼此交流蜜源的位置,一般的养蜂人可是无能为力的。要解决这个疑难,需要的便是养蜂人中的科学家。弗里施通过辛苦的观察得到了有关的发现。这就是被称作"蜜蜂舞蹈"的现象。弗里施自己称之为"一种美妙至极、看得到却形容不出的表演"。[20] 这位细致入微的生物学家着了魔似的探究蜜蜂之舞的经过,真可以说是奇特而又动人。

弗里施明白,要发现蜜蜂彼此间如何进行交流,有两件事情是必须做到的。一是要能观察到蜂巢的内里,这一点特别重要。要做到这一点,巢脾就不能一片片地前后排布,而要摊开成一大片,这样才能一窥蜂巢情况的全貌。透明的蜂巢倒是在几个世纪前出现的,但很可能在古罗马时代就已被有科学研究精神的养蜂人搞出来了,所用的材料是透明的矿物或者牛角。英格兰海军总督察塞缪尔·佩皮斯(Samuel Pepys)在日记中提到,他在与作家约翰·伊夫林(John Evelyn)一起用餐时,表示过对他的玻璃蜂巢的赞赏,说这样一来,便可以"酣畅淋漓地看到蜜蜂酿蜜和营造蜂房的情况"。[21] 只是这些透明的蜂巢,虽说在制造技艺上堪比蜜蜂对蜂房的营造,但多是只用于观赏和装饰,并没有多少实用价值。弗里施搞成的透明蜂巢并不漂亮,甚至可以说相当难看,但它将对蜜蜂的科学观测提升到了新的高度。他的透明蜂巢可以不同的角度倾斜。他又运用自己从研究中掌握到的有关蜜蜂视觉的知识,用偏振玻璃使蜂巢得到更均匀的光照,这样便可进行更精确的观测。他所进行的研究,那些在草编蜂巢里养蜂、以夏季过后能多得些蜂蜜为目的的老派养蜂人是不会感兴趣的。这位站在科学家的立场上养蜂的弗里施与其他蜂师傅完全不同，反而对蜂蜜并不关注。他要了解的不是蜜蜂提供的产品，而是蜜蜂提供的知识，这才是他实现使蜂巢内的情况比以往容易观察的目的。

除了让蜂巢更容易观察之外，弗里施又做了第二件事。这就是对蜜蜂搞成了一种个体识别系统。弗里施以不同颜色的组合，标记了599只工蜂。费了这样一番功夫之后，判定发现新蜜源的究竟是哪只蜜蜂便有了可能。

弗里施和他组织起来的研究小组发现，在一群外出寻觅蜜源的蜜蜂中，最早做出发现的那一只会以一种奇特的复杂方式飞舞："它在蜂巢的外面兜着小圆圈，迅速而急促地飞动，一会儿向左，一会儿向右，直到走完两个圆弧……就这样不变地方地飞，通常会飞上半分钟到一分钟，然后会再换个新地方重复这一过程。"[22] 长时间的观察使弗里施发现，蜜蜂的这种舞蹈，原来有一种内容十分丰富而灵巧的"舞蹈语汇"。

如果这只蜜蜂打算告诉伙伴们，蜜源就在离蜂巢不远的某个地点，它就会在蜂巢所在的位置上方飞出圆圈的形状来。在它附近的蜜蜂见状会"十分激动"，也纷纷追着它飞出圆圈来，并努力试图用触须触碰它的腹节。这一"惊人又动人"的发现，令弗里施大喜过望。[23] 这场蜜蜂群舞的场景蔚为壮观，只见越来越多的蜜蜂加入这支翻飞的队伍，在蜂巢上面卷成黑压压的一团，堪比一群人服了摇头丸后的狂舞。过了一会儿，它们便一只接一只地飞走，忙着去采蜜了。对此种热闹场面的无数次观察使弗里施领悟到，蜜蜂的这种圆圈舞原来含有"大家就在附近寻找花蜜"的信息。弗里施还断定，蜜蜂们纷纷试图触碰那只报信者，原因是要嗅出它身上带的是什么花朵的气味，好去按图索骥。他还进一步以实验证实了这一猜想。他在开花的仙客来植株附近放了糖水，而在第一只蜜蜂发现了这个食物来源并舞蹈一番之后，整个蜂群都出动去找仙客来，对于同在附近的其他开花植物置之不顾。

弗里施还有更大的发现——其令人难以置信的程度，不啻种种有关蜜蜂聪明如人的不着边际的传说，如蜜蜂会哀悼养蜂人的离世、会加入人与人之间战争的一方、会修建教堂、会绕着念珠翻飞，等等。他的发现便是，蜜蜂可以种种角度和节奏跳不同的舞蹈，传达出远处蜜源的信息，而且角度和节奏都表达得十分精准。他将蜜蜂的这种舞蹈称为"摆尾舞"——德文原文为Schwänzeltänze。这一发现，给弗里施带来了国际性的声名。

> 它们先直线移动，然后转一个扁扁的半圆回到开始的位置，继而又陡转方向，重新做起直线移动来，然后再朝反方向转一个扁的半圆，这样的原地移动可以保持几分钟之久，方式一直是半圆向左—直线返回—半圆向右—直线返回，如此这般。摆尾舞与圆圈舞的最大不同之处是，前者在直线移动时尾部摆动很快。[24]

弗里施用了几十年的时间，不断地加深对蜜蜂舞蹈语汇的了解，对这种能够高度精确地进行信息沟通的摇尾方式有了越来越透彻的掌握。在"摆尾舞"的直飞部分，如若头部冲着离开蜂巢的方向，便表明蜜源在迎着太阳的一面；而这一段若是冲着蜂巢飞，蜜源就是在相反的方向上。飞行速度慢，便是告诉同伴们蜜源较远，飞得快捷便表示该去的地点要近一些；如果目标离蜂巢相当近，摆尾舞便会很快结束，否则舞蹈的时间便会随距离增大而不断加长，摇尾的节奏也会相应放慢。弗里施用秒表测知，当蜜源位于距蜂巢100米远处时，摇尾的频率为15秒内9—10次；距离达到500米时会变为 6 次，1000 米时减为 4—5 次；"如若远在 10 千米处，则会放慢到 1 次上下"。此外更有一点"实为惊人"，那就是对不同的蜂群进行观察，得到的舞蹈语汇数据是一致的。这使弗里施认为，蜜蜂必然具备"极为敏锐的时间感，因此能够以符合需要的节奏起舞"。鉴于它们"并没有拿着钟戴着表，这就越发显得了不起"。[25] 这也许只是玩笑话，不过弗里施未必是在打趣，蜜蜂也说不定真有什么计时仪器可资利用哩。

弗里施与蜜蜂打交道的初衷，只是想证实一下它们是否真是色盲，到头来却远远超出了自己的预想，了解到了蜂群的生存机制，即它们被赋予的"能力遗产"，如用以建造六角形蜂房，往自己后腿上的花粉篮装盛花粉，"以舞蹈方式公告值得光顾的食物来源，以及在适当的时间杀灭巢内的雄蜂"，等等。[26]

解开了蜂巢内的诸般神秘之处，是不是会使弗里施对蜜蜂不再如先前那样着迷了呢？恰恰相反。他对"蜂语"越钻研下去就越是觉得，无论是对这种"语言"，还是对操此种"语言"的昆虫，都了解得仍然很不够。有时候，他也会对蜂群表现出一种高高在上的态度，以蜜蜂的能力只表现在很狭窄的范围内为根据，下几句诸如"蜜蜂的智力只在它那别针头大小的脑里，没有先决条件"之类的断语，似乎要让蜜蜂知道谁更有权威。[27] 不过他在大多数著述中，都明确表明自己对蜜蜂的头脑怀有很深的敬意。他在某项研究中，还因实验表现出的前景看上去实在"难以置信"，竟一度觉得所用到的这批对象不同于寻常的蜜蜂，已经变成了"科学的蜜蜂"。[28] 看来对蜜蜂的长时间观察，导致他竟然产生了反而是蜜蜂在观察他弗里施本人的感觉。自然，进一步的研究还是向他表明，那些"寻常的"蜜蜂，也都是同样的特殊生物，也都有杰出的信息沟通能力。

弗里施自然也注意到，蜜蜂群体的团结和人与人之间经常会表现出的纷争与歧见，形成了鲜明的对照。这种不同，也是被更早研究蜜蜂的人所认识到了的——虽则后者对蜜蜂的了解不如弗里施充分。在1954年出版的英译本《起舞的蜜蜂》的序言中，弗里施在表示对英译者的感谢时，说了如下的一段话——

假如将一些德国来的蜜蜂和一些英国来的蜜蜂都放进同一只蜂巢里生活在一起。如果一只德国蜂发现了大量花蜜，它所表达的有关距离和方向的信息，也能容易地得到英国同伙的理解。人类的语言便没有这样完美。这尤其使我对将此书译成英文的多拉·伊尔斯（Dora Ilse）博士……感激良多。[29]

第二次世界大战中发生的一切都令弗里施惊惧。他非常明白，德国人——还有也讲德语的奥地利人，与英国人之间的隔阂不仅仅是语言的不同造成的。他也十分清楚，自己那德国蜜蜂与英国蜜蜂共享花蜜的设想，不但是自己这个讲德语者的一厢情愿，就连大多数英国人也会厌恶和嫌弃。人类在"二战"期间（1939—1945）遭受的大苦大难令弗里施悲哀。而与之并行的，是1940—1942年间降临到欧洲蜜蜂头上的大灾大祸——一种叫蜂小孢子虫的单细胞寄生虫引发的传染病。[30] 两种坏事相比，人与人的厮杀更显得凶残而无意义。这使弗里施为人类不能像蜜蜂那样行事而深感悲哀："但愿人类能够聪明些，甘心停止一切伤害后代人的行为。但愿能有一代崇高的人出现，互相帮助，真诚地共享这个世界上的所有果实。"[31] 是什么促使卡尔·封·弗里施发出如此有分量的"愿景"呢？看来是蜜蜂。他以毕生心血研究蜜蜂的体验，使他在面对人类社会时，很难不感到痛苦和惭愧。

第六章　养蜂人

继弗里施之后，又出现了一批出色的养蜂人兼科学家。他们中有最早研究蜜蜂后足上生出的花粉篮的多萝西·霍奇斯（Dorothy Hodges, 1898—1979）；有在1961年发现蜂王和工蜂间如何在蜂窝内通过信息素调节种种行为，并确认有一种信息素会不让工蜂去饲喂另外一只蜂王的科林·巴特勒（Colin Butler, 1913—2016）；有在研究蜜蜂的社会性行为方面取得新成就的弗朗西斯·拉特尼科斯。这些人都认为，研究蜜蜂的收获之一，便是认识到与大自然的能力相比，人工是远远不如的。正如弗里施本人所说的："大自然有无限的时间，沿着种种曲折的道路，走向未知的前景。而人的脑力却太过有限，看不出自己面前的道路究竟通向何处，只好满足于走一步看一步，而且是小小的一步。"[32]

不过，并非所有的养蜂人都在大自然面前保持着这种谦恭的态度。蜜蜂的奇妙表现，反倒引得他们之中的不少人反其道而行之。其中的一部分选择多做少思，即不是通过蜜蜂表明人的所知仍然有限，而是以为自己大有能力。这些养蜂人与科学并无关联，是一批靠蜜蜂谋生计的艺人。

## 养蜂人中的艺人

纵观古往今来的养蜂人，恐怕谁的名气也大不过用蜜蜂表演的托马斯·怀尔德曼。此人喜欢四下演出，展示自己被蜜蜂遮得严严实实的手臂、胸膛、眼睛、头颅，特别是下巴等不同部位，让观众看得十分入迷，这使他在18世纪60年代成了名人。怀尔德曼生性十分张扬，热衷名利，还有暴露自己身体的癖好。他打造出蜂群对他完全"听喝"的噱头，现出一副天生异禀、对大自然也有控制力量的架势。他像马戏团里的驯狮人那样摆弄蜜蜂，令看他表演的英国贵胄们惊讶不已，也因此在这个层次的人中掀起了一股养蜂的热潮。

怀尔德曼以大自然爱好者的形象出现在公众面前，其实他只是个走四面、吃八方的江湖客，"咋呼起来就像是集市上的小贩"，能将自己的本事和表演的技艺吹得风生水起。[33]有暴露癖的人往往会引起麻烦，怀尔德曼便是其中的一个。他的搞怪惹得许多人大为光火。即便到了今天，许多养蜂人在听到有人提起他的大名来时，还会嗤之以鼻哩。

有关托马斯·怀尔德曼的早年经历，人们了解得不多，只知道他出生在英格兰的德文郡（Devon County），后来在普利茅斯（Plymouth）过活。还有两点事实是确定的：一是他从小便热望出人头地，二是他一直不愿意让他人知晓自己的卑微出身。不过他很走运，头脑灵活，再加上会讨人喜欢，给了他将抱负化为声名的本钱。在普利茅斯，怀尔德曼将掌控蜂群的技巧练到了随心所欲的地步。说到控制蜂群，原理其实再简单不过，至少在他之前100年，就已经得到了扬·斯瓦默丹的揭示。这就是如果将蜂王控制住，用丝线拴住它的一条腿，那么无论将它带到何处，整个蜂群都会老老实实地紧紧跟随。[34]怀尔德曼在如此做时，是将蜂王拢在手心里，通过让蜂群嗅到它的气味后被吸引来，纷纷跟在他的身上。[35]18世纪的英国人还都没怎么读过斯瓦默丹的书，难怪以外行的眼光看来，会觉得怀尔德曼竟然能够让蜜蜂乖乖地表现，自然与魔力有关了。他使观众认为，他竟能对危险的蜂群施加某种"秘密影响"，会操蜜蜂的语言，可与它们交上朋友。其实他的秘密是实现人工群集。

蜜蜂在天然状态下是会"分家"的，这一步骤称为分群。同一蜂巢内的一部分工蜂，会在某种极为神妙本能的作用下，养育出一只新的蜂王来，并随后同它们一向追随的蜂王离开蜂巢去寻找新的住处，而将老家和余下的工蜂留给新的蜂王。分群通常在春天发生。参加分群的全体蜜蜂会涌出蜂巢，像海浪翻卷，像流水奔腾，步调一致，简直如同一只生物，泻出时还发出比平时调门更高的嗡鸣声。梅特林克将分群时的情景形容为"一定会使你恐惧和焦虑的混乱场景"[36]。参加分群的蜜蜂会在行动前饱餐蜂蜜，准备好了这次远征所需的能量储备，因此飞离蜂巢时都劲道十足。对于在野生状态下生活的蜂群而言，分群意味着保持蜜蜂个体的健康和蜂群数量的增长，因此是个非常重要的过程，但也是一次结果难料的行动。蒂克纳·爱德华兹将分群说成是在经历了一辈子的"规矩、驯服、辛劳、冷漠和禁欲"之后，爆发出的"短短一小时的欢乐与狂喜"。[37] 分群是今天的养蜂人千方百计想要阻止的，比如事先将新筑成的王台移除，或将蜂王的膜翅剪掉使其无法飞走。如今的养蜂人通常都以邮购方式从专业公司买来所需的一切，而在早些时，养蜂人工作的重要内容便不是阻止分群，而是此过程一旦发生——通常是在春季里，便设法将分群后的蜂群收纳进为它们准备下的蜂巢。① 科卢梅拉这位古代农业专家向养蜂人推荐的辅助手段，是用香蜂草或者野欧芹涂擦在为它们准备好的新蜂巢上，以增加对分群蜂儿的吸引力。在养蜂史上很长的期间里，人们都认为可以用敲击金属物品发出响亮声响的做法催促蜜蜂快些定居。[38] 分群的蜜蜂在离开后，会先找到一棵树暂时栖身。养蜂人便会将这一团蜜蜂所围住的树枝弄断，再试着将它们引到一只新的蜂巢里，并盼望在此过

---

① 参与分群的部分蜜蜂从原来的蜂巢飞出后，先是在离巢不远的地方以蜂王为中心形成一个暂时性的密集团块。在此之后，其中便会有部分工蜂四下寻找能够正式入住的地方，找到后便会全体迁入，分群即告完成。文中提到的养蜂人的工作，便是将以暂时状态生存的蜂群，设法引入为它们事先准备好的地方。——译注

程中不会被蜇得一佛出世、二佛升天。养蜂人还会用别的法子，如用一大罐蜂蜜将它们吸引来。用一团浸了人尿的青苔也有吸引的效果。[39] 用烟将蜜蜂从蜂巢里熏出来，再用火上烧起的马勃菌蘑菇使蜜蜂昏昏然，也能增大它们按人的意愿入住，而不是盯上什么人的脑壳的可能性——而这两种可能性都是有的哟。无论采取什么措施，分群总会是一个不很有把握的冒险过程，是蜂群最不肯听从摆布的时刻。

托马斯·怀尔德曼表演的蜜蜂人工群集，一定显得毫不费力、十分神妙。再说，他也无须只在正常分群的季节表演。他所做的，其实就是模拟天然状态下的分群状况：先让蜜蜂们饱饮一顿糖浆，然后将蜂王单独挑出来。这样一来，全体工蜂便会老老实实地跟着蜂王和蜂王分泌出的信息素走——虽然怀尔德曼并不知道此类激素的存在。他也像所有出色的养蜂人一样，有冷静的头脑，面对的又是焦虑地担心他会挨蜇刺的观众，往往是表演尚未开始，担惊受怕的胃口就被吊得足足的。他还善于走魔术师的路子，知道该在什么时候用什么方式分散观众的注意力。他非但从不披露自己所用的诀窍，还竭力促成观众相信自己有一种能使蜜蜂服从的特质。让一大群蜜蜂"规规矩矩地"聚拢成团，这就是他奉献给人们的魔术。一开始时，他的表演项目比较简单，无非是将一群蜜蜂从一只蜂巢移入另外一只，并在此过程中保住自己和观众都平安无事。[40] 后来他又发现可以将蜂王在手心里拢上一段时间，此时工蜂们会"纷纷围着他的这只手聚成一个大团"。既然它们会团团围住手，那么为什么不试试让它们围着自己身体的其他部位呢？

怀尔德曼的名气越来越大，表演也越来越精巧。时机对他也是有利的。他所处的年代，正是英国的王公贵族热衷于建造园林、纳自然山水于方寸空间的时期，给了"能行布朗"①和汉弗莱·雷普顿②们以大展才具的机会。他们费尽心血，使园林景致看起来如若天成。也是在这个时期，这些富贵闲人们也喜好起驯养飞禽走兽来。对"大自然林林总总的形态"的赞美，主导着这个阶段的时尚。巨无霸的海螺壳和形状美妙奇特的矿物结晶，都被捧到了珍宝的位置上。[41]观赏有如受到催眠术作用的蜂群，正契合了这一时尚。

1766年，怀尔德曼在英格兰萨里郡（Surrey County）的温布尔登（Wimbledon）③为英王乔治三世的朝臣斯宾塞伯爵夫妇（Lord & Countess Spencer）做了一场表演。在场的都是追求时髦的显贵。怀尔德曼以头戴大礼帽，帽子周围密密围着一大群蜜蜂的形象上场亮相。"继而他回到准备室里，再出来时，蜜蜂都吊在了他的下巴上，围成了一部很壮观的大胡子。"再接下来，他又让蜜蜂们围聚在衣着华丽的女士们身上——这些女子们无疑都吓得晕头转向，但结果并无一人挨蜇。好像这还不够惊心动魄，怀尔德曼又让蜂群落到一张台子上，"用手将它们一把把抄起，又像撒豆子般地向空中抛掷"。他表演的压轴节目——它引起的惊惧不难设想，是从准备室里出来时，头上、脸上和眼睛四周都是蜜蜂。随后他骑上一匹马，又让蜂群也聚到前胸处，就这样整个上半身都处于被蜜蜂密密麻麻围住的状态。这一表演以他从容地下得马来，"一声令下"，全体蜜蜂便都返回蜂窝结束。据传"此次表演令伯爵夫妇和全体在场观看这位驯蜂大师非同寻常技艺的观众又惊讶又满足"，不过这一评价

---

① "能行布朗"，英国著名园林设计师兰斯洛特·布朗（Lancelot Brown，约1715—1783）的绰号，此绰号得自他在承建园林设计现场勘查时常说的口头禅"能行"。——译注
② Humphrey Repton（1752—1818），英格兰著名的园林设计师，被许多人推重为"能行布朗"的传人。——译注
③ 就是以网球赛事的举办闻名的温布尔登。它在1963年起被划归为大伦敦地区的一部分。——译注

似乎有偏低嫌疑。⁴² 在不明就里的观众看来，怀尔德曼的表演既空前骇人又无比动人——简直可以同一边观赏焰火一面参加俄罗斯轮盘赌① 相比。

怀尔德曼为人精明，很有经济头脑。他知道，自己摆弄蜜蜂的本领，是可以用来广开人脉的。"人们看到我能让蜜蜂聚在我身上的这儿那儿，会觉得很惊奇，还特别想知道我能这样做的秘密。"⁴³ 他在一本书中勉为其难地披露了自己"命令蜜蜂"的秘密，不过也强调说，能够做到他这种地步的人不会很多。此话未必说得不对。知道如何控制蜂群是一回事，能够神清气闲地让蜜蜂簇拥在自己的脸上却完全是另一回事。怀尔德曼作为"蜜蜂巫师"的名气是如此响亮，以至于在他所写的《蜂群的管理》一书付梓之前——此书在1768年出版，就有500名心急的读者宁可额外花钱来先睹为快了，而且这些人中颇有些公爵、伯爵、英国皇家学会会员、教授和建筑学家哩。此外，为贵族养蜂也令他广开了财源。

不过，怀尔德曼也不想公开违背养蜂人的传统道德观念，因此不承认自己摆弄蜜蜂完全是为了金钱。非但如此，他还为自己辩解说，是对蜜蜂的爱引导他走上了这条路。他这是在撒谎，不过倒也有可能是撒来撒去，到头来自己也相信了呢。这个人是个江湖骗子，不过十分正宗——这就是说，他并非那种空手套白狼的无耻人物。他虽然满嘴跑马，却同时自己也相信这一套。他始终坚持说，他对"蜂王的宝贵生命"所怀有的"温情厚意"，是令他不断完善蜜蜂的人工群集的动力。⁴⁴ 对于这套说辞，怀尔德曼的"粉丝"们

---

① 俄罗斯轮盘赌，一种自杀式打赌或施酷刑的方式，相传源于俄罗斯。参与者在左轮手枪的六个弹巢中任选一个放入一枚真正的子弹，之后将弹巢旋转，停住后参与者将枪口对准自己的身体（以对着头部最刺激）扣动扳机，凭运气——或者机智——看是否会击发子弹出膛。——译注

第六章 养蜂人 313

是同意的。当时的一份名为《镜子》的杂志上刊登了一首诗,这样将他夸赞了一番——

> 谁令虫豸绕指柔?
> 艺高技强蜂将军,
> 他人有蜂却无德,
> 攫蜜屠蜂忒凶狠,
> 怀尔德曼讲道义,
> 巧取蜂蜜留蜂群。[45]

只不过蜜蜂专家们并非都这样看待怀尔德曼。他的同龄人约翰·基斯——一个也有些知名度,不过名气没有前者响亮的养蜂人——便认为,怀尔德曼是个无耻的骗子,对待蜜蜂的方式也是完全错误的。基斯是个沉静的英格兰人,生活在乡间,自称是名"务实的养蜂人"。他看来颇不以怀尔德曼将蜜蜂带入达官贵人的生活圈子为然,认为这是在误导人们,使他们失去对蜜蜂的尊重。他告诉人们说:"此人用蜜蜂进行的种种方式特别的表演,吸引来少数好奇者的注意,也博得了公众的知晓。只是我觉得,撇开他从中为本人捞到好处不论,世界却未必有什么收益。"基斯还断言,尽管怀尔德曼"指望着"以他的技艺带来养蜂业的革命,但他所写的书中却没有可供养蜂人借鉴的内容。(此话可没有说准。时至今日,怀尔德曼的这本书还不时有养蜂人拜读呢。)至于挂着一把蜜蜂胡须骑马的表演,"也并不像许多人误认为的那样,有什么秘密的咒语,似乎只要口中一念,蜜蜂就会从巢中飞涌而出"。[46]

基斯反对怀尔德曼的这一套,还不单单是其中有骗术,还因为这将养蜂事业降格到了求刺激、猎新奇的档次。基斯承认,蜜蜂胡须委实会造成深刻印象，因为这样一种"野性的、凶猛的、不依不饶的生物"，竟然会"变得如此驯良，肯被人拿在手里摆弄，实在很是奇妙"，只是能够将蜜蜂群聚上人身，并不表明有这样做的理由。怀尔德曼所表演的，"只是一些把戏，对蜜蜂起的作用是毁多于立"。再者蜜蜂胡须的形象"十分令人不快。真正喜欢这种有益昆虫的人都不会高兴它们被用来干这个"。[47]基斯嫌恶蜜蜂胡须，大概也如同今天有许多人不愿意看到马戏团里的马儿被弄得像人一样直立起来，一样地心同此理吧：因为蜜蜂胡须看上去不自然，这样做是剥夺它们尊严的行为。

如果说，托马斯·怀尔德曼的表演令人不快的话，他的侄子丹尼尔·怀尔德曼（Daniel Wildman）的所作所为，就是令人不齿了。丹尼尔接了叔叔的班，也用蜜蜂进行表演，而且更加张扬。叔叔在任上时，至少还是个养蜂人，养蜂场的事儿都门儿清，还是以职业养蜂人的身份为他人提供有关服务的先驱者之一。《大英百科全书》上有他贡献的昆虫学文字；他还以认真的态度撰写出有价值的养蜂著述，其中不乏引人入胜的观察内容和对其他养蜂人观点的如实介绍。这位侄子也出过书，不过只是一本薄薄的小册子，只有48页，基本内容无非是为他在伦敦市中心开设的出售头道蜜啦、活蜜蜂啦、高档蜂箱啦之类种种与蜜蜂有关的货品的大肆宣传。就以蜂巢为例，他就在书中提到中等档次的"带可插入巢板的平顶草编蜂巢"、带玻璃窗的高档硬木蜂箱，还有"式样新颖、设计优雅"、除了玻璃窗外还带有多个分隔的硬木蜂箱。[48]种种与蜜蜂有关的物品，均可从他丹尼尔·怀尔德曼的店里购得。此人的自抬自倒也颇见成效。他写的这本东西虽然不是信口开河，但失实之处却也不少，但居然成了畅销书，多次再版发行，看来厚着脸皮吹嘘，也并不是今天广告界的新事物，早就是行之有效的套路啦。

老怀尔德曼发明了种种以蜜蜂为道具的表演,喜欢与这种昆虫打交道是一个原因:"蜜蜂是很温顺的。它们为我们工作,我们也因此对它们感兴趣。"49 而小怀尔德曼对蜜蜂的兴趣,似乎主要表现在以它们为自己招财进宝的门路上。他也接着表演蜜蜂胡须,并达到了更高的惊悚水平。他时常夸口说,有了蜜蜂在身边,他连最凶猛的獒犬都不怕。他还说自己有一次同三条狗杠上了,他便让一只蜜蜂去蜇刺其中一条狗的鼻子,结果三条狗都落荒而逃。老怀尔德曼是去贵族家中表演,小怀尔德曼则将演出地点移到了民间,通常是在伦敦的居民区伊斯灵顿(Islington)一带。他在1772年6月20日的一份宣传海报上刊出了如下的话——

> 从今天起,直至另行通知前,著名的丹尼尔·怀尔德曼先生每天晚上(雨天例外)都会在××花园献上惊人演出,其中并有若干全新节目,乃为本国乃至世界从不曾有他人试过之举。他将直立于马背,一足踏鞍,一足立于马颈上,全头全脸均为蜜蜂所覆,一如戴着面具。他还将立于马鞍上,口衔缰绳骑行,并开枪命令蜂群面具中的一部分飞掠一张桌面,其余部分返回蜂巢……花园6时进入,表演7时半开始。门票特座部分每位两先令,其余座位每位一先令。

这位丹尼尔·怀尔德曼还为英王乔治三世献演数次。"他让一群蜜蜂在他下巴处围起一道垂饰。"至于这位患有精神病的国王[①]是如何做出反应的,那可只有天晓得了。50

---

[①] 乔治三世即位不久便表现出精神病症状,到了后期还很严重,并且始终没有痊愈。因此他在很长时间里只是名义上的国王,实际上由他的儿子、后来的乔治四世(George IV, George Augustus Frederick, 1762—1830)以摄政王的身份监国。——译注

像怀尔德曼这样喜欢让蜜蜂遮盖在自己身上的养蜂人，如今也仍然存在着。在美国有蜂蜜交易的农贸集市上，经常会看到被蜜蜂围得毛烘烘的，以这种方式招徕主顾的养蜂人。有时候还能看到漂亮女郎上阵呢。她们被称为"甜蜜公主"，也做同样的表演。对于蜜蜂胡须是否有害，养蜂人队伍中至今还未能有统一的看法，其中一些人觉得此举只是一种无害的娱乐，其他人则站在约翰·基斯的同一立场上，不喜欢这样的行为。在1985年出版的《图解养蜂全书》上，措辞谨慎地将蜜蜂胡须称为"一种展示人体的形式和/或娱乐方式"。[51]

不过也仍有人另有见地，邦妮·皮尔逊（Bonnie Pierson）女士便是其中的一个。她是美国俄亥俄州（Ohio）北里奇维尔（North Ridgeville）的一名养蜂人，干这行已经有十年了，是近年来日益增多的女养蜂人中的一员。她亲口告诉我，她是在本州洛雷恩县（Lorain County）的一届游乐会上首次表演蜜蜂胡须的，目的是"为图个新鲜，也为了让人们承认我的勇敢"。不过没过多久，她便真拿蜜蜂表演当回事儿了——

在干了十年养蜂后，我如今发觉自己爱上了蜜蜂！我喜欢戴上一副蜜蜂"胡子"，为的是尽最大可能地接近这些可爱的小东西，从中感受到来自蜂群的尊敬、信任、真诚和亲密。它们的这些表示令我非常感动。我能根据触觉得知，有上千只小小的足爪轻轻地挂住我的脸，重量一点点地增加。我能听到它们飞翔和相互交流的声音。种种信息素混在一起的气味，更给我的感觉增加了一个维度。不过我还有一种感觉，它最为深切，但我却很难说清楚。我心中洋溢着一种放弃一切、只去挚爱蜜蜂的激情。我与蜜蜂在一起时，心境是完全平和的，自己

图6-5 美国养蜂人罗布·格林（Rob Green）展示一群蜜蜂给他围成的浓密"络腮胡子"

的知觉是同整个蜂群融会到一起的。它们一开始时的茫然无措、接下来与蜂王联系上之后的兴奋，以及接下来聚拢成团时的平静，我都可以一一感觉到。我真不愿意结束此种体验。[52]

可是她所喜欢的"小小的足爪"挂在脸上的感觉，在一些连想一想都会麻痒的人看来，就是再往客气上说，怕也是神经兮兮吧。

在今天的现代社会里，赞同此类带有惊悚性表演的人认为，蜜蜂胡须也好，蜜蜂手套也好——所谓蜜蜂手套，是指两个人表演握手，而手上都满聚着蜜蜂，都是为蜜蜂搞公关活动，以证明它们是善良的、可驯化的生物。但有一点这些人没有说明，而这却是被怀尔德曼叔侄一直利用着的，就是此类表演之所以成功，就在于观众心中对蜜蜂的看法其实相反，他们观看表演，正是要体验担心表演人说不定什么时候就会被蜇个不亦乐乎的刺激。蜜蜂表演人嘴上说的，是蜜蜂的威胁被夸大了，表演是为了减少人们的担心，而实际所行的，却正是尽可能地让人们感受到威胁。怕蜜蜂的人不会因看过蜜蜂胡须就去养蜂，正如看过吞火魔术的人不会变成放火狂一样。怀尔德曼叔侄明白，他们搞的表演同展览畸形人一样，都属于令人感到不自在的刺激一类。今天的一些蜜蜂专家对丹尼尔·怀尔德曼发出赞语，说他是最后一名"蜜蜂狂"，言下之意似乎是为自己竟然不"狂"而不好意思。其实丹尼尔·怀尔德曼并非狂人，如果说他狂，也只是表现在捞取名利方面。他喜欢暴露自己的身体，不过这与头脑不正常不是一回事。倒是今天的一些表演蜜蜂胡须之类的人，不肯承认他们的所为只是想轰动一下。而在我们的眼中，这帮人不肯说实话，只是令自己的表现更显得异于常人而已。

美国佛蒙特州的查尔斯·姆拉兹（Charles Mraz, 1905—1999）是20世纪一位出色的养蜂人。他经营着一处名为"尚普兰谷养蜂场"的家庭企业，也爱让蜜蜂团聚于自己的身体上。不过，他这样做可不单单是为了消遣。他是位世界级的蜂针疗法专家，相信蜜蜂的蜇刺可以治疗关节炎和多发性硬化症。这使他有了在更深层次上尊敬蜜蜂的理由。即便不是为了治病，他也喜欢不时让这些"酿蜜客"来自己身上拜访一番。他并非有什么暴露癖，这样做只是为了表达自己与蜂群之间的亲密感情。在姆拉兹看来，养蜂人戴着面网、穿着厚厚长衣以资防范的传统做法未免做作。至于连有只蜜蜂爬在裤脚管上都会感到不自在的作者本人，那就更是怯懦之至。姆拉兹本人可是会裸着上半身在一口口蜂箱中快乐地穿行，相信蜜蜂们应该不会想到要来蜇他——难道还有比袒露着肌肤与蜜蜂为伍、以表明自己并不害怕更自然的举止吗！再者，即令他被蜇刺了，那不也是相当于接受了蜂针疗法，因此是利大于弊嘛！有时候，他也会让蜜蜂在自己的脸上簇拥成团，以享受此时的感觉，一如骑手有时会骑光背马那样。他认为，只有以裸露之身接近蜂群，才能表现

第六章　养蜂人

出人与蜜蜂是被同样的天然状态连接在一起的,才能表明这两个物种间的亲密关联。

以这样的方式表达自己的观点,赌注未免也下得太大了些。一旦眼睛被刺一记,姆拉兹就可能永远失明;咽喉处挨上一蜇,他说不定就会因气管发炎、肿胀而死于窒息。[53] 芸芸之辈的养蜂之众,可是没有必要为证明对蜜蜂的爱,就这样身体力行哟。业余养蜂爱好者应当记牢的第一条规则,就是"不要忘记戴上面网"。许多养蜂人认为,养蜂的真正要点,是只要可能,就不要往蜂群跟前凑,为的是让蜜蜂们不受干扰地自行其是。在养蜂场里光膀子,就能证明人对蜜蜂的爱或者蜜蜂对人的爱吗?不应当将养蜂弄成一种带上卖弄意味的行当,应当做的是恰恰相反。还是梅特林克说得对,养蜂的目的是"成为这个神秘王国的真正主人",而且是"甚至不需要发号施令,也不用冒着被蜇的风险去驾驭蜜蜂,就可以让它们按我们的意愿和安排去工作"。[54] 有的养蜂人正是通过戴上面网、尽量遮住形体的做法,成功地隐身于自己的蜂群之中的。

## 养蜂人中的贤哲

当阿瑟·柯南·道尔[①]最终让夏洛克·福尔摩斯结束了在伦敦贝克街[②]的破案生涯后,便给这位大侦探以过上安静的退休生活的

---

[①] Arthur Conan Doyle(1859—1930),以医生为业的英国小说家,因塑造了福尔摩斯这个全球最著名的侦探而声名远远超过行医的名气。他的侦探小说在中国也有多少代的广大读者。附带提一句,他也写过多部其他类型的小说。——译注

[②] 贝克街 221 号 B,阿瑟·柯南·道尔给福尔摩斯选中的伦敦寓所。这位私人侦探就是在这里接受办案要求的。他的推理思考也多在这里进行。此人物虽属虚构,但这一地址的确存在,而且旅游者如有兴趣前往此处,不但会发现其环境与布置同小说十分相符,而且还会定时出现一位形象和穿着打扮都与书中人物相符、甚至也抽着烟斗的"福尔摩斯"与旅游者们周旋呢。——译注

机会——"到苏塞克斯郡的丘陵地带去研究学问和养蜂"①。这是福尔摩斯的朋友华生医生在《第二块血迹》（1904）中第一次提到的，说福尔摩斯——一个从不喜欢社交的人物——如今已经近于隐居，只有蜂群与他为伍，而且"不喜欢发表他的经历"。55 华生觉得，从福尔摩斯决定要去养蜂来看，便表明他已经不打算再涉足任何人间事务了。

正因为如此，当福尔摩斯在《最后致意》（1917）中又从隐居地走出来——这是指三番五次的复出中真正的最后一次，准备挫败德国间谍冯·波克的邪恶计谋时，觉得难以置信的华生问他道："你已经退休了，福尔摩斯。我们听说你已在南部草原的一个小农场上与蜜蜂和书本为伍，过着隐士般的生活了。"福尔摩斯的回答仍是一如既往的高傲——

> "一点不错，华生。这就是我悠闲自在生活的成果——我近年来的杰作！"他从桌上拿起一本书，念出书的全名：《养蜂实用手册，兼论隔离蜂王的研究》。"是我一个人完成的。这项成果是我日夜操劳，苦心经营取得的。我观察过这些勤劳的小小蜂群，正如我曾一度观察伦敦的罪犯世界一样。"56

华生本来认定，福尔摩斯已经是个无所事事的人了。殊不知，置身于"勤劳的小小蜂群"的福尔摩斯，每天会遇到的情况并不少于在贝克街时呢。听福尔摩斯的口气，他的这本《养蜂实用手册，

---

① 本书中有关福尔摩斯侦探案的译文均引自《福尔摩斯探案经典全集》，龚勋主编，天地出版社，2016年。——译注

兼论隔离蜂王的研究》,水平简直堪与这位大侦探研究雪茄烟灰[①]的专著比肩哩。非但如此,这本书也正如其标题所说的那样,是有"实用"价值的——福尔摩斯就是用这本"风马牛不相及"的书,转移了诡计多端的冯·波克的注意力,用麻醉剂氯仿使此人失去知觉,然后移交给了英国警方哩。[②]

福尔摩斯的这段当养蜂人的日子,也同他先前的生涯一样,引起了阿瑟·柯南·道尔所培养出的一批迷上了这位大侦探的"粉丝"们的狂热。这帮自称的"福粉"认定福尔摩斯确有其人,因此积极地多方考证:他去苏塞克斯丘陵地带办起的养蜂场具体位于何处?他又何时前去那里?他是否在当地找到了一位年轻女助手帮助破案?

我们无须在本书中探讨此类疑问。倒是应当注意,福尔摩斯退休后选择去养蜂——虽是轻轻一笔,却又一次表明阿瑟·柯南·道尔的确巨笔如椽——更是增加了他的神秘意味。这是因为人们都觉得,养蜂人就应当是富有阅历的睿智隐士。淡出人世而与"勤劳的小小蜂群"为伍,一向被认为是通向大彻大悟的途径。像夏洛克·福尔摩斯这样远离社交、离群索居的养蜂人,是既在人间又离尘世的两栖人物。

在20世纪之前,不少出色的养蜂人——还有更多的算不得出色的养蜂人,都出身于宗教界。蜜蜂看来正适合同经常入定冥思

---

① 在福尔摩斯的若干侦探故事中(如《博斯科姆比溪谷秘案》《血字的研究》和《巴斯克维尔的猎犬》),都有福尔摩斯以案发地留下的雪茄烟灰和烟蒂等线索破案的情节。——译注
② 此段故事的情节是,福尔摩斯化装成冯·波克收买的谍报人员,前来送一份包起来的"重要情报",打开后冯·波克看到竟然是这样一本书,正诧异时,便被福尔摩斯用一只手卡住脖颈,用另一只手将浸有氯仿的海绵捂住了他口鼻,使之失去知觉而束手就擒。——译注

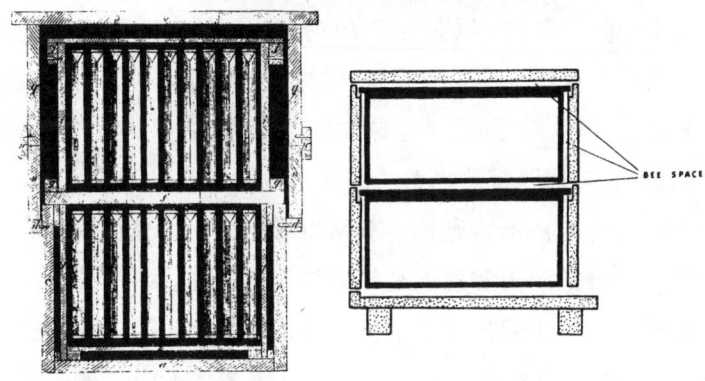

图6-6　洛伦佐·洛兰·兰斯特罗思和他发明的联排式蜂箱。并排分布的巢脾与他发现的"蜜蜂夹道"相隔

图中文字：蜜蜂夹道

的——而且往往郁郁寡欢的人做伴。前文（第五章）提到的那位发现了可以在蜂巢中留出蜜蜂夹道，因而可以说是单枪匹马地开创出美国现代养蜂业的洛伦佐·洛兰·兰斯特罗思，便可算作是位认真踏实、但生活也谈不上顺遂的牧师。他患有慢性抑郁症（他自己称之为"脑壳病"），经常因发作受苦。[57]

历数出身于宗教界的养蜂人，最著名的要算是修士亚当了。此人的生活中也不乏忧伤的成分。[58]这位修士的俗家姓名为卡尔·科勒（Karl Kehrle），1910年从德国来到英格兰，被送入巴克法斯特修道院，当时他只有12岁，从此便在这座修道院内度过了一生。他在那里时常苦闷而且想家，只是在发现这座修道院建有养蜂场后，他才觉得自己的生活有了目的——以行动表达"对造物的爱"。对于他，蜜蜂既为他提供了避开与人交往的手段，又宣示出为真理献身的方向。他也遭受过数次严重打击，不过总会迅速振作起来，再次回到他的蜂群那里。

　　修道院的养蜂场在亚当的管理下，以出产稠厚的石楠花蜜给院里博得了名气。他将极大的精力投入到蜜蜂的繁殖、基因改良和对蜂王交配的控制上，以获得完美的蜜蜂品系。考虑到他是位单身的修士，从事这项工作未免有些另类。"造物从不曾繁育出理想的完美蜜蜂，"他这样写道，"这要靠今天的养蜂者以此为目标，通过渐进的努力实现。"言下之意，这就是他为自己立下的目标。[59]他繁育成功的巴克法斯特蜜蜂，非常讲求卫生，性情也很温和，融合了英国黑蜂的耐力和意大利蜂的抗病害能力。为了找到品种最纯正的蜂王，修士亚当奔波于世界各地，最远到了非洲的撒哈拉（Sahara），找到蜂王后，将它带回国，使之与不同品种的雄蜂交配。他是否意识到，自己这样涉足昆虫的性生活，本人却保持着童男之身，这二者是否矛盾呢？对此我们不得而知。他留下来的文字都是技术性很强的资料，不涉及这个问题。他只是深深地关注着养蜂和酿造蜜酒，只要这两件事不受影响，他连时间的流逝都不去理会。在第二次世界大战期间，他的德国血统使他受到当地一些有反德情绪居民的仇视。这些人指斥他通过对放在沼泽地的蜂箱的摆放方式，向德军的侦察机发送情报。[60]他的哥哥和弟弟都死在这次大战中，母亲也在战后不久便去世，不过修士亚当和他的蜂群都活了下来，而且看来并没有受到影响。

正是这种"回也不改其志"的精神,便使得养蜂人在外人的眼中,显得颇为"非我族类"。有一部非常出色的儿童故事书,就是以这样的养蜂人为题的。这本书的题目是《当年有个蜂老头》,于 1887 年初次印行,作者是美国作家弗兰克·斯托克顿(Frank Stockton)。我小时经常翻看的是多年后的再版书,书中增加了图画书名著《野兽世界》的作者莫里斯·森达克(Maurice Sendak)所画的插图。《当年有个蜂老头》是这样开篇的——

很久很久以前,有这么一个国家,名字就叫奥恩国。奥恩国有位老人家,人们都叫他蜂老头。这么叫他,是因为他总是同蜜蜂待在一起。他的住处是一间小草屋,只有一个房间,可这间屋子简直就是一个大蜂窝。到处都是这些虫子造起的蜂房——每个角落里,所有的架子上,小桌子下面,他坐的粗木板凳周围。就连他睡觉的那张低矮小床,床头板和边板周围,也满满地都是蜂房。每天从早到晚,屋子里都是它们发出的嗡嗡声,可蜂老头一点也不在乎。他就在蜂群间行走、吃饭和睡觉,根本不用担心会被蛰刺。他同蜂群相处的时间是那样长,长得蜜蜂都对他很习惯了。他的皮肤又是那样又硬又糙,让蜜蜂觉得蛰他简直与蛰刺树干和石头没有什么两样。有一群蜜蜂更是在他的旧皮外套的口袋里安了家。当他穿上这件外套出门,去森林里跋涉,寻找野蜂的蜂窝时,会很高兴能随身带着这样一窝蜂——如果他找不到野蜂的蜜,总可以将手伸进外套口袋,掰下一块有蜜的蜂房给自己当午餐;而他口袋里的蜜蜂也特别卖力地工作,总让蜂老头随时随地有东西可吃。他的主要食物就是蜂蜜,如果想吃些面包和肉了,他就会拿着一些上好的蜂房到附近的村子里去与村民交换。他长得难看,人也邋遢，皮肤又黑又糙，此外还是个穷人。蜜蜂似乎是他唯一的朋友。虽然如此，他仍然觉得幸福，感到满足。他所需要的蜂蜜，蜜蜂都能给他；他认为蜂群既友好又亲近，是世界上最好的伴当，而且数量似乎每天都在增加。[61]

接下来的故事，是蜂老头遇到了一个小巫师。这是一个入道不久的学徒，学的是招魂术，已经会念好多咒语了。他觉得，蜂老头不可能一直这样又脏又憨，一定是从别的什么变来的。蜂老头相信了这种可能，便到处去找自己的"原形"。他当初是个"巨人"吗？"孔武的王子"吗？或者原来是"可怕的喷火凶龙"？"可怖的毒蛇"？历经种种奇特经历后，蜂老头最后见到了一个小娃娃，相信这就是他的原形。于是，那个小巫师便将他变回为一个小娃娃。小巫师觉得自己施了功德，使这个蜂老头得到了"新生活的开端，有了改善命运的机会，将来不至于再度住在破旧的草屋里，成为没有朋友、没有伴侣，只有嗡嗡叫的蜜蜂陪伴的可怜老头"。然而，事隔多年后，已经垂垂老矣的当年的小巫师，又路过当年遇到蜂老头的地点。猜一猜他看到了什么？——"一个老头子，穿着破旧的皮外套，坐在桌子前吃蜂蜜！""见到此景，这位巫师慨叹道：'我的天！他又长成原来的样子啦！'"[62]这篇故事的含义是，人的命运是生来注定的，外力根本无法改变。人们只能服从自然法则的安排。

看来是蜜蜂发出的那种既是慢吞吞又听不出变化的嗡鸣声，比其他动物更能激发出这样的认识。这才引得蒂克纳·爱德华德斯笔下的那位瓦利娄的养蜂奇才说出了这样一句隽语："蜜蜂有自己明确的生活目标，这是它们历经漫长的年代形成并完善的。对此，人们根本不能改变……你们可以拖延之，甚至可以阻止之，但谁也无

图 6-7 托尔斯泰身穿俄罗斯农夫的家常宽松罩衣,行走在亚斯纳亚波利亚纳乡间。他就是在此地养蜂的

第六章 养蜂人

法改变蜜蜂生活中的哪怕只是一条准则。正因为如此,最棒的养蜂人,是那些最能服从来自蜂巢的命令的人……"[63]

这样的一席话,如果列夫·托尔斯泰听到,一定是会赞同的。这位伟大的俄国作家认为,人类抗争自然是没有用的,尽管这种抗争正是人之所以为人的特质。托尔斯泰本人或许能够称得上是养蜂人中的顶尖贤哲。当他成为一个长胡子的脱俗思想家之后,便潇洒地去了他在亚斯纳亚波利亚纳(Yasnaya Polyana)的庄园,过上了与蜂群亲密为伍的日子。亚斯纳亚波利亚纳在俄语中意为"洒满阳光的小树林",是他母亲家的领地,庄园也叫这个名字。(他的母亲是公爵夫人。在沙皇俄国,有公爵头衔的人比欧洲其他地方都多,不过仍然是大贵族。)这处庄园距离莫斯科约200千米,四周都是白桦树。1828年列夫·托尔斯泰就出生在这里。对于他,这个地方一直是他心中的最爱,而且最终还继承了它——除了地产,还有233名农奴,时间是1847年。这里也同多数沙俄贵族的领地一样,基本上是自给自足的,领主家里的一应饮食需要,无论是猪、鸡、野味、奶油、黄油、面包,都可以足量供应。此外,领地上还有蘑菇可采,秋天有泡菜可渍,夏天则有草莓可摘、蜂蜜可摇。[64] 向庄园提供的蜂蜜取自老式的原木直筒蜂巢,一向由一名上了年纪、却仍十分吃苦耐劳的养蜂人送来。[65] 此人的形象,多少与《安娜·卡列尼娜》(1875—1877)中的那个两眼浮肿的养蜂老头子有些相像。俄国人普遍都特别喜欢吃蜂蜜和喝蜜酒。列夫·托尔斯泰和他的一大家人到亚斯纳亚波利亚纳度夏的时日,记忆中总是充满着蜂群的嗡嗡声和又甜又黏的果酱及蜂蜜,真是甜蜜呀![66]

托尔斯泰年轻时,他家的庄园里也有人养蜂,但他本人更热衷于阳刚气十足的狩猎,而并非慢条斯理地鼓捣蜜蜂。不过,时光荏苒,他越来越进入农民的生活方式,蜂巢也在他的生活中占了一席特殊的位置。他的小说《安娜·卡列尼娜》中的列文——可以认为，此角色正是托尔斯泰本人的理想化了的形象，就是位会在蜂群中度过许多时光的人物。对列文来说，去自己的养蜂场待上一阵，可以让他"摆脱现实而恢复他的镇静"。有一次，他觉得特别心神不宁，便将来访的客人带到养蜂场附近一片小白杨的浓密树荫里，然后自己去养蜂人住的小屋里，要来一些面包、黄瓜和新鲜蜂蜜——

> 动作尽量从容一些，倾听着越来越频繁地从他身边嗡嗡地飞过去的蜜蜂，他沿着小路走到茅屋那里。就在入口，一只蜜蜂被他的胡子缠住了，发出嗡嗡的声音，但是他小心地把它释放出去。进入那阴凉的门廊，从墙壁的木钉上摘下面网，戴上去，两只手插进口袋里，走进了那个围着篱笆的养蜂场。那里，在那割去青草的空地中间，竖立着行列整齐的、用树皮绳索绑在柱子上的老蜂房，每一个他都很熟悉，它们各有各的历史；而沿着篱笆是今年才入了蜂箱的新蜂群。在蜂房的入口处的正面观察蜜蜂，令人眼花缭乱，它们老在一个地方飞翔和盘旋着，有一群工蜂和雄蜂在游戏，其中的工蜂总是朝着一个方向飞，飞到繁花盛开的菩提树林中或是飞回蜂房，去采花蜜或者带回来花蜜。①、67

对蜜蜂生活的感受，让他不再钻精神上的牛角尖，也少了些对自己生活的不满。列文——也就是托尔斯泰本人——看到，人并非上帝的唯一创造，由此认识到，相对于造物的洪荒大业，个人的念想只

---

① 《安娜·卡列尼娜》，第8部，第14章，周扬译，人民文学出版社，1978年。——译注

是沧海一粟。这一认识又令他相信，肉体的存在，与灵魂的存在比起来，也是微不足道的。

托尔斯泰越来越自甘淡泊、清心寡欲。他放弃了饮茶、喝咖啡的习惯，戒了烟，茹了素，视个人财产为浮云，不肯再去教堂，对政府也采取了蔑视态度。他甚至认为床笫之欢是一种罪恶，从此对妻子不行周公之礼，弄得可怜的托尔斯泰夫人惊惶莫名。[68] 对于都市里的社交圈，他也视之为邪恶伪善的所在。他也公开抨击资本主义，对社会主义则以一句无非"未被辨识出的基督教"的名言以蔽之。[69] 在这一阶段，他将蜜蜂立为智慧的榜样，而且是无与伦比的榜样。他在一篇不甚出名的短篇小说《树皮苫顶蜂窝的两种版本的历史》（1889）里，用蜂群来做比喻，指出雄蜂就是居统治地位的寄生虫。[70] 一俟夏天结束，工蜂便会起而攻之，将雄蜂摆脱掉。此时的托尔斯泰不以贵族出身为傲，身上穿的就是农夫家常的宽松罩衣，并希望俄罗斯的"人民"也都这样做。

托尔斯泰还吸引了一批追随者——应当称之为"托粉"啦，其中颇有一些也参与养蜂。[71] 托尔斯泰也成了亚斯纳亚波利亚纳的一个养蜂人，既为了获得蜂蜜，也为了汲取智慧。他如今认为打猎是残暴行为，已经不再这样做，而养蜂看来则是顺天理的。在他的重要著作——《天国在你心中》①（1893）里，他诚然以蜜蜂把人们带往上帝之处。他说，当今的人们便"如同悬在一片树丛中的一个枝杈上的一群蜜蜂"。而这只是一种暂时的状态。人们也像这群蜜蜂一样，还得找到新的地方才行。这个新地方就是上帝之所在。蜂群是能够离开树枝的，因为群中的每个个体都是"拥有一对翅膀的独

---

① 《天国在你心中：基督教并非神秘宗教，而是新的生活方式》，有中译本，孙晓春译，吉林人民出版社，2011年。本书中的几段引文均摘自此译本，个别文字根据原文做了调整。——译注

立的生灵"。人群的情况也是类似的。人们应当有能力离开目前的劳苦处境,因为人群中的每个成员都是"独立的理性存在者,具有接受基督教的生命观念的能力"。蜂群能够给人群指明找到新地方的途径——

> 一旦一个蜜蜂展开翅膀飞起来并且飞离这里,第二只、第三只……原先毫无生气的树丛便将变成任其自由飞翔的蜂巢;所以,只要有一个人能够按照基督教所教导他的去理解生活,并且照此生活,那么,第二个人、第三个人……都将会这样去做,直至那看起来无法逃脱的生命观念里所存在的魔障被彻底摧毁。[72]

这就是说,托尔斯泰也如无数前人一样,相信蜜蜂向人类传递着一个信息,只是看人类能否解悟它。这涉及基督教的信息。或许我们能够回答出来。可是蜜蜂还给人类传递了其他所有的信息呢:工作的、爱情的、生活的、死亡的、管理的、饮食的、起舞的,我们也都能解答吗?

作为一位宗教思想家,托尔斯泰借助蜜蜂抒发了他本人对精神世界的相当质朴的思考;作为一位作家,托尔斯泰也清楚,蜜蜂的世界无比复杂、无比微妙,远非人们的区区一个观念所能囊括。他在《战争与和平》一书正文结束后的总结部分,以蜜蜂为例,阐发了他对自然的无限,而人类知识有限的认识——

> 正如太阳和以太的每一个原子自身是一个整体,而同时又是一个大得为人类所不能理解的整体的一个部分,每一个人内心具有他自己的目的,而又担负着一个为人类所无法理解的为

总目的服务的使命。

一只落在一朵花上的蜜蜂蜇了一个孩子,于是那个孩子害怕蜜蜂,说蜜蜂为了蜇人而存在。一个诗人赞美从一朵花里吸取东西的蜜蜂,说它为了吸取花香而存在。一个养蜂人看见蜜蜂从花里收集花粉,带去蜂房,就说蜜蜂为了采蜜而存在。另一个比较仔细地研究过蜂群生活的养蜂人说,蜜蜂采了花粉来喂小蜜蜂和供奉一只蜂王,因此蜜蜂是为了延续种族而存在。一个植物学家看见带着一朵雄花的花粉的蜜蜂飞到一朵雌花上,使那朵雌花受粉,于是从这上头看到蜜蜂存在的目的。另一个考察植物的迁移,看出蜜蜂有助于这一行为,因而可以说,蜜蜂的目的就在这上头。但是蜜蜂的最终目的,并未被人类的智力所能察见的这第一、第二或第三点概括无余。人类智力在发现这些目的上提得越高,最后的目的远非我们所能理解的这一事实就越明显。

人类所能领会的只是蜜蜂的生活与别种生活现象的关系,历史人物和各族的目的也是这样。①、73

虽说人们将蜂窝中的成员——雄蜂、工蜂和蜂王——大大地在自己的群体中频繁地对号入座;虽说人们将此种能干群体的气质与作风一再浓缩拔高;此种昆虫仍会有人类永远无从发现的秘密。也正因为如此,对金色蜂房中与人类自身有关真理的探索,仍会不停地进行下去。

---

① 《战争与和平》,《第一个总结》,第4章,董秋斯译,人民文学出版社,1978年。——译注

# 注 释

引用著作的所有信息出处，在参考书目的短题目中都可以找到。

## 开场白
1. Crane, *A Book of Honey*, p. 133.
2. Fife,"The sacredness of bees, honey and wax", p. 121.
3. Pliny, trans. Healy, *Natural History*, p. 141.
4. Ransome, *The Sacred Bee*, p. 22.

## 认识一下蜂巢大家庭的全体成员
1. An exception:about 1 per cent of worker bees also have ovaries sufficiently developed to lay drone eggs
parthenogenetically. But when they do so, as Professor Francis Ratnieks has shown, the other workers usually destroy the eggs, to maintain the social unity of life under a single mother.
2. Root, *The ABC and XYZ of Bee Culture*, p. 430.

## 第一章
1. *Daily Telegraph*, 3 July 2003, p. 5.
2. 也有人认为，摆尾舞是亚里士多德最早发现的，可参阅 Davies & Kathirithamby, *Greek Insects*, p. 55.
3. Proverbs 6 : 6-9.
4. Purchas, *A Theatre of Politicall Flying-Insects*, p. 13.
5. Crane, *A Book of Honey*, p. 14.
6. Levett, *The Ordering of Bee*, p. 60.
7. Xenophon, *Oeconomicus*, Ⅶ.17-38, quoted in Fife,'The sacredness of bees, honey and wax', p. 126.
8. Cowper,'The Bee and the Pineapple', Ⅱ. 13-24, *Complete Poetical Works*, p. 296.
9. Crane, *A Book of Honey*, p. 149.
10. Ibid. , p. 141.
11. T. H. White, *The Book of Beasts*, p. 245.
12. Ratnieks,'Are you being served?', pp. 26-27.
13. T. H. White, *The Book of Beasts*, p. 156.
14. Klingender, *Animals in Art and Thought*, p. 256.
15. Shakespeare, *Henry V*, Ⅰ. ii .187-204.
16. Fife,'The sacredness of bees, honey and wax', p. 127.
17. Tarrant,'Bees in Plato's Republic', p. 33.
18. Taillardat, *Les Images d'Aristophane*.
19. Fife,'The sacredness of bees, honey and wax', p. 127.
20. Crane, *The World History of Beekeeping*, pp. 565, 587.
21. Fife,'The sacredness of bees, honey and wax', p. 402; 也有一种说法是魔王造出了为恶的马蜂。
22. Frisch, *Bees*, p. 15.
23. Burton, *The Anatomy of Melancholy*, vol. 2, p. 70.
24. Shelley, *Complete Poetical Works*, p. 572 ('Song to the Men of England').
25. Dickens, *Bleak House*, p. 93(ch. Ⅷ ).
26. 有关美国人的养蜂历史，请参阅 Beck, *Honey and Health*, and Crane, *The World History of Beekeeping*.

27. Tocqueville, *Democracy in America*, vol. 2, p. 152.
28. Withington,'Republican bees', p. 57.
29. Baker, *The Revolt of the Bees*. p. 83.
30. Rodda,*'Go Ye and Study the Beehive'*, epigraph.
31. Knoop, *The Early Masonic Catechisms*.
32. Worrel,'The symbolism of the beehive and the bee'.
33. T. H. White, *The Book of Beasts*, p. 156.
34. *Geoponica*, ⅩⅤ. 3, 10.
35. Maeterlinck, *The Life of the Bee*, p. 160.
36. Fife,'The sacredness of bees, honey and wax', p. 128.
37. Purchas, *A Theatre of Politicall Flying-Insects*, p. 2.
38. Marx, *Capital*, vol. 1, Ⅲ, ch. 7.
39. Mills, *An Essay on the Management of Bees*, p. 13.
40. Crane, *The World History of Beekeeping*, ch. 49.
41. Hillier, *A History of Wax Dolls*, p. 19.
42. More, *The Bee Book*, p. 126.
43. Ibid. , p. 131.
44. Fife,'The sacredness of bees, honey and wax', p. 244.
45. Luke 2∶32.
46. More, *The Bee Book*, p. 132.
47. Fife,'The sacredness of bees, honey and wax', p. 220.
48. Crane, *The World History of Beekeeping*, p. 408.
49. 这里的一番议论大大得益于 *The Beehive Metaphor* by Juan Antonio Ramírez。据作者本人所知,他写过人类建筑从蜂巢得到借鉴的著述。
50. Le Corbusier, *Towards a New Architecture*, p. 10.
51. Ramírez, *The Beehive Metaphor*, p. 154.
52. 这 是 Ramírez, 在 *The Beehive Metaphor* 中提出的观点。
53. Morse,'The beekeeping industry'.
54. Crane, *The World History of Beekeeping*, p. 490.
55. Cohn,'Bees and the law', p. 289.
56. Frier,'Bees and lawyers', p. 106.
57. Ibid, p. 109.

第二章

1. Barnfield,'The Affectionate Shepherd', Ⅰ. 96, in *Complete Poems*, p. 82.
2. Maeterlinck, *The Life of the Bee*, p. 42.
3. Beck, *Honey and Health*, p. 213.
4. Ransome, *The Sacred Bee*, p. 45.
5. Anacreon, *The Odes, Ode* 70.
6. Ibid. , Ode 35.
7. Newbolt, *The Book of Cupid*, pp. 52, 50.
8. Barnfield.'The Affectionate Shepherd', Ⅱ. 97-78, 99-102, in *Complete Poems*, p. 82.
9. Proverbs 3∶4.
10. Shakespeare, *Hamlet*, Ⅲ. ⅳ. 82-83.
11. Beck, *Honey and Health*, p. 212(Idyll of Moschus).
12. Ballad'Rob Roy', at http://www.worldwideschool.org/library/books/lit/poetry/ACollectionofBallads/chap22.html, accessed 7 March 2004.
13. Beck, *Honey and Health*, p. 224.
14. Ibid. , pp. 220-235
15. Aristotle, *De Generatione Animalium*, Ⅲ. 10, pp. 758-760.
16. Aristotle, *Historia Animalium*, Ⅴ. 21, p. 553.
17. Aristotle, *De Generatione Animalium*, Ⅲ. 10, pp. 758-760.
18. Ibid.
19. Crane, *The World History of Beekeeping*, p. 571.
20. Merrick,'Royal bees', p. 23.
21. Debraw,'Discoveries on the sex of bees'.
22. Fife,'The sacredness of bees, honey and wax', p. 396.
23. Ransome, *The Sacred Bee*, p. 33.
24. Ovid, *Fasti*, Ⅰ. 376-380, p. 14(I have adapted the translation).
25. Ransome, *The Sacred Bee*, p. 114.
26. Osten-Sacken, *On the Oxen-born Bees of the Ancients*. p. 23.
27. Ransome, *The Sacred Bee*, pp. 112-118.
28. Ibid. , p. 117.
29. See Cook,'The bee in Greek mythology', pp. 9-10.
30. Virgil, *Georgics*, Ⅳ. 302, 312.
31. Ransome, *The Sacred Bee*, p. 114.
32. Hartlib, *The Reformed Common-Wealth of Bees*, pp. 2-3.
33. Dr Arnold Boate in Hartlib, *The Reformed Common-Wealth of Bees*, p. 2.
34. Shakespeare, *2 Henry Ⅳ*, Ⅳ. ⅲ. 79.
35. Jonson, *The Alchemist*, Ⅱ. ⅲ.
36. Osten-Sacken, *On the Oxen-born Bees of the Ancients*, p. 25.
37. Redi, *Experiments on the Generation of Insects*, p. 38
38. Osten-Sacken, *On the Oxen-born Bees of the Ancients*, p. 4.
39. B. G. Whitfield,'Virgil and the bees'; Fraser, *History of Beekeeping in Britain*.

40. Osten-Sacken, *Additional Notes*, p. 40.
41. Virgil, *Georgics*, Ⅳ. 453, 556, 553.
42. Michelet, *L'Insecte*, pp. 305-311.
43. Porter,'Let's Do It', from *Paris* 1928.
44. Virgil, *Georgics*, Ⅳ. 197-202.
45. Fife,'The sacredness of bees, honey and wax', p. 276.
46. Crane, *A Book of Honey*, p. 139.
47. Ibid., p. 138.
48. Ibid.
49. Fife,'The sacredness of bees, honey and wax', pp. 125, 281, 125.
50. Butler, *The Feminine Monarchy*, sect. Ⅰ. 35.
51. Steiner, *Bees*, p. 3.
52. Ibid., pp. 3-5.
53. Ingrams, *Arabia and the Isles*, p. 165.
54. Ibid., pp. 163-164, 165.
55. Shakespeare, *Henry* Ⅴ, Ⅰ. ii. 190.
56. See Davies & Kathirithamby, *Greek Insects*, p. 62; Hudson- Williams.'King bees and queen bees'.
57. Davies & Kathirithamby, *Greek Insects*, p. 62.
58. Galton, *Survey of Beekeeping in Russia*, pp. 10ff.
59. Crane, *The World History of Beekeeping*, p. 591.
60. Thomas, *Man and the Natural World*, p. 62.
61. Merrick,'Royal bees', p. 15.
62. Lawson, *A New Orchard and Garden, passim*; Levett, *The Ordering of Bees*, pp. 68ff.
63. Crane, *The World History of Beekeeping*, p. 591.
64. Ibid., p. 569.
65. Butler, *The Feminine Monarchy*; see also Fraser, *History of Beekeeping in Britain*, ch. 4.
66. Butler, *The Feminine Monarchy*, sects. 4. 6, 4. 5, 4. 11.
67. Ibid., sects. 4. 6-4. 23.
68. Edwardes, *The Lore of the Honey-Bee*, p. 165.
69. Remnant, *A Discourse or Historie of Bees*, pp. 9, 31-33.
70. Merrick,'Royal bees', p. 22.
71. Simon, *Le Gouvernement admirable*, pp. ⅸ, 4-14.
72. Merrick,'Royal bees', p. 24.
73. Vanière, *The Bees*, pp. 19, 22, 12, 20.
74. Boerhaave,'The life of John Swammerdam', pp. ⅷ-ⅸ.
75. Ibid., pp. ⅹⅳ, ⅱ.
76. Ibid., pp. 14, ⅸ.
77. Swammerdam, *The Book of Nature*, pp. 169, 197, 222.
78. Ibid., p. 221.
79. Mace, *Bee Matters and Bee Masters*, p. 13.
80. Dodd, *Beemasters of the Past*, p. 43.
81. Huber, *Nouvelles observations sur les abeilles*, vol. Ⅰ, pp. 6ff.
82. Mace, *Bee Matters and Bee Masters*. pp. 11-18.
83. Huber, *Nouvelles observations sur les abeilles*, vol. Ⅰ, pp. 58-94.
84. Ibid., p. 63.
85. Maeterlinck, *The Life of the Bee*, p. 137.
86. Crane, *The World History of Beekeeping*, p. 572.

第三章

1. Virgil, *Georgics*, Ⅳ. 2-5.
2. Fourier, *Le Nouveau Monde industriel et sociétaire*, pp. 528, 288.
3. Frisch, *The Dancing Bees*, p. 1.
4. Hobbes, *Leviathan*, p. 119.
5. Rousseau, *Political Writings*,'Part Ⅰ of the Constitutional Project for Corsica'.
6. Darby, Ghalioungui & Grivetti, *Food*, vol, 1, p. 430.
7. Ransome, *The Sacred Bee*, p. 24.
8. Ibid., p. 24.
9. Crane, *The World History of Beekeeping*, p. 604.
10. Varro, *On Farming*, p. 325.
11. Plato, *Republic*, 520b.
12. T. H. White, *The Book of Beasts*, p. 154.
13. Fife,'The sacredness of bees, honey and wax', p. 271.
14. Butler, *The Feminine Monarchy*, sect. Ⅰ. 2.
15. T. H. White, *The Book of Beasts*, p. 154.
16. Klingender, *Animals in Art and Thought*, p. 356.
17. Purchas, *A Theatre of Politicall Flying-Insects*, p. 18.
18. Seneca, *Moral and Political Essays*, p. 150.
19. Erasmus, *The Education of a Christian Prince*, p. 29.
20. Rusden, *A Further Discovery of Bees*, pp. 16-17.
21. Butler, *The Feminine Monarchy*, sect. Ⅰ. 6.
22. Merriman, *A History of Modern Europe*, p. 234.
23. Crane, *The World History of Beekeeping*, p. 592.
24. Butler, *The Feminine Monarchy*, sect. Ⅰ. 6.
25. Ibid., sect. Ⅰ. 10.
26. Levett, *The Ordering of Bees*, p. 68.
27. Fraser, *History of Beekeeping in Britain*, p. 36.
28. Purchas, *A Theatre of Politicall Flying-Insects*, pp. 16-20.

29. Rusden, *A Further Discovery of Bees*, Epistle Dedicatory and pp. 2, 16-21.
30. Warder, *The True Amazons*, preface.
31. Ibid. , pp. 116, vi , 42, ⅷ , ⅻ.
32. Ibid. , p. 7.
33. Simon, *Le Gouvernement admirable*.
34. Bazin, *The Natural History of Bees*, p. 21.
35. Ramírez, *The Beehive Metaphor*, ch. 1.
36. Ibid.
37. By Crabb Robinson in his diary. See Mandeville, *The Fable of the Bees*, vol. Ⅰ, p. ⅵ.
38. Mandeville, *The Fable of the Bees*, vol. Ⅰ, p. 17.
39. Ibid. , pp. 17-37.
40. Ibid. , p. 18.
41. Withington,'Republican bees', pp. 45, 69.
42. Crane, *A Book of Honey*, p. 140.
43. Kelly, *The Oxford Dictionary of Popes*, p. 280.
44. Merrick,'Royal bees', p. 9.
45. Connolly,'The star and bee as Napoleonic emblems', p. 140.
46. Edwards, *The Lore of the Honey-Bee*, pp. 74-75.
47. Maeterlinck, *The Life of the Bee*, p. 27.
48. Edwardes, *The Lore of the Honey-Bee*, pp. 98, 118.
49. Ratnieks,'Conflict in the bee hive'.
50. J. Whitfield,'The police state', p. 782.
51. Ratnieks,'Prisons in the bee hive'.
52. J. Whitfield,'The police state'.
53. Ibid.

## 第四章

1. *Petits propos culinaires*, 6(1980), p. 58.
2. Ransome, *The Sacred Bee*, p. 136.
3. Crane, *A Book of Honey*, p. 18.
4. Fife,'The sacredness of bees, honey and wax', p. 35; see also Pliny, trans. Healy, *Natural History*, p. 153.
5. Butler, *The Feminine Monarchy*, sects. 6. 40, 6. 41.
6. Galen, *Galen on Food and Diet*, p. 186.
7. Toussaint-Samat, *History of Food*, p. 25.
8. Crane, *The World History of Beekeeping*, p. 598.
9. Ibid. , p. 576.
10. The Honey Regulations 2003, D₄, April 2003.
11. On sweeteners before sugar, see Galloway, *The Sugarcane Industry*, pp. 1-2; Davidson, *The Oxford Companion to Food*, entry on'Honey'; Mintz, *Sweetness and Power*, ch. 3.
12. Darby Ghalioungui & Grivetti, *Food*, vol. 1, p. 440.
13. Ransome, *The Sacred Bee*, p. 82.
14. Grainger,'Cato's Roman cheesecakes', p. 171.
15. Exodus 3∶8; Job 20∶17; 2 Samuel 17∶29.
16. Dalby, *Empire of Pleasures*, pp. 66, 141.
17. Apicius, *Cookery and Dining in Imperial Rome*, pp. 224, 169, 48.
18. Alcock, *Food in Roman Britain*, p. 76.
19. On tempering, see Scully in Adamson, *Food in the Middle Ages*, pp. 4ff.
20. Toussaint-Samat, *History of Food*, p. 32.
21. Exodus 16∶31.
22. Toussaint-Samat, *History of Food*, p. 33.
23. Ibid.
24. Austin, *Two Fifteenth-Century Cookery Books*, p. 35. I have modernized the English of the recipe somewhat.
25. http://www. godecookery. com, accessed October 2003.
26. Riley, 'Learning by mouth', p. 194.
27. Chaucer, *The Prioresses Tale. . .* , p. 24(my own rendering).
28. Lévi-Strauss, *From Honey to Ashes*.
29. Pliny, trans. Rackham, *Natural History*, vol. 4, bk 14, p. 261.
30. Digby, *The Closet of Sir Kenelm Digby Opened*, p. xxx(introduction by Stevenson & Davidson, who point out that this description of Digby is actually unfair,since he probably did not poison his wife deliberately).
31. Ibid. , p. 26.
32. Ibid. , pp. 59, 18, 7.
33. Toussaint-Samat, *History of Food*, p. 19.
34. Crane, *The World History of Beekeeping*, p. 494.
35. Galloway, *The Sugarcane Industry*, ch. 3.
36. Henisch, *Fast and Feast*, p. 124.
37. Mintz, *Sweetness and Power*, p. 83.
38. Mason, *Sugar-Plums and Sherbert*, pp. 42-43. I must also thank Laura Mason for expanding this point in conversation.
39. Crane, *A Book of Honey*, p. 144.
40. Cf. Richardson, *Sweets*:'A sweet has to be made by a human hand'(p. 67).
41. Galloway, *The Sugarcane Industry*, p. 10.
42. Cobbett, *Rural Rides*, p. 283.
43. Sociologists have a technical way of putting this:liking sucrose is'sweet-general'. See Mintz, *Sweetness and Power*, ch. 3.
44. Southerne, *The Right Use and Ordering of*

*Bees.* Cf. Worlidge, *Apiarium,* ch. 1.
45. Southerne, *The Right Use and Ordering of Bees.*
46. Crane, *The World History of Beekeeping.* p. 493.
47. Mintz, *Sweetness and Power,* p. 101.
48. Ibid. , *passim.*
49. http://wwwI. agric. gov. ab. ca, accessed November 2003.
50. Crane. *The World History of Beekeeping.* p. 494.
51. Gonnet & Vache. *The Taste of Honey.*
52. Butler, *The Feminine Monarchy,* sect. 10. 13.
53. Hill, *The Virtues of Honey,* p. 40.
54. Crane, *The World History of Beekeeping,* p. 503
55. Garnsey, *Food and Society in Classical Antiquity.*
56. Crane, *The World History of Beekeeping,* p. 503.
57. Hill, *The Virtues of Honey,* pp. 12-16, 40.
58. Calder, *Oilseed Rape and Bees.*

第五章

1. Homer, *Odyssey,* XXIV . 68; Crane, *A Book of Honey,* p. 133.
2. Akrigg, *Shakespeare and the Earl of Southampton,* pp. 16-17.
3. Xenophon, *Hellenica,* V . 3.
4. More, *The Bee Book,* p. 77; Crane, *The World History of Beekeeping,* p. 510.
5. Beck, *Honey and Health,* p. 232.
6. Crane, *The World History of Beekeeping,* p. 510.
7. Ransome, *The Sacred Bee,* p. 51.
8. Fife,'The sacredness of bees, honey and wax', p. 42.
9. Darby, Ghalioungui & Grivetti, *Food,* vol. 1, p. 431.
10. Homer, *Iliad,* XXIII . 170.
11. Ransome, *The Sacred Bee,* p. 121.
12. Fife,'The sacredness of bees, honey and wax', pp. 430-453.
13. Davies & Kathirithamby, *Greek Insects,* pp. 64-45; Fife,'The sacredness of bees, honey and wax', p. 61.
14. Cook,'The bee in Greek mythology', p. 21.
15. Fife,'The sacredness of bees, honey and wax', p. 98.
16. Ransome, *The Sacred Bee,* pp. 106-107.
17. Beck, *Honey and Health,* pp. 234-235.
18. Riches, *Medical Aspects of Beekeeping,* pp. 61ff.
19. Isaiah 7：14-15.
20. Fife,'The sacredness of bees, honey and wax', p. 48.
21. Richardson, *Sweets,* p. 50.
22. Beck, *Honey and Health,* pp. 49, 136.
23. This statistic comes from http://www. ohsu. edu, accessed October 2003. In 1995 US per-capita annual sugar consumption was 170 Ib(77 kg), compared with 108 Ib(49 kg) in 1938 and just 7. 5 Ib(3. 4 kg) in 1830.
24. Beck, *Honey and Health,* pp. 136, 135, 43.
25. Crane, *A Book of Honey,* p. 95.
26. Beck, *Honey and Health,* p. 213.
27. Ibid. , pp. 134, 99.
28. Proverbs 24：13.
29. Hanssen, *The Healing Power of Pollen,* pp. 59-60.
30. *Sunday Mirror,* 24 September 1978, p. 1.
31. Koran XVI . 77, p. 229.
32. Crane, *A Book of Honey,* p. 96.
33. Beck, *Honey and Health,* pp. 83, 89.
34. See Precope, *Hippocrates on Diet and Hygiene,* p. 62.
35. Hippocrates, *The Medical Works,* p. 143.
36. Beck, *Honey and Health,* p. 88.
37. Ibid. , pp. 90, 97.
38. Hill, *The Virtues of Honey,* ch. 4.
39. Crane, *A Book of Honey,* p. 98.
40. Riches, *Medical Aspects of Beekeeping,* p. 70.
41. Edwardes, *The Lore of the Honey-Bee,* p. 444.
42. Beck, *Honey and Health,* p. 88.
43. Crane, *The World History of Beekeeping,* sect. 51. 3.
44. Riches, *Medical Aspects of Beekeeping,* pp. 74-75.
45. Crane, *The World History of Beekeeping,* sect. 51. 3.
46. Crane, *A Book of Honey,* p. 99.
47. http://www. manukahoney. co. uk. accessed 2003.
48. Hanssen, *The Healing Power of Pollen,* pp. 7-9.
49. Ibid. , pp. 34, 87.
50. Butler, *The Feminine Monarchy.*
51. Bishop, *An Early History of Surgery,* p. 32.
52. Riches, *Medical Aspects of Beekeeping,* p. 67.
53. Beck, *Honey and Health,* p. 120.
54. Briffa,'Tell'em about the honey'.
55. Beck, *Honey and Health,* pp. 139-140.
56. http://www. manukahoney. co. uk, accessed 2003.
57. Beck, *Honey and Health,* p. 144.
58. Ibid. , p. 143.

59. Xenophon, *The Persian Expedition*. p. 169. This passage was cited by T. Wildman, *The Management of Bees*, p. 52, among others.
60. Croft, *Curiosities of Beekeeping*, p. 62.
61. Morse & Hooper, *The Illustrated Encyclopedia of Beekeeping*, p. 362.
62. Riches, *Medical Aspects of Beekeeping*, p. 7.
63. Butler, *The Feminine Monarchy*, sect. 1. 3.
64. Beck, *Bee Venom*, p. 82.
65. Riches, *Medical Aspects of Beekeeping*, p. 33.
66. Beck, *Bee Venom*, p. 65.
67. Riches, *Medical Aspects of Beekeeping*, p. 37.
68. Morse & Hooper, *The Illustrated Encyclopedia of Beekeeping*, p. 362.
69. Riches, *Medical Aspects of Beekeeping*, p. 75.
70. Beck, *Bee Venom*, p. 9.
71. Croft, *Honey and Health*, p. 45.
72. Riches, *Medical Aspects of Beekeeping*, p. 77.
73. Mills, *An Essay on the Management of Bees*, pp. 8-9.
74. Warde, *The True Amazons*, p. 3.
75. Millen, 'Historical natural history'.
76. Deuteronomy 1 : 44. See Fife, 'The sacredness of bees, honey and wax', p. 161.
77. Croft, *Curiosities of Beekeeping*, pp. 24, 25.
78. Ransome, *The Sacred Bee*, p. 213; Fife, 'The sacredness of bees, honey and wax', pp. 382ff.
79. Boyd, *An Ice Cream War*, p. 173.
80. http://www. desertusa. com, accessed 2003.
81. Croft, *Curiosities of Beekeeping*, p. 10.
82. Levett, *The Ordering of Bees*, pp. 40-41.
83. Hartlib, *The Reformed Common-Wealth of Bees*, p. 3.
84. Columella, *On Agriculture*, vol. 2, p. 497.
85. Pliny, trans. Healy, *Natural History*. p. 153.
86. Keys, *The Practical Bee-Master*, p. 269.
87. T. Wildman, *The Management of Bees*, pp. 93ff.
88. Thomson, *The Seasons*: 'Autumn', Ⅱ. 1083-1105, in *Poetical Works*, pp. 129-130.
89. Croft, *Curiosities of Beekeeping*, p. 18.
90. Crane, *A Book of Honey*, p. 121.
91. R. Brown, *Great Masters of Beekeeping*, p. 43.
92. T. W. Cowan, 1895, quoted in Crane, *A Book of Honey*, p. 122.
93. Plath, 'The Arrival of the Bee Box', in *Ariel*, p. 63.
94. Gustaffson, *The Death of a Beekeeper*, pp. 50-51.
95. Hill, *The Virtues of Honey*, ch. 13.
96. Ibid. , ch. 14.
97. Crane, *A Book of Honey*, pp. 101-102

第六章
1. Plath, 'The Bee Meeting', in *Ariel*, p. 60.
2. Ibid. , p. 61.
3. Shakespeare, *Henry V*, Ⅳ. Ⅰ. Ⅱ.
4. Ransome, *The Sacred Bee*, p. 81.
5. Fraser, *Beekeeping in Antiquity*, p. 43.
6. Galton, *Survey of Beekeeping in Russia*, p. 20.
7. Fraser, *History of Beekeeping in Britain*, p. 23.
8. Levett, *The Ordering of Bees*, p. 41.
9. Thomas, *Man and the Natural World*, pp. 122-123, 126.
10. Galton, *Survey of Beekeeping in Russia*, p. 37.
11. Lawes, *The Bee-Book Book*, p. 80.
12. Edwardes, *The Bee-Master of Warrilow*, pp. 17, 47, 194.
13. Frisch, *A Biologist Remembers*, pp. 21, 18-19, 22, 71.
14. Ibid. , p. 55.
15. See Frisch, *Bees*, pp. 1-25.
16. Frisch, *A Biologist Remembers*, pp. 48, 49, 57, 84.
17. Frisch, *You and Life*, p. 57.
18. Frisch, *Bees*. p. 10.
19. Ibid. , pp. 25-53.
20. Frisch, *You and Life*, pp. 157, 161.
21. Crane, *The World History of Beekeeping*, p. 380.
22. Frisch, *Bees*, pp. 55-56.
23. Frisch, *The Dancing Bees*, pp. 101, 103.
24. Ibid. , p. 117.
25. Ibid. , p. 119.
26. Ibid. , p. 151.
27. Ibid. , p. 149.
28. Frisch, *Bees*, pp. 53-97.
29. Frisch, *The Dancing Bees*. p. Ⅴ .
30. Frisch, *A Biologist Remembers*, p. 128.
31. Frisch, *You and Life*, p. 264.
32. Frisch, *The Dancing Bees*, p. 179.
33. Dodd, *Beemasters of the Past*, p. 36.
34. Mills, *An Essay on the Management of Bees*, p. 5
35. T. Wildman, *The Management of Bees*, p. 108.
36. Maeterlinck, *The Life of the Bee*, ch. 2.
37. Edwardes, *The Lore of the Honey-Bee*, p. 123.
38. Crane, *The World History of Beekeeping*, p. 239.
39. Galton, *Survey of Beekeeping in Russia*, p. 24.
40. Mills, *An Essay on the Management of Bees*, p. 4.
41. R. J. White, *The Age of George Ⅲ* , pp. 283-287.
42. Hone, *The Every-Day Book*, vol. 2, p. 662.
43. T. Wildman, *The Management of Bees*,

preface.
44. Fraser, *History of Beekeeping in Britain*. ch. 5.
45. *Mirror*, vol. 34, 1772.
46. Keys, *The Practical Bee-Master*, pp. 146ff.
47. Ibid. , p. 154.
48. D. Wildman, *A Complete Guide for the Management of Bees*, frontispiece.
49. T. Wildman, *The Management of Bees*, p. 1.
50. Croft, *Curiosities of Beekeeping*, pp. 26-27.
51. Morse & Hooper. *The Illustrated Encyclopedia of Beekeeping*, p. 38.
52. Bonnie Pierson, email to author, 2002.
53. Riches, *Medical Aspects of Beekeeping*, p. 83.
54. Maeterlinck, *The Life of the Bee*, p. 20.
55. Doyle, *The Complete Sherlock Holmes*, p. 650.
56. Ibid. , p. 978.
57. Naile, *Life of Langstroth*.
58. On Brother Adam, see Bill, *For the Love of Bees*.
59. Adam, *Breeding the Honeybee*, Introduction, 'Nature as a Breeder'.
60. Bill, *For the Love of Bee*, p. 61.
61. Stockton. *The Bee-man of Orn*. pp. 1-2.
62. Ibid. , p. 16.
63. Edwardes, *The Bee-Master of Warrilow*, p. 35.
64. A. Tolstoy, *Tolstoy*, p.1.
65. On traditional Russian beekeeping, see Crane, *The World History of Beekeeping*, pp. 232-233, and Galton, *Survey of Beekeeping in Russia*.
66. I. Tolstoy, *Tolstoy, My Father*, pp. 21-22;A. Tolstoy, *Tolstoy, passim*.
67. L. Tolstoy, *Anna Karenina*, pt 8, ch. 14, p. 771.
68. A. Tolstoy, *Tolstoy*, p. 286.
69. Simmons, *Tolstoy*, p. 105.
70. Galton, *Survey of Beekeeping in Russia*, p. 41.
71. Jones, *New Essays on Tolstoy*, pp. 203-204.
72. L. Tolstoy, *The Kingdom of God is Within You*, ch. 4.
73. L. Tolstoy, *War and Peace*, epilogue, pt 1, ch. 4, p. 1229.

# 参考书目

Adam, Brother, *Breeding the Honeybee*(Hebden Bridge:Northern Bee Books, 1987)
Adamson, Melitta Weiss, *Food in the Middle Ages:A Book of Essays*(New York:Garland, 1995)
Akrigg, G. P. V. , *Shakespeare and the Earl of Southampton*(London:Hamish Hamilton, 1968)
Alcock, Joan P. , *Food in Roman Britain*(Stroud:Tempus, 2001)
Alston, Frank, *Hives and Honeybees in Signs and Symbols*(Hebden Bridge: Northern Bee Books, 1998)
Anacreon, *The Odes of Anacreon*, trans. Thomas Moore(Fyrie, Scotland: New Concept Publishing, 1996)
Apicius, *Cookery and Dining in Imperial Rome:A Bibliography, Critical Review and Translation of the Ancient Book known as Apicius De Re Coquinaria*, by Joseph Dommers Vehling(New York:Dover, 1977)
Aristotle, *De Generatione Animalium*, trans. Arthur Platt(Oxford:Clarendon Press, 1910)
——*Historia Animalium*, The Works of Aristotle, ed. J. A. Smith, vol. 4(Oxford:Clarendon Press, 1910)
Austin, Thomas, ed. , *Two Fifteenth-Century Cookery Books*(London:The Early English Text Society, 1888)
Bachofen, Johann Jacob, *Myth, Religion and Mother Right*(Princeton:Princeton University Press, 1967)
Baker, George M. , *The Revolt of the Bees:An Allegory*(Boston:Lee & Shepard, c. 1872)
Barnfield, Richard, *The Complete Poems*(London and Toronto:Associated University Presses, 1990)
Bazin, Gilles Augustin, *The Natural History of Bees*, trans. from the original French(London:J. & P. Knapton, 1744)
Beck, Bodog F. , *Bee Venom:Its Nature and Its Effect on Arthritic and Rheumatoid Conditions*(London:D. Appleton, 1935)
——*Honey and Health:A Nutrimental, Medicinal and Historical Commentary*(New York:Robert McBride & Co. , 1938)
Bevan, Edward, *The Honey-Bee:Its Natural History, Physiology and Management*(London:Van Voorst, 1838)
Bianciotto, Gabriel, ed. , *Bestiaires du moyen âge*(Paris:Stock, 1980)
Bill, Lesley, *For the Love of Bees:the Story of Brother Adam of Buckfast Abbey*(Newton Abbot:David & Charles, 1989)
Bishop, W. J. , *An Early History of Surgery*(London:Robert Hale, 1960)
Boerhaave, Herman,'The life ot John Swammerdam', in Jan Swammerdam, *The Book of Nature or the History of Insects*, trans. Thomas Flloyd(London:C. G. Seyffert, 1758)
Boyd, William, *An Ice Cream War*(London:Penguin, 1982)
Briffa, John,'Tell'em about the honey', *Observer*,'Life'section, 26 January 2003, p. 90
Brown, Herbert, *A Bee Melody*(London:Andrew Melrose, 1923)

Brown, Ron, *Great Masters of Beekeeping*(Burrowbridge:Bee Books Old and New, 1994)
Burton, Robert, *The Anatomy of Melancholy*(London:J. M. Dent & Sons, 3 vols. , 1932)
Butler, Charles, *The Feminine Monarchy or the History of the Bees*(1623, facsimile reprint Hebden Bridge:Northern Bee Books, 1985)
Calder, Allen, *Oilseed Rape and Bees*(Hebden Bridge:Northern Bee Books, 1986)
Campion, Alan, *Bees at the Bottom of the Garden*(London:Black, 1984)
Cantimpre, Thomas de, *Exemples du 'Livre des Abeilles'*, ed. Henri Platelle(Paris:Brepols, 1997)
Carroll, William Meredith, *Animal Conventions in English Renaissance Non-Religious Prose, 1550-1600*(New York:Bookman Associates, 1954)
Castiglione, Baldesar, *The Book of the Courtier*, trans. and intro. George Bull(Harmondsworth:Penguin 1967)
Chamberlain, Lesley, *The Food and Cooking of Russia*(London:Allen Lane, 1982)
Chaucer, Geoffrey, *The Prioresses Tale, Sir Thopas, the Monkes Tale, the Clerkes Tale, the Squires Tale*, ed. Walter W. Skeat(9th edn, Oxford:Clarendon Press, 1925)
Chauvin, Rémy, *Animal Societies from the Bee to the Gorilla*, trans. George Ordish(London:Victor Gollancz, 1968)
Child, Julia, & Beck, Simone, *Mastering the Art of French Cooking*, vol. 2(New York:Alfred Knopf, 1970)
Cobbett, William, *Rural Rides*(London:Penguin 2001)
Cohn, E. J. , 'Bees and the law', *Law Quarterly Review*, 218(1939), 289-294
Columella, Lucius Julius Moderatus, *On Agriculture*, trans. E. S. Foster and Edward H. Heffner(London:William Heinemann, 3 vols. , rev. edn, 1968)
Connelly, Owen, ed. , *Historical Dictionary of Napoleonic France, 1799-1815*(Westport, Conn. : Greenwood Press, 1985)
Connolly, John L. , 'The origin of the star and bee as Napoleonic emblems and a reflection on the Oedipus of J. A. -D. Ingres', in Harold T. Parker and William H. Reddy, eds. , *Proceedings of the 1984 Consortium on Revolutionary Europe, 1750-1850*(Athens, Ga. :University of Georgia Press, 1986)
Cook, A. B.'The bee In Greek mythology', *Journal of Hellenic Studies*, 15(1895), 24ff.
Cotton, William, *A Short and Simple Letter to Cottagers from a Conservative Bee-Keeper*(2nd edn, Oxford:S. Collingwood, 1838)
Cowper, William, *The Complete Poetical Works of William Cowper*(Oxford:Oxford University Press, 1907)
Cox, Nadine, & Hinkle, Randy,'Infant botulism', *American Family Physician*, I April 2002
Crane, Eva, *The Archaeology of Beekeeping*(London:Duckworth 1983)
——*A Book of Honey*(Oxford:Oxford University Press, 1980)
——ed. , *Dictionary of Beekeeping Terms with Allied Scientific Terms*(London:Bee Research Association, 1951)
——*The World History of Beekeeping and Honey Hunting*(London:Duckworth 1999)
Croft, L. R. , *Curiosities of Beekeeping*(Hebden Bridge:Northern Bee Books, 1990)
——*Honey and Health*(Wellingborough:Thorsons, 1987)
Dalby, Andrew, *Empire of Pleasures*(London:Routledge, 2000)
——*Food in the Ancient World from A to Z*(London:Routledge, 2003)
Davidson, Alan, *The Oxford Companion to Food*(Oxford: Oxford University Press, 1999)
Davies, Malcolm, & Kathirithamby, Jeyaraney, *Greek Insects*(Oxford:Oxford University Press, 1986)
Darby, William J. , Ghalioungui, Paul, & Grivetti, Paul, *Food:The Gift of Osiris*(London and San Francisco:Academic Press, 2 vols. , 1977)
Debraw John,'Discoveries on the sex of bees', *Philosophical Transactions of the Royal Society of London*, 1776, 125-126
Deonna, W. ,'L'abeille et le roi', *Revue Belge d'Archéologie et d'Histoire d'Art*, 25(1956), 105-131
Dickens, Charles, *Bleak House*(London:Everyman' s Library, 1991)
Digby, Kenelm, *The Closet of Sir Kenelm Digby Opened*(1669, reprinted Totnes:Prospect Books, 1997)
Dodd, Victor, *Beemasters of the Past*(Hebden Bridge:Northern Bee Books 1983)

Doyle, Arthur Conan, *The Complete Sherlock Holmes*, with a preface by Julian Symons(London:Secker & Warburg, 1981)
Dugat, M. , *The Skyscraper Hive*, trans. Norman C. Reeves(London:Faber & Faber, 1948)
Edwardes, Tickner, *The Bee-Master of Warrilow*(London:Methuen 1920;facsimile reprint Bath:Ashgrove, 1983)
——*The Lore of the Honey-Bee*(London:Methuen, 1908)
Elderkin, G. W. , 'The bees of Artemis', *American Journal of Philology*, 60(1939), 203-212
Erasmus, *The Education of a Christian Prince*, trans. Neil M. Cheshire and Michael J. Heath(Cambridge:Cambridge University Press, 1997)
Fife, A. E. , 'The concept of the sacredness of bees, honey and wax in Christian popular tradition', unpublished Ph. D. thesis, Stanford University, 1939
Fourier, Charles, *Le Nouveau Monde industriel et sociétaire*(Paris:Flammarion, 1973)
——*The Theory of the Four Movements*, trans. Ian Patterson, intro. Gareth Stedman Jones(Cambridge:Cambridge University Press, 1996)
Françon, Julien, *The Mind of the Bees*(London:Methuen, 1947)
Fraser, H. M. , *Beekeeping in Antiquity*(London:University of London Press, 1931)
——*History of Beekeeping in Britain*(London:Bee Research Association, 1958)
Free, John B. , *Bees and Mankind*(London:George, Allen & Unwin, 1982)
——*The Social Organisation of Honeybees*(Hebden Bridge:Northern Bee Books, 1977)
Frier, Bruce, 'Bees and lawyers', *Classical Journal*, 78(1982), 105-114
Frisch, Karl von, *Bees, Their Vision, Chemical Senses and Language*(Ithaca:Cornell University Press, 1950)
——*A Biologist Remembers*, trans. Lisbeth Gombrich(Oxford and New York:Pergamon Press, 1967)
——*The Dancing Bees*, trans. Dora Ilse(London:Methuen, 1954)
——*You and Life*, trans. Ernest Fellner(London:J Gifford, 1940)
Galen, *Galen on Food and Diet*, trans. and ed. Mark Grant(London:Routledge, 2000)
Galloway, J. H. , *The Sugarcane Industry: An Historical Geography. from its Origins to 1914*(Cambridge:Cambridge University Press, 1989)
Galton, Dorothy, *The Bee-Hive:An Enquiry into its Origins and History*(Sheringham:Dorothy Galton, 1982)
——*Survey of a Thousand Years of Beekeeping in Russia*(London:Bee Research Association, 1971)
Garnsey, Peter, *Food and Society in Classical Antiquity*(Cambridge:Cambridge University Press, 1999)
George, Sara, *The Beekeeper's Pupil*(London:Headline, 2003)
Gonnet, Michel, & Vache, Gabriel, *The Taste of Honey:The Sensorial Analysis and Different Applications of an Evaluation Method of the Qualities of Honeys*(Paris:UNAL Publishing, n. d. )
Grainger, Sally, 'Cato's Roman cheesecakes:the baking techniques', in *Milk:Beyond the Dairy*, ed. Harlan Walker(Totnes:Prospect Books, 2000)
Gustaffson, Lars, *The Death of a Beekeeper*, trans. Janet K. Swaffor and Guntram H. Weber(London:Collins Harvill, 1990)
Hanssen, Maurice, *The Healing Power of Pollen and Other Products from the Beehive*(Wellingborough: Thorsons, 1979)
Hartlib, Samuel, *The Reformed Common-Wealth of Bees*(London:S. Calvert, 1655)
Henisch, Bridget Ann, *Fast and Feast:Food in Medieval Society*(University Park:Pennsylvania State University Press, 1976)
Hesiod, *Hesiod's Works and Days:A Translation and Commentary for the Social Sciences*, David W. Tandy and Walter C. Neale(Berkeley:University of California Press, 1996)
Hieatt, Constance B. *An Ordinance of Pottage:An Edition of the Fifteeth-century Culinary Recipes in Yale University's MS Beinecke 163*(London:Prospect Books, 1988)
Hieatt, Constance B. , & Butler, Sharon, *Pleyn Delit:Medieval Cookery for Modern Cooks*(Toronto:University of Toronto Press, 1978)
Hill, John, *The Virtues of Honey*(London:J. Davis, 1759)
Hillier, Mary, *A History of Wax Dolls*(London:Souvenir Press, 1985)

Hippocrates, *The Medical Works of Hippocrates:A New Translation* by John Chadwick and W. N. Mann(Oxford: Blackwell, 1950)
Hobbes, Thomas, *Leviathan*, ed. Richard Tuck(Cambridge:Cambridge University Press, 1996)
Hone, William, *The Every-Day Book;or Everlasting Calendar of Popular Amusement etc.* (London:Hunt & Clarke, 2 vols. , 1826)
Huber, François, *Nouvelles observations sur les abeilles*(Paris:J. J. Paschoud, 1814)
Hudson-Williams, C. , 'King bees and queen bees', *Classical Review*, 49(1935), 2-5
Iambichus, *On the Pythagorean Way of Life*, trans. John Dillon Jackson Herschbell(Atlanta:Scholars Press, 1992)
Ingrams, Harold, *Arabia and the Isles*(1942, reprinted London:John Murray, 1952)
Johnson, Paul, 'And another thing', *The Spectator*, 6 July 2002
Jones, Malcolm, *New Essays on Tolstoy*(Cambridge:Cambridge University Press, 1978)
Kelly, J. N. D. , *The Oxford Dictionary of Popes*(Oxford:Oxford University Press, 1986)
Keys, John, *The Practical Bee-Master*(London, 1780)
Klingender, Francis, *Animals in Art and Thought to the End of the Middle Ages*(London:Routledge, 1971)
Knoop, Douglas, *The Early Masonic Catechisms*(Manchester:Manchester University Press, 1943)
The Koran, trans. E. H. Palmer(London:H. Milford, 1951)
Lawes, Geoffrey, *The Bee-Book Book:A Manual for Collectors*(Hebden Bridge:Northern Bee Books, 1991)
Lawson, William, *A New Orchard and Garden*(London:B. Alsop, 1618)
Le Corbusier, *Towards a New Architecture*, trans. Frederick Etchells(1927;reprinted London:Architectural Press, 1970)
Levett, John, *The Ordering of Bees*(1634;reprinted New York:Da Capo, 1971)
Lévi-Strauss, Claude, *From Honey to Ashes*, trans. John and Doreen Weightman(London:Jonathan Cape, 1973)
Mace, Herbert, *Bee Matters and Bee Masters*(Harlow:The Beekeeping Annual Office, 1933)
Maeterlinck, Maurice, *The Life of the Bee*, trans. from the French of 1901 by Alfred Sutro(London:The Folio Society, 1995)
Mandeville, Bernard de, *The Fable of the Bees*, ed. F. B. Kaye(Indianapolis:Liberty Fund, 2 vols. , 1988)
Marx, Karl, *Capital:a critical analysis of capitalist production*, trans. from the 3rd German edition by Samuel Moore and Edward Aveling, ed. Frederick Engels(London:Swan Sonnenschein, 1887)
Mason, Laura, *Sugar-Plums and Sherbert:The Prehistory of Sweets*(Totnes:Prospect Books, 1998)
Mazzolini, Renaldo, & Roe, Shirley A. , 'Science against the unbelievers:the correspondence of Bonnet and Needham, 1760-1780', *Studies on Voltaire and the Eighteenth Century*, 243(1986), p. 243
Merrick, Jeffrey, 'Royal bees:the gender politics of the beehive in early modern Europe', *Studies in Eighteenth-Century Culture*, 18(1988), 7-37
Merriman, John, *A History of Modern Europe from the Renaissance to the Present*(New Haven and London:Yale University Press, 1996)
Michelet, Jules, *L'Insecte*(1858;reprinted Paris:Calman-Levy, 1903)
Miller, Garry L. , 'Historical natural history:insects and the Civil War' , *American Entomologist*, 43(1997), 227-245
Mills, John, *An Essay on the Management of Bees, Wherein is Shewn the Method of Rearing those Useful Insects*(London:J. Johnson & B. Davenport, 1766)
Mintz, Sidney W. , *Sweetness and Power:The Place of Sugar in Modern History*(New York:Viking Penguin, 1985)
Moffett, Thomas, 'Theatre of Insects', in Edward Topsell, *The History of Four-Footed Beasts and Serpents and Insects*(London, 1658)
More, Daphne, *The Bee Book:The History and Natural History of the Honeybee*(New York:Universe Books, 1976)
Morse, Roger A. , 'The beekeeping industry'(n. d. ), http://www. bee-source. com/news/article/morse. htm, accessed February 2004
Morse, Roger A. , & Hooper, Ted, eds. , *The Illustrated Encyclopedia of Beekeeping*(Poole:Blandford

Press, 1985)
Moulin, Daniel de, *A History of Surgery*(Dordrecht:Martinus Nijhoff, 1988)
Naile, Florence, *Life of Langstroth*(Ithaca and New York:Cornell University Press, 1942)
Nais, Hélène, *Les Animaux dans la poésie française de la Renaissance*(Paris:Didier, 1961)
Neumann, Erich, *The Great Mother*(New York:Pantheon, 1955)
Newbolt, H. , ed. , *The Book of Cupid:Being an Anthology from the English Poets*(London:Constable, 1909)
Nutt, Thomas, *Humanity to Honey Bees*(Wisbech:H. & J. Leach, 1832)
Osten-Sacken, C. R. , *Additional Notes in Explanation of the Bugonia-Lore of the Ancients*(Heidelberg:J. Hoerning, 1895)
——*On the Oxen-born Bees of the Ancients*(Heidelberg:J. Hoerning, 1894)
Ovid, *Fasti*, trans. A. J. Boyle and R. D. Woodward(London:Penguin, 2000)
Plath, Sylvia, *Ariel*(London:Faber & Faber, 1965)
Pliny the Elder, *Natural History*, trans. H. Rackham(London:William Heinemann, IO vols, rev. edn, 1968)
——*Natural History:A Selection*, trans. and ed. John F. Healy (London:Penguin,1991)
Precope, John, *Hippocrates on Diet and Hygiene*(London:Zeno, 1952)
Purchas, Samuel, *A Theatre of Politicall Flying-Insects*(London:R. J. , for T. Parkhurst, 1657)
Ramírez, Juan Antonio, *The Beehive Metaphor:From Gaudí to Corbusier*(London:Reaktion Books, 2000)
Ransome, Hilda M. , *The Sacred Bee in Ancient Times and Folklore*(1937;reprinted Burrowbridge:Bee Books Old and New, 1986)
Ratnieks, F. L. W. , 'Are you being served? Supermarkets and bee hives', *Beekeepers Quarterly*, 67(2001), 26-27
——'Conflict in the bee hive: worker reproduction and worker policing', *Beekeepers Quarterly*, 70(2002), 16-17
——'Prisons in the bee hive', *Beekeepers Quarterly*, 66(2001), 15-16
Redi, Francesco, *Experiments on the Generation of Insects*, trans. from the Italian of 1688 by Mab Bigelow(Chicago:Open Court, 1909)
Remnant, Richard, *A Discourse or Historie of Bees, Shewing their Nature and Usage and the Great Profit of Them*(1637, reprinted London:International Bee Research Association, 1982)
Richardson, Tim, *Sweets:A History of Temptation*(London: Bantam Press, 2002)
Riches, Harry, *Medical Aspects of Beekeeping*(Northwood:HR Books, 2000)
Riley, Gillian, 'Learning by mouth:edible aids to literacy', *Food and Memory. Proceeding of the Oxford Food Symposium on Food and Cookery 2000*(Totnes:Prospect Books, 2001)
Ripa, Cesare, *Iconologia*(New York:Dover, 1971)
Rodda, Jeanette, *'Go Ye and Study the Beehive':The Making of a Western Working Class*(New York:Garland Publishing, 2000)
Root, A. I. , *The ABC and XYZ of Bee Culture*(40th edn, Medina, Ohio:A. I. Root Co. , 1990)
Rosenbaum, Stephanie, *Honey:From Flower to Table*(San Francisco:Chronicle Books, 2002)
Rousseau, Jean-Jacques, *Political Writings*, trans. and ed. Frederick Watkins(Edinburgh:Nelson, 1953)
Royds, T. E. , *The Beasts, Birds and Bees of Virgil*(Oxford:Blackwell, 1914)
Rusden, Moses, *A Further Discovery of Bees*(London, 1679)
Seeley, Thomas D. , *The Wisdom of the Hive:The Social Physiology of Honey Bee Colones*(Harvard:Harvard University Press, 1995)
Seneca, *Moral and Political Essays*, trans. and ed. John M. Cooper and J. F. Procopé(Cambridge:Cambridge University Press, 1995)
Shelley, Percy B. , *Complete Poetical Works*, ed. Thomas Hutchinson(Oxford:Oxford University Press, 1971)
Steiner, Rudolf, *Bees:Lectures*, trans. Thomas Braatz(Hudson, NY:Anthroposophic Press, 1998)
Simmons, Ernest, *Tolstoy*(London:Routledge, 1973)
Simon, Jean-Baptiste, *Le Gouvernement admirable, ou la république des abeilles*(La Haye, 1740)
Southerne, Edmunde, *A Treatise Concerning the Right Use and Ordering of Bees*(London:Thomas

Orwin, 1593)
Stockton, Frank R. , *The Bee-man of Orn and Other Fanciful Tales*(New York:C. Scribner, 1887)
Swammerdam, Jan, *The Book of Nature or the History of Insects*, trans. Thomas Flloyd(London:C. G. Seyffert, 1758)
Taillardat, Jean, *Les Images d'Aristophane*(Paris:Les Belles Lettres, 1962)
Tanzi, Maria G. ,'Honey consumption and infant botulism in the United States', *Pharmocotherapy*, 22, 11(2002), 1479-1483
Tarrant, D. ,'Bees in Plato's Republic', *Classical Quarterly*, 40(1946), 33ff.
Thomas, Keith, *Man and the Natural World:A History of the Modern Sensibility*(London:Penguin, 1983)
Thomson, James, *The Poetical Works of James Thomson*(Dublin:J. Exshaw, 1751)
Thorley, John, *The Female Monarchy, Being an Inquiry into the Nature, Order and Government of the Bees*(London, 1744)
Tocqueville, Alexis de, *Democracy in America*, ed. Alan Ryan(London:Everyman, 1994)
Tolstoy, Alexandra, *Tolstoy:A Life of my Father*, trans. Elizabeth Reynolds Hapgood(New York, Harper, 1953)
Tolstoy, Ilya, *Tolstoy, My Father*, trans. Ann Dunnigan(London. Peter Owen, 1972)
Tolstoy, Leo, *Anna Karenin*, trans. Constance Garnett(1901; reprinted London:Heinemann, 1972)
——*The Kingdom of God is Within You:Christianity Not as a Mystic Religion but as a New Way of Life*, trans. Constance Garnett(London:Heinemann, 1894)
——*War and Peace*, trans. Constance Garnett(1904;reprinted London:Heinemann, 1971)
Toussaint-Samat, Maguelonne, *History of Food*, trans. Anthea Bell(Oxford:Blackwell, 1992)
Vangelova, Lubina, 'Botulinum toxin:a poison that can heal', *FDA Consumer Magazine*, December 1995
Vanière, Jacques, *The Bees:A Poem from the Fourteenth Book of Vanière's Praedium Rusticum*. trans Arthur Murphy(London, 1799)
Virgil, *The Georgics of Virgil*, trans. C. Day-Lewis(London:Jonathan Cape, 1940)
Varro, M. T. , *On Farming*, trans. and ed. Lloyd Storr-Best(Londo:G. Bell & Sons, 1912)
Warder, Joseph, *The True Amazons or The Monarchy of Bees Being a New Discovery and Improvement of Those Wonderful Creatures*(1712;4th edn, London:John Pemberton, 1720)
White, Joyce, *Honey in the Kitchen*(Charleston, Cornwall:Bee Books Old and New 2000)
——*More Honey in the Kitchen*(Charleston, Cornwall:Bee Books Old and New, 2001)
White, Stephen, *Collateral Bee-Boxes*(London:Davis & Reymers, 1764)
White, R. J. , *The Age of George III* (London:Heinemann, 1968)
White, T. H. , *The Book of Beasts, Being a Translation from a Latin Bestiary*(London:Jonathan Cape, 1954)
Whitfield, B. G. ,'Virgil and the bees', *Greece and Rome*, 3(1956), 99-117
Whitfield, John,'The police state', *Nature*, 416(April 2002), 782-784
Wildman, Daniel, *A Complete Guide for the Management of Bees throughout the Year*(London: the author, 1801)
Wildman, Thomas, *A Treatise on the Management of Bees*(London:T. Cadell, 1768)
Withington, Ann Fairfax,'Republican bees:the political economy of the beehive in eighteenth-century America', *Studies in Eighteenth-Century Culture*, 18(1988), 39-75
Worlidge, John, *Apiarium, or A Discourse of Bees*(London:Thomas Dring, 1676)
Worrel, Thomas D. ,'The symbolism of the beehive and the bee'(2000), http://freemasonry. biz/millvalley/worrel/beehive. htm, accessed 29 February 2004
Xenophon, *The Persian Expedition*, trans. Rex Warner(Harmondsworth:Penguin, 1949)

# 致　谢

在提供多方帮助、建议和信息的机构与企事业中，我要特别感谢的有：剑桥郡养蜂人协会、大英图书馆、剑桥大学图书馆、伦敦国际蜜蜂研究协会（IBRA）、"蜂之房"商店、全英蜂蜜展销会、北方蜂业出版公司、塞尔弗里奇百货公司餐饮部，以及泰特-莱尔食品加工公司。

我也谨以同样的感铭之心，向大力提供同样协助的个人鸣谢：朱利安·巴恩斯（Julian Barnes）、凯瑟琳·布莱思（Catherine Blyth）、卡罗琳·布瓦洛（Caroline Boileau）、杰里米·伯比奇（Jeremy Burbidge）、斯蒂芬·巴特菲尔（Stephen Butterfill）、劳琳·卡尔顿·佩吉特（Lauren Carleton Paget）、杰弗里·切皮加（Geoffrey Chepiga）、海伦·克劳利（Helen Cloughley）、劳丽·克罗夫特（Laurie Croft）、桑塔努·达斯（Santanu Das）、鲍勃·达文波特（Bob Davenport）、艾伦·戴维森（Alan Davidson）、简·戴维森、塔玛辛·戴-刘易斯、凯瑟琳·邓肯-琼斯（Katherine Duncan-Jones）、理查德·邓肯-琼斯（Richard Duncan-Jones）、芙霞·邓洛普、山姆·伊万斯（Sam Evans）、罗宾·格拉斯科克

(Robin Glasscock)、罗布·格林、尼科·格伦(Nico Groen)、克里斯托弗·霍特利(Christopher Hawtree)、罗丝·希尔德(Rose Hilder)、特里斯特拉姆·亨特(Tristram Hunt)、奎琳·德容(Jacqueline de Jong)、安迪·乔伊斯(Andy Joyce)、托马斯·金(Thomas King)、多米尼克·劳森(Dominic Lawson)、彼得·莱恩汉(Peter Linehan)、安格斯·麦金农(Angus MacKinnon)、安妮·马尔科姆(Anne Malcolm)、劳拉·梅森、安西娅·莫里森(Anthea Morrison)、马克·尼科尔斯(Mark Nichols)、克里斯蒂娜·奥多内(Cristina Odone)、查尔斯·佩里、罗兰·菲利普斯(Roland Philipps)、邦妮·皮尔逊、埃尔弗蕾达·波纳尔(Elfreda Pownall)、罗里·拉波尔(Rory Rapple)、马莎·赖波(Martha Repp)、马特·里切尔(Matt Richell)、米利·鲁宾(Miri Rubin)、加里·朗西曼(Garry Runciman)、露丝·朗西曼(Ruth Runciman)、马格努斯·瑞安(Magnus Ryan)、露丝·斯库尔(Ruth Scurr)、丽贝卡·斯莫尔(Rebecca Small)、加雷斯·斯特德曼·琼斯(Gareth Stedman Jones)、西蒙·斯茨莱特(Simon Szreter)、马列娜·斯皮勒、西尔瓦纳·托马塞利(Sylvana Tomaselli)、罗伯特·图姆斯(Robert Tombs)、乔吉·威德灵顿(Georgie Widdrington)、安德鲁·诺曼·威尔逊(Andrew Norman Wilson)、埃米莉·威尔逊(Emily Wilson)、斯蒂芬·威尔逊(Stephen Wilson)。

我还要特别向剑桥大学圣约翰学院致谢，是这所学院给予我以该校进行研究的慷慨资助，使我得到了撰写此书的时间。我还在本书中引用了该学院历史学社的若干资料，在此也一并敬表谢忱。

本书的大部分资料均立足于他人的著述，其中尤得益于博多格·贝克、伊娃·克兰、奥斯汀·法伊夫(Austin Fife)、胡安·拉米雷斯（Juan Ramírez）和希尔达·兰塞姆（Hilda Ransome）的学术成果。克罗夫特（L. R. Croft）的小册子《养蜂应知之事》也使本书得到了好几处有分量的借鉴。

感谢卡罗琳·威斯特摩（Caroline Westmore）以不啻千钧之力，将我的这本流水账提升为一部著述。我还在此向本书的责编卡罗琳·诺克斯（Caroline Knox）和我的出版代理山姆·伊登伯勒（Sam Edenborough）、克里斯蒂·弗莱彻（Christy Fletcher）、帕特·卡瓦纳（Pat Kavanagh）和埃玛·帕理（Emma Parry）敬致特别的谢意——没有帕特，就根本不会有这本书；没有埃玛，我很可能甚至都不会写完它。对凯茜·本维尔（Cathy Benwell）、露西·狄克逊（Lucy Dixon）、阿曼达·琼斯（Amanda Jones）、萨拉·马拉菲尼（Sara Marafini）和阿尼娅·塞罗塔（Anya Serota），我也在这里表示感激之情。

汤姆·朗西曼（Tom Runciman）和娜塔莎·朗西曼（Natasha Runciman）是我品尝各种蜂蜜的帮手。戴维·朗西曼（David Runciman）更是我在各方面感激良多的生活伴侣。

承蒙下列机构和个人允准引用其有著作权的资料：费伯与费伯出版社出版的《精灵：西尔维娅·普拉斯诗集》中《蜂箱的临到》和《养蜂集会》两首诗；海涅曼书局出版的列夫·托尔斯泰的《战争与和平》（1971）和《安娜·卡列尼娜》（1972）（通过 A. P. Watt Ltd. 传媒中介代表英译者康斯坦丝·加尼特（Constance Garnett）授权同意引用）；维吉尔的《农事诗》第4卷（英译者塞西尔·戴-刘易斯授权）。

作者及出版社均在此表示对以下诸图版授权者的感谢：（所给页数均指原书）

p.3　喀皮拉诺蜂蜜公司（澳大利亚）

pp.11、28、43、72、76、101、113、155、236　剑桥大学图书馆

pp.17、35　代表已故弗兰克·奥尔斯顿先生的北方蜂业出版公司

p.62　克里斯蒂图像公司

p.74　泰莱糖业公司

p.116　北方蜂业出版公司

p.132　凡尔赛宫藏品图片，布里奇曼艺术图书馆提供（伦敦）

p.136　DC漫画公司推出的恶蜂女王注册商标，业经版权拥有者同意刊出

pp.140、141、196、204　罗伯特·奥佩（Robert Opie）藏品

p.206　法国欧舒丹个人用品公司

p.239　L. R. 克罗夫特提供

p.240　文化遗产图片联营公司 /www.topfoto.co.uk

p.259　罗布·格林本人照片，凯瑟琳·格林（Catharine Green）拍摄

p.267　赫尔顿资料档案馆

pp.5、111、119、150　转引自希尔达·兰塞姆所著的《古时与民间受到尊崇的蜜蜂》一书（1937）

**新知文库**

01 《证据：历史上最具争议的法医学案例》［美］科林·埃文斯 著　毕小青 译
02 《香料传奇：一部由诱惑衍生的历史》［澳］杰克·特纳 著　周子平 译
03 《查理曼大帝的桌布：一部开胃的宴会史》［英］尼科拉·弗莱彻 著　李响 译
04 《改变西方世界的 26 个字母》［英］约翰·曼 著　江正文 译
05 《破解古埃及：一场激烈的智力竞争》［英］莱斯利·罗伊·亚京斯 著　黄中宪 译
06 《狗智慧：它们在想什么》［加］斯坦利·科伦 著　江天帆、马云霏 译
07 《狗故事：人类历史上狗的爪印》［加］斯坦利·科伦 著　江天帆 译
08 《血液的故事》［美］比尔·海斯 著　郎可华 译　张铁梅 校
09 《君主制的历史》［美］布伦达·拉尔夫·刘易斯 著　荣予、方力维 译
10 《人类基因的历史地图》［美］史蒂夫·奥尔森 著　霍达文 译
11 《隐疾：名人与人格障碍》［德］博尔温·班德洛 著　麦湛雄 译
12 《逼近的瘟疫》［美］劳里·加勒特 著　杨岐鸣、杨宁 译
13 《颜色的故事》［英］维多利亚·芬利 著　姚芸竹 译
14 《我不是杀人犯》［法］弗雷德里克·肖索依 著　孟晖 译
15 《说谎：揭穿商业、政治与婚姻中的骗局》［美］保罗·埃克曼 著　邓伯宸 译　徐国强 校
16 《蛛丝马迹：犯罪现场专家讲述的故事》［美］康妮·弗莱彻 著　毕小青 译
17 《战争的果实：军事冲突如何加速科技创新》［美］迈克尔·怀特 著　卢欣渝 译
18 《最早发现北美洲的中国移民》［加］保罗·夏亚松 著　暴永宁 译
19 《私密的神话：梦之解析》［英］安东尼·史蒂文斯 著　薛绚 译
20 《生物武器：从国家赞助的研制计划到当代生物恐怖活动》［美］珍妮·吉耶曼 著　周子平 译
21 《疯狂实验史》［瑞士］雷托·U. 施奈德 著　许阳 译
22 《智商测试：一段闪光的历史，一个失色的点子》［美］斯蒂芬·默多克 著　卢欣渝 译
23 《第三帝国的艺术博物馆：希特勒与"林茨特别任务"》［德］哈恩斯-克里斯蒂安·罗尔 著　孙书柱、刘英兰 译
24 《茶：嗜好、开拓与帝国》［英］罗伊·莫克塞姆 著　毕小青 译
25 《路西法效应：好人是如何变成恶魔的》［美］菲利普·津巴多 著　孙佩妏、陈雅馨 译
26 《阿司匹林传奇》［英］迪尔米德·杰弗里斯 著　暴永宁、王惠 译

| | | |
|---|---|---|
| 27 | 《美味欺诈:食品造假与打假的历史》[英]比·威尔逊 著 | 周继岚 译 |
| 28 | 《英国人的言行潜规则》[英]凯特·福克斯 著 | 姚芸竹 译 |
| 29 | 《战争的文化》[以]马丁·范克勒韦尔德 著 | 李阳 译 |
| 30 | 《大背叛:科学中的欺诈》[美]霍勒斯·弗里曼·贾德森 著 | 张铁梅、徐国强 译 |
| 31 | 《多重宇宙:一个世界太少了?》[德]托比阿斯·胡阿特、马克斯·劳讷 著 | 车云 译 |
| 32 | 《现代医学的偶然发现》[美]默顿·迈耶斯 著 | 周子平 译 |
| 33 | 《咖啡机中的间谍:个人隐私的终结》[英]吉隆·奥哈拉、奈杰尔·沙德博尔特 著 | 毕小青 译 |
| 34 | 《洞穴奇案》[美]彼得·萨伯 著 | 陈福勇、张世泰 译 |
| 35 | 《权力的餐桌:从古希腊宴会到爱丽舍宫》[法]让-马克·阿尔贝 著 | 刘可有、刘惠杰 译 |
| 36 | 《致命元素:毒药的历史》[英]约翰·埃姆斯利 著 | 毕小青 译 |
| 37 | 《神祇、陵墓与学者:考古学传奇》[德]C.W.策拉姆 著 | 张芸、孟薇 译 |
| 38 | 《谋杀手段:用刑侦科学破解致命罪案》[德]马克·贝内克 著 | 李响 译 |
| 39 | 《为什么不杀光?种族大屠杀的反思》[美]丹尼尔·希罗、克拉克·麦考利 著 | 薛绚 译 |
| 40 | 《伊索尔德的魔汤:春药的文化史》[德]克劳迪娅·米勒-埃贝林、克里斯蒂安·拉奇 著<br>王泰智、沈惠珠 译 | |
| 41 | 《错引耶稣:〈圣经〉传抄、更改的内幕》[美]巴特·埃尔曼 著 | 黄恩邻 译 |
| 42 | 《百变小红帽:一则童话中的性、道德及演变》[美]凯瑟琳·奥兰丝汀 著 | 杨淑智 译 |
| 43 | 《穆斯林发现欧洲:天下大国的视野转换》[英]伯纳德·刘易斯 著 | 李中文 译 |
| 44 | 《烟火撩人:香烟的历史》[法]迪迪埃·努里松 著 | 陈睿、李欣 译 |
| 45 | 《菜单中的秘密:爱丽舍宫的飨宴》[日]西川惠 著 | 尤可欣 译 |
| 46 | 《气候创造历史》[瑞士]许靖华 著 | 甘锡安 译 |
| 47 | 《特权:哈佛与统治阶层的教育》[美]罗斯·格雷戈里·多塞特 著 | 珍栎 译 |
| 48 | 《死亡晚餐派对:真实医学探案故事集》[美]乔纳森·埃德罗 著 | 江孟蓉 译 |
| 49 | 《重返人类演化现场》[美]奇普·沃尔特 著 | 蔡承志 译 |
| 50 | 《破窗效应:失序世界的关键影响力》[美]乔治·凯林、凯瑟琳·科尔斯 著 | 陈智文 译 |
| 51 | 《违童之愿:冷战时期美国儿童医学实验秘史》[美]艾伦·M.霍恩布鲁姆、朱迪斯·L.纽曼、格雷戈里·J.多贝尔 著 丁立松 译 | |
| 52 | 《活着有多久:关于死亡的科学和哲学》[加]理查德·贝利沃、丹尼斯·金格拉斯 著 | 白紫阳 译 |
| 53 | 《疯狂实验史Ⅱ》[瑞士]雷托·U.施奈德 著 | 郭鑫、姚敏多 译 |
| 54 | 《猿形毕露:从猩猩看人类的权力、暴力、爱与性》[美]弗朗斯·德瓦尔 著 | 陈信宏 译 |
| 55 | 《正常的另一面:美貌、信任与养育的生物学》[美]乔丹·斯莫勒 著 | 郑嬿 译 |

56 《奇妙的尘埃》[美]汉娜·霍姆斯 著　陈芝仪 译
57 《卡路里与束身衣：跨越两千年的节食史》[英]路易丝·福克斯克罗夫特 著　王以勤 译
58 《哈希的故事：世界上最具暴利的毒品业内幕》[英]温斯利·克拉克森 著　珍栎 译
59 《黑色盛宴：嗜血动物的奇异生活》[美]比尔·舒特 著　帕特里曼·J.温 绘图　赵越 译
60 《城市的故事》[美]约翰·里德 著　郝笑丛 译
61 《树荫的温柔：亘古人类激情之源》[法]阿兰·科尔班 著　苜蓿 译
62 《水果猎人：关于自然、冒险、商业与痴迷的故事》[加]亚当·李斯·格尔纳 著　于是 译
63 《囚徒、情人与间谍：古今隐形墨水的故事》[美]克里斯蒂·马克拉奇斯 著　张哲、师小涵 译
64 《欧洲王室另类史》[美]迈克尔·法夸尔 著　康怡 译
65 《致命药瘾：让人沉迷的食品和药物》[美]辛西娅·库恩等 著　林慧珍、关莹 译
66 《拉丁文帝国》[法]弗朗索瓦·瓦克 著　陈绮文 译
67 《欲望之石：权力、谎言与爱情交织的钻石梦》[美]汤姆·佐尔纳 著　麦慧芬 译
68 《女人的起源》[英]伊莲·摩根 著　刘筠 译
69 《蒙娜丽莎传奇：新发现破解终极谜团》[美]让－皮埃尔·伊斯鲍茨、克里斯托弗·希斯·布朗 著　陈薇薇 译
70 《无人读过的书：哥白尼〈天体运行论〉追寻记》[美]欧文·金格里奇 著　王今、徐国强 译
71 《人类时代：被我们改变的世界》[美]黛安娜·阿克曼 著　伍秋玉、澄影、王丹 译
72 《大气：万物的起源》[英]加布里埃尔·沃克 著　蔡承志 译
73 《碳时代：文明与毁灭》[美]埃里克·罗斯顿 著　吴妍仪 译
74 《一念之差：关于风险的故事与数字》[英]迈克尔·布拉斯兰德、戴维·施皮格哈尔特 著　威治 译
75 《脂肪：文化与物质性》[美]克里斯托弗·E.福思、艾莉森·利奇 编著　李黎、丁立松 译
76 《笑的科学：解开笑与幽默感背后的大脑谜团》[美]斯科特·威姆著　刘书维 译
77 《黑丝路：从里海到伦敦的石油溯源之旅》[英]詹姆斯·马里奥特、米卡·米尼奥－帕卢埃洛 著　黄煜文 译
78 《通向世界尽头：跨西伯利亚大铁路的故事》[英]克里斯蒂安·沃尔玛著　李阳 译
79 《生命的关键决定：从医生做主到患者赋权》[美]彼得·于贝尔 著　张琼懿 译
80 《艺术侦探：找寻失踪艺术瑰宝的故事》[英]菲利普·莫尔德 著　李欣 译
81 《共病时代：动物疾病与人类健康的惊人联系》[美]芭芭拉·纳特森－霍洛威茨、凯瑟琳·鲍尔斯 著　陈筱婉 译
82 《巴黎浪漫吗？——关于法国人的传闻与真相》[英]皮乌·玛丽·伊特韦尔 著　李阳 译

83 《时尚与恋物主义：紧身褡、束腰术及其他体形塑造法》[美]戴维·孔兹 著　珍栎 译
84 《上穷碧落：热气球的故事》[英]理查德·霍姆斯 著　暴永宁 译
85 《贵族：历史与传承》[法]埃里克·芒雄－里高 著　彭禄娴 译
86 《纸影寻踪：旷世发明的传奇之旅》[英]亚历山大·门罗 著　史先涛 译
87 《吃的大冒险：烹饪猎人笔记》[美]罗布·沃乐什 著　薛绚 译
88 《南极洲：一片神秘的大陆》[英]加布里埃尔·沃克 著　蒋功艳、岳玉庆 译
89 《民间传说与日本人的心灵》[日]河合隼雄 著　范作申 译
90 《象牙维京人：刘易斯棋中的北欧历史与神话》[美]南希·玛丽·布朗 著　赵越 译
91 《食物的心机：过敏的历史》[英]马修·史密斯 著　伊玉岩 译
92 《当世界又老又穷：全球老龄化大冲击》[美]泰德·菲什曼 著　黄煜文 译
93 《神话与日本人的心灵》[日]河合隼雄 著　王华 译
94 《度量世界：探索绝对度量衡体系的历史》[美]罗伯特·P.克里斯 著　卢欣渝 译
95 《绿色宝藏：英国皇家植物园史话》[英]凯茜·威利斯、卡罗琳·弗里 著　珍栎 译
96 《牛顿与伪币制造者：科学巨匠鲜为人知的侦探生涯》[美]托马斯·利文森 著　周子平 译
97 《音乐如何可能？》[法]弗朗西斯·沃尔夫 著　白紫阳 译
98 《改变世界的七种花》[英]詹妮弗·波特 著　赵丽洁、刘佳 译
99 《伦敦的崛起：五个人重塑一座城》[英]利奥·霍利斯 著　宋美莹 译
100 《来自中国的礼物：大熊猫与人类相遇的一百年》[英]亨利·尼科尔斯 著　黄建强 译
101 《筷子：饮食与文化》[美]王晴佳 著　汪精玲 译
102 《天生恶魔？：纽伦堡审判与罗夏墨迹测验》[美]乔尔·迪姆斯代尔 著　史先涛 译
103 《告别伊甸园：多偶制怎样改变了我们的生活》[美]戴维·巴拉什 著　吴宝沛 译
104 《第一口：饮食习惯的真相》[英]比·威尔逊 著　唐海娇 译
105 《蜂房：微生物的消失与免疫系统的永恒之战》[英]比·威尔逊 著　暴永宁 译